ENCYCLOPEDIA OF ANIMALS
DK儿童动物大百科

[英] 英国DK公司 编著　赵玮 译

中信出版集团 · 北京

ENCYCLOPEDIA OF ANIMALS
DK儿童动物大百科

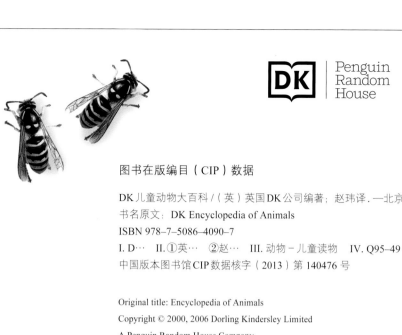

图书在版编目（CIP）数据

DK儿童动物大百科 /（英）英国DK公司编著；赵玮译 . —北京：中信出版社，2013.11（2024.2重印）
书名原文：DK Encyclopedia of Animals
ISBN 978-7-5086-4090-7
I. D⋯ II.①英⋯ ②赵⋯ III. 动物 – 儿童读物 IV. Q95–49
中国版本图书馆CIP数据核字（2013）第 140476 号

Original title: Encyclopedia of Animals
Copyright © 2000, 2006 Dorling Kindersley Limited
A Penguin Random House Company
Simplified Chinese translation copyright © 2013 by China CITIC Press
ALL RIGHTS RESERVED.
本书仅限于中国大陆地区发行销售

DK儿童动物大百科

编　　著：[英] 英国DK公司
译　　者：赵　玮
策划推广：中信出版社（China CITIC Press）
出版发行：中信出版集团股份有限公司
　　　　　（北京市朝阳区东三环北路27号嘉铭中心　邮编 100020）
承 印 者：北京华联印刷有限公司

开　　本：889mm×1194mm　1/16　　印　　张：23.5　　字　　数：414 千字
版　　次：2013 年 11 月第 1 版　　　印　　次：2024 年 2 月第 29 次印刷
京权图字：01–2013–4983　　　　　　审 图 号：GS（2021）6251号（本书地图为原文插附地图）
书　　号：ISBN 978-7-5086-4090-7 / G · 1015
定　　价：128.00 元

混合产品
纸张 |
支持负责任林业
FSC® C018179

www.dk.com

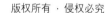

目 录

Celine Philibert
15 岁
矮脚鸡

Kathleen Swalwell
9 岁
海龟

1999 年"少年摄影家"比赛
总冠军
Raphaella Ricciardi
11 岁
查理士王小猎犬

12 岁以下年龄组冠军
Montana Miles-Lowery
10 岁
锦鲤

"少年摄影家"比赛
1999 年，DK 目击者旅游指南和英国防止虐待动物协会（RSPCA）
共同组织的"少年摄影家"比赛设立了 12 岁以下年龄组和 12~17 岁
年龄组的奖项，我们在此展示的是获得冠军和亚军的作品。

亚军
Josephine Green
10 岁
非洲象

前言

Jenny Moffat
14 岁
农场里的猪

Keshini Ranasinghe
17 岁
鸭子

1962 年的一个晴朗的日子，我从一条毯子上滚到了草坪里，然后我看到了一只瓢虫。这只完美又有趣的小东西通体红色而有光泽，它在我的小手上匆匆爬过。那年我 3 岁，从那一刻起我爱上了地球上的生命。那只被小瓢虫爬过的手如今已是伤痕累累：狮子的挠痕、兀鹫刺的洞，甚至我的指尖也曾被一条毒蛇咬穿。但我却认为我的这只手是幸运的，因为它曾碰触、抚摸、紧握过各种各样的动物。尽管已伤痕累累，我却依然想用我的手拥抱更多的动物。

今天，当我翻开这本奇妙的汇集了动物方方面面的书，发现这里面有如此多的有关动物颜色、体形和结构的介绍，从这本书中可学到的东西太多了，即使对于像我这样喜欢动物的老人来说，也是惊喜不断！

杰出的图片是一本好书必不可少的部分。近年来，DK 出版社与英国防止虐待动物协会多次共同举办"少年摄影家"的动物摄影比赛。不管是花园、农场，还是旷野中的动物，都成为小小摄影家们精彩照片里的主角，这里展现的只是众多优秀作品的一部分。一只海龟畅游过浪花层层的海面，一只矮脚公鸡正在展示它如火焰般的羽翼，而一只年老的大象用它疲劳的眼睛凝望着我们。后面你将欣赏到一张秋沙鸭的水下完美抓拍，它独特的轮廓与晶莹的水波完美融合，你也能从一匹歇息的马身上看到它与生俱来的活力，还有如雕塑般一动不动的河马。这些照片不仅富有技巧地诠释了艺术，更展示出小摄影家们对动物们的热情，而获得总冠军的作品当属其中的佳作。傍晚时分的阳光与熟睡小猎犬身上柔软的绒毛交融，光影投射在毛毯上，观赏者也仿佛能感受到那温暖舒适。更重要的是，人们从这幅作品中能感受到动物所得到的关爱。

　　经常有人问我，我最喜欢的动物是什么，但这是无法回答的问题。随便翻开这本书的某一页吧！从疯狂蜥蜴身上的褶皱到鲨鱼漂亮光滑的身体曲线，或者是某只甲虫鞘翅上闪烁的微光，我喜欢的东西太多了。所以我想，我最喜欢的动物就是我下次会遇到的那只，不过我也希望它在咬我的手时不要那么用力。

Katie Budd
11 岁
环尾狐猴

Chris Packham
克里斯·派克汉姆

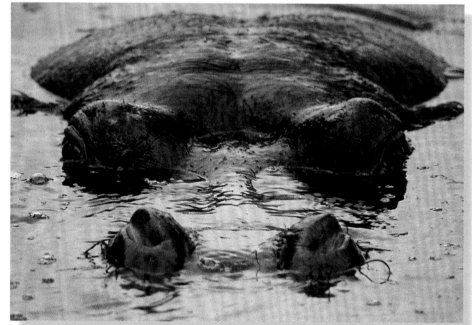

12~17 岁年龄组冠军
James Lewis
13 岁
河马

赞助商

1999 年度"少年摄影家"大赛由 RSPCA 主办，由奥林巴斯公司赞助。克里斯·派克汉姆（电视台台长，野生动物摄影家）、皮特·金德斯利（来自 DK 出版社）、伊恩·迪肯斯（来自奥林巴斯公司）以及米凯拉·米勒（来自 RSPCA 的《动物行为》杂志）共同担任此次比赛的评委。

1998 年度总冠军 Keith Rae 拍摄的获奖作品豹子将在 12~13 页上展示；1999 年度亚军 Daniel Darby 拍摄的天鹅将在 88~89 页上展示。

亚军
Oliver Thwaites
17 岁
秋沙鸭

Jonathan Ashcroft
10 岁
鸵鸟

Rebecca Noble
11 岁
在白雪覆盖的草地上的绵羊

Anna Brownlee
15 岁
马

如何使用这本书

这本插图版动物百科全书是一本关于奇妙动物世界的信息汇总。这本书分为两个部分。第一部分，动物生命，主要讲述动物的行为以及它们如何适应生活环境。而按英文名称的首字母顺序排列的动物条目则是本书最主要的部分。另外，本书还附有术语表和索引，帮助你找到你想读的主题。

分步展示

这本百科全书的特点之一是分步展示和延时拍摄技术。在后面你会看到很多分步的图片展示，比如，企鹅如何在水中穿越，或鸭子如何飞翔。它会向你展示动物一套动作行为中的每一步。

动物 A~Z

这本百科全书的主要部分是按英文名称的首字母顺序排列的动物条目，从土豚（Aardvarks）到斑马（Zebras）。每个条目都展示了动物界某个成员的详细信息，如照片、插图以及其他特点等。这些动物条目的介绍篇幅 1~3 页不等。

信息卡

在 A~Z 的动物条目版块，每个条目下都有一个信息卡提供信息的快速查询。你将能找到关于动物的详细信息，比如所属族群、栖息地、食物、每次产卵量等。每种动物都有属于自己的信息卡。比如，如果是哺乳动物，则会介绍每次的产崽量而不是产卵量。

信息卡

科：企鹅科
栖息地：海水中、冰原、岩石岛屿、海岸
分布：南半球的海洋中
巢穴：石块、草、泥土、洞穴或是地洞
产卵量：1~2 枚
尺寸：40~115 厘米

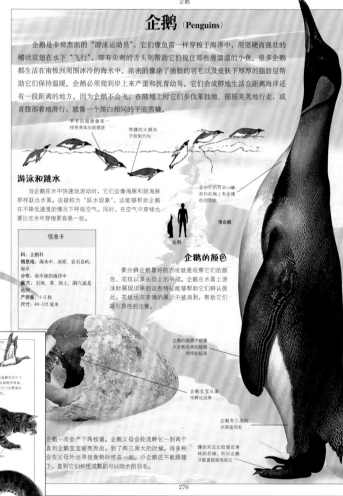

企鹅（Penguins）

企鹅是非常杰出的"游泳运动员"，它们像鱼雷一样穿梭于海洋中，用坚硬而强壮的鳍状双翅在水下"飞行"，带有尖刺的舌头则帮助它们捕捉那些滑溜溜的小鱼。很多企鹅都生活在南极洲周围冰冷的海水中。浓密的像涂了油脂的羽毛以及皮肤下厚厚的脂肪层帮助它保持温暖。企鹅必须爬上岸来产蛋和抚育幼鸟。它们会成群地生活在距离海洋还有一段距离的地方。因为企鹅不会飞，在陆地上时它们步伐笨拙地、摇摇晃晃地行走，或者腹部着地滑行，就像一个黑白相间的平底雪橇。

游泳和跳水

当企鹅在水中快速地游动时，它们会像海豚和鼠海豚那样跃出水面。这被称为"跃水现象"，这能够帮助企鹅在不降低速度的情况下呼吸空气。同时，在空气中穿梭也要比在水中穿梭更容易些。

信息卡

科：企鹅科
栖息地：海水中、冰原、岩石岛屿、海岸
分布：南半球的海洋中
巢穴：石块、草、泥土、洞穴或是地洞
产卵量：1~2 枚
尺寸：40~115 厘米

企鹅的颜色

要分辨企鹅最好的方法就是观察它们的颜色、花纹以及头顶上的羽冠。企鹅在水面上游泳时展现出来的这些特征能够帮助它们辨认彼此。花纹也在求偶的展示中被用到，帮助它们吸引异性的注意。

企鹅一次会产下两枚蛋。企鹅父母会轮流孵化一到两个直到企鹅宝宝破壳而出。到了两三周大的时候，很多企鹅会在父母外出寻找食物时挤在一起。小企鹅还不能跟随它们，直到它们长出成熟的可以防水的羽毛。

276

运动

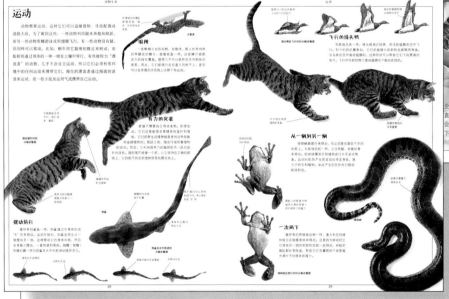

动物需要运动，这样它们可以追猎猎物、寻找配偶或逃脱天敌。为了做到这些，一些动物利用爬来奔跑和跳跃，而另一些动物则用滑翔或飞行来移动，还有一些动物会自赖，但同样可以移动，如蜗牛用它装甲的足来转动。而蛤蜊则通过身体的一伸一缩在土壤中穿行，有些像"漂流者"的动物，几乎不会自主运动，所以它们必须利用周围环境中任何运动来携带自己。海生的漂流者通过海面的波浪来运动，而一些小昆虫运用气流带着自己运动。

吸附

大型河豚

有力的突袭

摆动前行

飞行的绿头鸭

从一侧到另一侧

一次两下

28 / 29

动物生命

本书的第一部分没有按照英文字母顺序排列，它介绍的是关于动物生命的背景知识。你会学到一些关于动物解剖学的知识，比如感官方面的视觉和听觉；动物行为，比如交流与运动，也在这一部分进行介绍。另外还有几页将介绍从草原到沙漠、从海洋到内陆等不同栖息地的动物。

比例

比例

在 A~Z 的动物条目版块，每一个动物条目也会有一个名为"比例"的小插图，它会向你展示这种动物的平均尺寸与一个人类成年男性的比较。比如，在企鹅的条目下，你能看到帝企鹅与人类的大小比较。如果某种生物的体形较小，比如蝎子（如右图所示），则会与人类的手掌相比。

比例

动物分类

在动物 A~Z 部分，将占用一些篇幅向你介绍一些主要的动物分类，比如两栖类、鸟类、鱼类、哺乳类以及爬行类动物。以介绍鱼类的页面为例，它会向你介绍不同种类、不同形状的鱼，以及它们与众不同的标志，比如鱼鳍和皮肤。这个条目同时也会描述鱼类如何使用鱼鳃在水下呼吸。

挤成一团来取暖

帝企鹅是体型最大的企鹅。它们生活在地球上最严苛的生活环境中——南极的浮冰上，它们会挤成一团相互取暖。企鹅之间这种亲密互助的关系能够帮助它们在冰冷的气温和风速超过每小时 160 千米的环境中生存下去。

跳岩企鹅

跳岩企鹅得名于它们在攀爬陡峭的岩石时的速度和超强能力，它们会爬上陡峭的岩壁，在那里筑巢。与其他种类的企鹅摇摆踊跚地前行不同，它们会从一块岩石跳到另一块岩石上。跳跃时它们的头部会向前伸，鳍状肢向后，双脚一起跳跃。它是企鹅中体型最小的，在南极岛周围的岛屿上进行繁殖。

帽带企鹅

帽带企鹅（也叫胡须企鹅）得名于有一条黑色细带连绕在两耳之间，是企鹅中数量最多的一类。它们会成千上万地以大群的形式生活在南极群岛以及南极大陆上。帽带企鹅是所有企鹅中最具侵略性的，如果其他大型企鹅试图在距离很近的地方筑巢，它们会赶走这些入侵者。

环境页面

在动物 A~Z 部分，还会有几张大幅的全景图片带你进入某些动物的生存环境，并配有单独的文字说明。通过这些图片，你能欣赏到水下世界的独特魅力、感受冰雪荒原的寒冷、体验非洲草原的壮阔。

说明

这些文字为图片提供说明。它会告诉你动物居住在哪里，或者描述动物的行为。在示例的这个页面上，文字说明解释了南极洲帽带企鹅名字的由来、它们在哪里筑巢，以及它们如何保护自己的蛋。

标签

为了帮助你辨别出文字说明的动物，每个图例动物都有一个标签，标注该动物最常用的名字。

帽带企鹅

相关链接
南极洲 56
鸟类 115
海豚和鼠海豚 160
海洋 74

相关链接

在每一个动物条目下，还有一个名为"相关链接"的框，这个框里的内容会指引你到其他页面阅读相关主题。比如，当你阅读完企鹅的页面，翻到 56 页来认识一下南极洲吧，你会了解到更多有关企鹅生活环境的知识。

摄影作品

色彩缤纷的摄影作品贯穿本书，这些照片生动地展现了动物的特征和它们的某些生活习性。一些摄影作品更是近距离地展示了细节，比如这只企鹅正在抚育它的幼崽。

注解

很多图片都附有用小号字印刷的注解，向你介绍某种动物更多的生活细节。

企鹅父母正在温柔地用喙帮助刚出壳的幼鸟梳理羽毛

缩写词表

公制度量标准

m	米
mm	毫米
cm	厘米
km	千米
sq km	平方千米
kmh	千米每小时
℃	摄氏度
g	克
kg	千克

英制度量标准

ft	英尺
in	英寸
yd	码
sq miles	平方英里
mph	英里每小时
°F	华氏度
oz	盎司
lb	磅

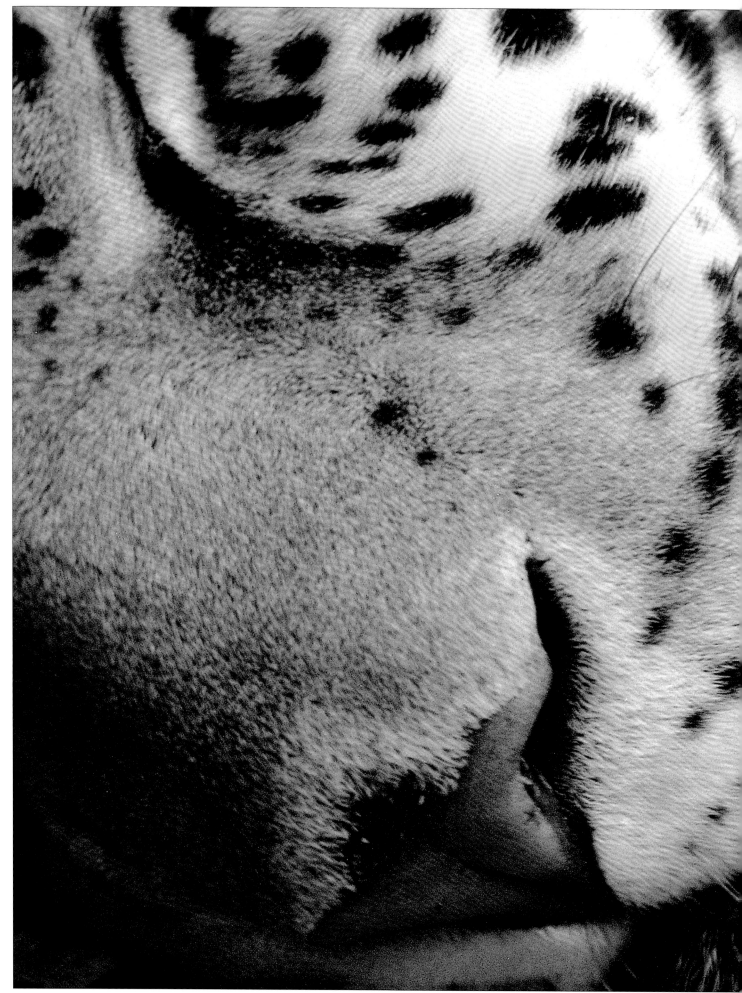

动物生命

　　动物的世界既奇妙又不可思议。有时候我们会注意到它，比如，一只蜘蛛的蛛网上挂满了清晨的露珠；其他时候我们会错过，比如，仓鸮在黑夜中突然猛扑向一只毫无警惕的巢鼠。包括人类在内的所有动物或是和谐地生活在这个世界上，或是无时无刻不面临着生存的威胁。动物的生命向我们展示了这个星球所创造出的奇迹和神秘，以及我们为了保护濒危动物所做的努力。这个章节还将展示在这个巨大的动物界中，动物都生长在哪里，它们吃什么，如何交流、行动或攻击其他动物，以及如何保护自己。你也将看到它们如何生存，以及它们为什么会筑造独特的巢穴。书中的图片会生动地呈现动物们的求偶、出生，以及从幼崽到成长为可以独自生存的成年动物的过程。当然，也许它们中有的无法成活，因为除了美妙，动物世界也是残酷的。

动物分类

　　动物之间有许多相似之处，但同时也有非常明显的差异。为了更好地认识动物之间的相互联系，它们被分成了群组。动物所在的分组越精细，它们的共同特征就越多。比如说，所有的动物都属于动物界，但所有长相类似于猫的动物都被细分为猫科动物。而动物的学名使世界各地的人即使说着不同的语言，也可以指出同样的动物。在下面的例子中，马恩岛猫所在的分类可以依次追溯到动物界。

界

　　界是生物科学分类法中最高的类别。植物、细菌、原生生物（主要是单细胞生物）和真菌都为独立的界。动物界的所有成员都是多细胞生命体。

门

　　动物界被划分为 40 个更小的组，被称为门（phyla，单数为 phylum）。同一门的动物具有最显著的共同特征。例如，节肢动物门的所有动物的肢体都是分节的，生有两对触须，体内没有脊椎。猫属于脊索动物门，脊索动物门包含了所有脊椎动物（具有脊椎的动物）。

纲

　　门又被细分成更小的组别，称为纲。脊索动物门下分出来的鱼、鸟、哺乳动物、两栖动物和爬行动物都属于纲的级别。猫所属的哺乳纲包含了所有温血脊椎动物，它们通过乳汁养育后代。

目

　　包括哺乳纲在内，所有纲又被细分为不同的目。猫被归类在食肉目，因为它们是食肉的温血动物。哺乳纲还包括单孔目、食虫目、袋鼠目和啮齿目。

科

　　目再往下的分类是科。猫科包括大型猫科动物，如狮子、老虎，以及小型猫科动物，如美洲狮、短尾猫和猞猁。它们的共同特点是通过灵活的身体、爪形足和长长的尾巴来捕食其他动物。

猫科

属

　　猫科动物又被进一步划分到属或组。同一个属的动物关系紧密，但不能繁殖后代。家猫与 27 个其他类型的小型猫共同组成了猫属。

家猫属

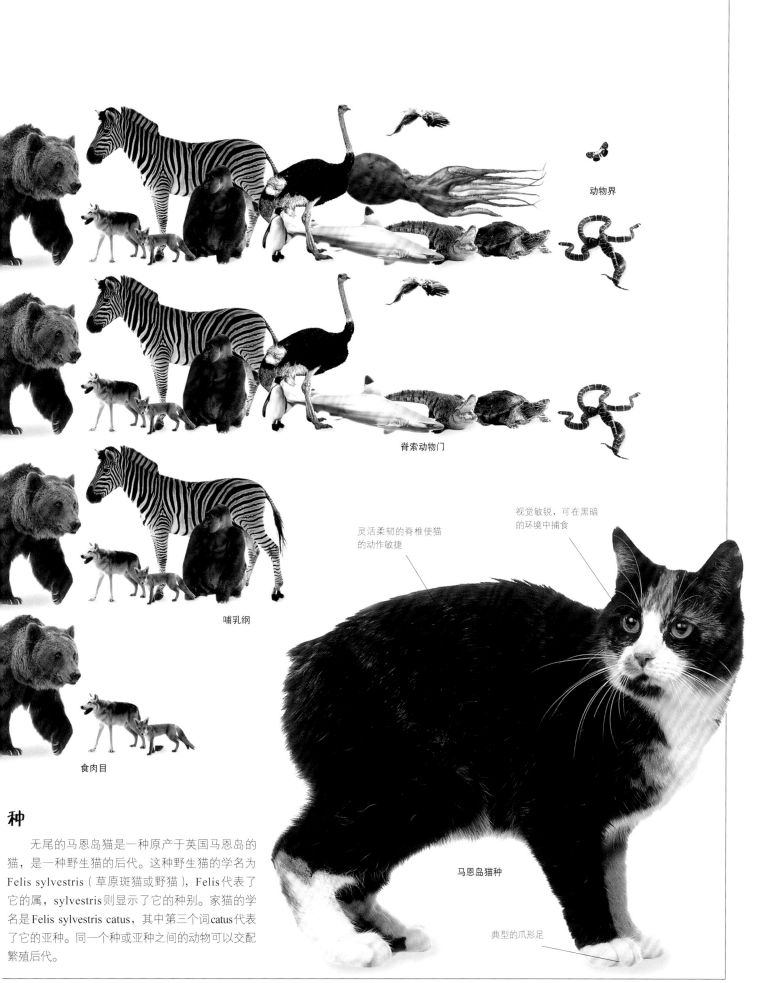

动物界

脊索动物门

哺乳纲

视觉敏锐，可在黑暗的环境中捕食

灵活柔韧的脊椎使猫的动作敏捷

食肉目

种

　　无尾的马恩岛猫是一种原产于英国马恩岛的猫，是一种野生猫的后代。这种野生猫的学名为 Felis sylvestris（草原斑猫或野猫），Felis 代表了它的属，sylvestris 则显示了它的种别。家猫的学名是 Felis sylvestris catus，其中第三个词 catus 代表了它的亚种。同一个种或亚种之间的动物可以交配繁殖后代。

马恩岛猫种

典型的爪形足

动物界

动物界的所有成员都是依靠食物（植物或是其他动物）生存的有机生物体。与植物不同，大多数动物能够在陆地或水中自由移动，依靠这种能力，它们才能够在生命的不同阶段去寻找食物或是伴侣。动物身上的感觉器官指引它们去往适合生存的地方，而神经系统则负责协调它们频繁移动的身体。大多数动物的循环系统帮助它们把氧气和食物传送到全身各处，再将身体产生的废物排泄掉。科学家们将动物界分成小的类别，每一个族群的动物都有着类似的身体特征。整个动物界可以分为两大类：身体内没有脊椎的称为无脊椎动物，而身体内有脊椎的被称为脊椎动物。

无脊椎动物

目前，地球上生存的无脊椎动物的数量是脊椎动物数量的 20 倍。大部分无脊椎动物都是昆虫，记录在册的有 100 多万种，还有几百万种昆虫未被认知。比如，在亚马孙河流域热带雨林的一棵大树上，就可能生存着 80 多种蚂蚁和 650 多种甲虫，而它们中的许多可能连科学家也没见过。无脊椎动物包括许多种类，如昆虫、水母、海葵、身体分节和不分节的虫类、甲壳动物、蜘蛛、海星、海胆、蛞蝓和蜗牛。它们中的大部分身体外面有硬硬的壳，而鱿鱼和乌贼的壳则是生长在体内的。

昆虫纲

昆虫在分类学上属于节肢动物，通常它们体外有一层硬壳用于保护身体，并有 6 条腿。昆虫的种类至少有 500 万种，包括甲虫、蟑螂、胡蜂、蚂蚁、蜜蜂、蝴蝶、蛾、蜻蜓和豆娘等。

多数昆虫都有翅膀

大红蛱蝶

线状触手

沟迎风海葵

普通蚯蚓

身体呈节状

柔软的身体

普通蜗牛

8 条用于爬行的腿

水涯狡蛛

坚硬的外壳

食草蟹

身体围绕一个中心排列

普通海星

刺胞动物门

像珊瑚和海葵这样身体呈胶状的动物被称为刺胞动物，它们的触手上布满刺细胞，这些触手的移动速度是目前所知动物中最快的。

环节动物门

环节动物门的动物也有不同的种类，一些是扁平状，另一些则是长长的圆柱形。环节动物常见的有蚯蚓和沙蚕。

软体动物门

所有的软体动物都有着柔软的身体，体外有一层硬壳来保护它们，包括蛞蝓、乌贼、章鱼、石鳖、蛤蜊以及淡水蜗牛。

蛛形纲

蛛形纲的动物是具有坚硬身体的节肢动物（它们具有体外硬壳、分段的身体，以及分节的腿）。通常它们有 4 对用于爬行的腿，蜘蛛和蝎子都属此类。

甲壳动物亚门

甲壳动物亚门的动物是有硬壳包裹的节肢动物，这一类包括在海洋中生活的蟹、龙虾、小虾、明虾、藤壶以及陆生的木虱等。

棘皮动物门

棘皮动物的横剖面多为圆形，外皮布满小刺。它们以海洋动物为主，包括海星、海胆、海参、海羽星等。

脊椎动物

大部分脊椎动物都有脊椎、由骨骼和软骨组成的内部骨架结构，以及用来保护大脑的头骨。一些脊椎动物，例如七鳃鳗，体内有一根柔韧的条状物代替了脊椎，我们称之为脊索。无论形态如何，这些发育完善的身体构造帮助动物寻找食物、抵御敌害。脊椎动物属于脊索动物门，包括软骨鱼、硬骨鱼、两栖动物、爬行动物、鸟类以及哺乳动物。

用于飞翔的翅膀

羽毛覆盖身体

地中海隼

鸟纲

鸟类属于温血动物，它们的身体被羽毛覆盖，通过产下带硬壳的蛋来孵化下一代。大部分鸟类能用翅膀飞翔，但也有一些鸟因体形过大过重而只能奔跑。

皮肤干燥，覆有鳞片

普通青蛙

由软骨构成的骨架

皮肤潮湿，无鳞片

偶鳍

非洲王子鱼

温血动物

老虎

欧洲水游蛇

普通狗鲨

哺乳纲

所有的哺乳动物都是温血动物，母亲通过乳汁哺育后代。大象、人类、大猩猩都属于此类。

爬行纲

爬行动物包括蛇、蜥蜴、鳄、乌龟以及楔齿蜥等。它们的皮肤干燥而覆有鳞片，它们直接产下幼崽或产卵。

两栖纲

青蛙、蟾蜍、鲵、蝾螈都属于两栖动物，它们的皮肤潮湿无鳞片。大部分两栖动物会产下有胶状物质包裹的卵。

硬骨鱼纲

硬骨鱼的形态各异，从又细又长的鳗鱼到多刺的丽鱼，再到非常像两栖动物的肺鱼，都属于此类。

软骨鱼纲

鲨鱼、魟鱼、鳐鱼以及银鲛这些鱼类体内的骨架由软骨组成，另外，它们也有最多达7个的独立开口的鳃裂。

骨骼

骨骼赋予了动物体形和力量。肌肉附着在骨骼上，肌肉的移动可带动骨骼，从而帮助动物将身体移动到不同位置，同时骨骼也是体内矿物质的储存部位。鱼类、两栖类、爬行类、哺乳类和鸟类的内骨骼主要由骨头构成。鲨鱼和魟鱼的骨架由软骨构成，这是一种比骨头更强韧的组织。关节部位的骨骼的末端覆盖着软骨，同时，软骨还塑造了某些身体部位，如人类的鼻子和外耳。有些动物，如蠕虫，并不是由一个立体的结构来支撑身体。它们内部的"骨架"像水一样，因此被称为流体静力骨骼。

人类的脚骨

海豹鳍状肢的骨骼

脊骨和肋骨与
外壳相接

角质板（甲壳）

腿与肢

人类的四肢和海豹的鳍状肢形状并不相同，但却有着相同数量的骨头。人类的腿骨很长而脚趾骨比较短，这些特点使人类能够行走和跑步；而海豹腿骨较短，脚趾骨较长，再加上身体后部像桨一样的鳍状肢，使它们能快速地游泳。这些差异使人类不像海豹那样擅长游泳，而海豹则不能像人类那样在陆地上便捷地奔走。

不只是壳

如同其他爬行动物，海龟、水龟和陆龟都有一个内部的骨架，但同时在外部，它们还有一层"壳"（或甲壳）。龟壳实际上是覆盖了角质板的骨骼。它在顶部与脊椎相连，在下面和胸骨相接，像是在身体四周装了一个盒子，用来保护内部器官。有些种类的龟在遇到危险的时候，可以把头和腿全部缩进壳里。

尾巴由18~20块骨
骼组成

水蛭通过身体顶端的
吸盘来移动

灵活的脊椎使身体能
够在移动的时候弯曲

体内充满液体

水压

水蛭没有脊椎，同时也缺乏坚实的骨架。然而，它会通过水的压力来保持其形状，换句话说，它有一副流体静力骨骼。这种动物就像是一个体内充满液体的被肌肉包裹的管子。它通过挤压和舒展它的身体来蠕动，而身体顶端的吸盘则帮助水蛭吸附到石块或植物上，从而移动身体。

普通水蛭

后腿与脊柱在
骨盆带处相接

真蝾的骨架

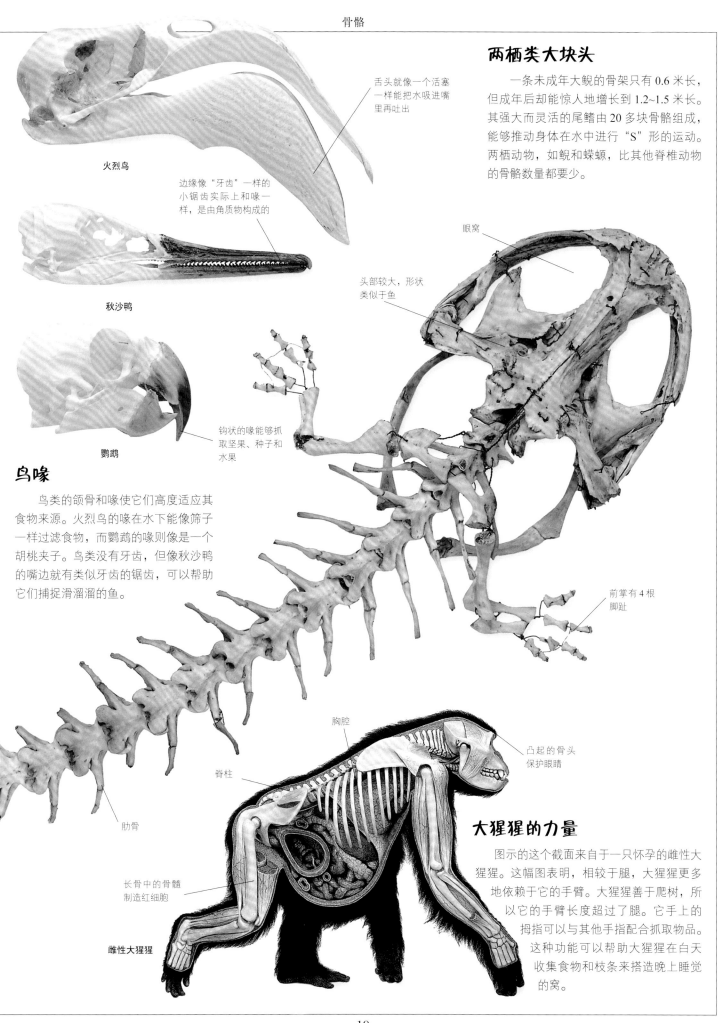

火烈鸟

舌头就像一个活塞一样能把水吸进嘴里再吐出

边缘像"牙齿"一样的小锯齿实际上和喙一样，是由角质物构成的

秋沙鸭

鹦鹉

钩状的喙能够抓取坚果、种子和水果

两栖类大块头

一条未成年大鲵的骨架只有 0.6 米长，但成年后却能惊人地增长到 1.2~1.5 米长。其强大而灵活的尾鳍由 20 多块骨骼组成，能够推动身体在水中进行"S"形的运动。两栖动物，如鲵和蝾螈，比其他脊椎动物的骨骼数量都要少。

眼窝

头部较大，形状类似于鱼

前掌有 4 根脚趾

鸟喙

鸟类的颌骨和喙使它们高度适应其食物来源。火烈鸟的喙在水下能像筛子一样过滤食物，而鹦鹉的喙则像是一个胡桃夹子。鸟类没有牙齿，但像秋沙鸭的嘴边就有类似牙齿的锯齿，可以帮助它们捕捉滑溜溜的鱼。

胸腔

脊柱

肋骨

长骨中的骨髓制造红细胞

凸起的骨头保护眼睛

大猩猩的力量

图示的这个截面来自于一只怀孕的雌性大猩猩。这幅图表明，相较于腿，大猩猩更多地依赖于它的手臂。大猩猩善于爬树，所以它的手臂长度超过了腿。它手上的拇指可以与其他手指配合抓取物品。这种功能可以帮助大猩猩在白天收集食物和枝条来搭造晚上睡觉的窝。

雌性大猩猩

外骨骼

本节展示的是几组无脊椎动物，包括昆虫、蜗牛、蜘蛛和海星，它们身体外部的骨骼像一副盔甲。这层坚硬的外壳能够保护动物娇嫩的器官，无论是天气或环境的变化，还是被天敌攻击，都能免受损伤。对于陆生动物来说，外骨骼还有助于保持体液，减少蒸发损失。但外骨骼也存在缺点，厚重的外骨骼使动物的移动成了问题。昆虫和螃蟹具有带关节的四肢来帮助它们移动，蜗牛有一只伸出外壳的腹足，而海星则有数以百计可以从外骨骼的小孔中伸出的小管足。

被磨掉的棘

五角星状的痕迹

可以伸出管足的小孔

海胆

硬壳

活着的海胆布满了棘刺但当它们死去时，海浪磨去所有的棘，露出圆圆的、硬硬的外壳。在外壳的表面还可以看出刺曾经生长的地方，海胆的管足也是从壳上的孔内伸出来的。这些痕迹和小孔呈五角星状排列，这一特点表明海胆与海星存在着某种联系。

腿上的细毛可进行防御

硬壳保护大脑和胃

锹甲

昆虫的身体上包裹着一层坚韧又防水的几丁质薄膜。锹甲同时还有坚硬的前翅，可以保护脆弱的后翅和腹部，同时也像盾牌一样保护头部和胸部。锹甲的腿就像分节而中空的管，通过钉状关节相连。

坚硬的前翅

锹甲

昆虫的关节构造使它只能在一个平面上运动

狼蛛

狼蛛

蜘蛛的外骨骼也主要由几丁质构成。与昆虫不同的是，它们有 8 条腿，而不是 6 条，它们的身体分成两部分，而不是三部分。狼蛛是一种体形很大的蜘蛛，身体上有一层厚厚的细毛。细毛对振动很敏感，当细毛刺入对方身体断裂时，会刺痛攻击者。

吸盘一样的脚
可以吸附在海
岸的岩石上

石鳖

吸盘

　　石鳖的身体外面有一层由 8
块贝板相连的壳，贝板由关节联
结，这样的构造使石鳖在受到攻
击的时候可以团成一个球。

黄色带螺纹的壳可以
伪装于草地中

普通欧洲蜗牛

蜗牛的家

　　很多蜗牛生活在陆地上，它们可能遭受
来自鸟类的袭击，或是身体因为失去水分而
变干。为了避免这些情况的发生，蜗牛会把
它们的身体置于保护性的螺旋形外壳中。但
这也不是完全安全的，有一些鸟类，比如画
眉，已经学会了如何打破这些壳，吃到里面
柔软的肉。

腕足相交于
中心盘

多刺的海星

坚硬的刺保护
海星免遭捕食

海盘车有 12 个
而非 5 个腕足

海盘车

海星

　　多刺的海星没有所谓的体前和体后。它
的身体是由长在中心盘上的 5 个或更多的腕
足构成。嘴和其他重要器官都长在中心盘
上。在腕足的上面包裹着一层白垩质的
尖刺，保护身体免遭攻击。腕下侧并
排长有非常小的管足，海星靠它们
在海床上移动。

器官

器官是动物身体的一部分，每个器官都有特殊的功能。大多数动物都有类似的一套器官，其中最大的器官是皮肤。每个器官都有其特殊的用途：肠子帮助消化和吸收食物；鳃或肺用来呼吸；心脏使血液在身体内流动；肾脏的功能是排出有害物质；肌肉使身体能够移动；大脑则安排全身的器官一起工作，协调身体活动。不同动物体内器官的位置并不相同，而器官的大小和形状则直接与生活方式相关。

除掉外壳后的鸟蛤

一对大片的腮用来呼吸和进食

肉质足可以钻过沙层

鸟蛤的器官

鸟蛤生活在沙层的下面，在涨潮时从水中筛选微小的食物。它很少远行，所以它的器官可以让水流从双壳间流过，而不是让贝壳随波逐流。鸟蛤要移动时，通常用它的肉质足钻过沙层。

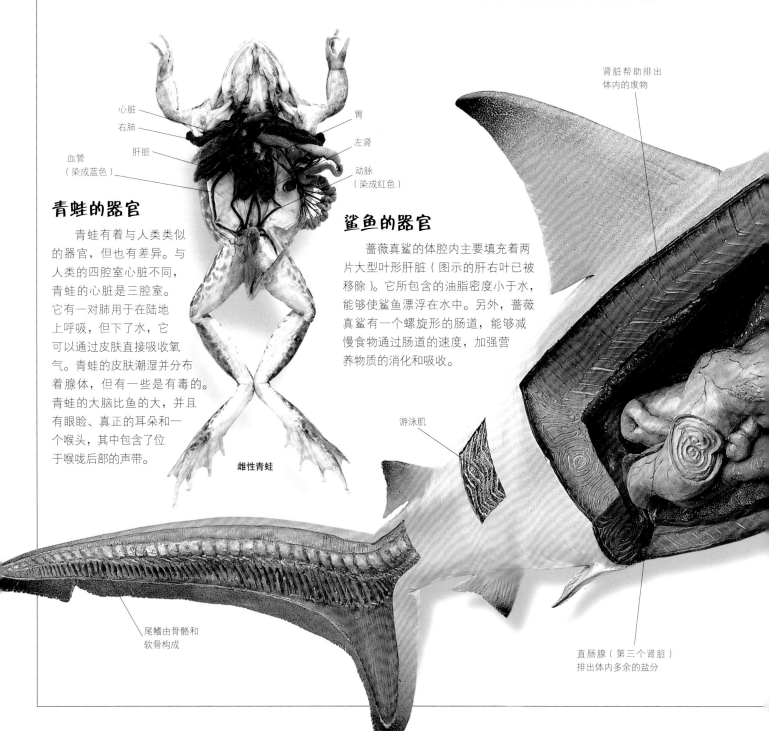

心脏

右肺

肝脏

血管（染成蓝色）

胃

左肾

动脉（染成红色）

青蛙的器官

青蛙有着与人类类似的器官，但也有差异。与人类的四腔室心脏不同，青蛙的心脏是三腔室。它有一对肺用于在陆地上呼吸，但下了水，它可以通过皮肤直接吸收氧气。青蛙的皮肤潮湿并分布着腺体，但有一些是有毒的。青蛙的大脑比鱼的大，并且有眼睑、真正的耳朵和一个喉头，其中包含了位于喉咙后部的声带。

雌性青蛙

鲨鱼的器官

蔷薇真鲨的体腔内主要填充着两片大型叶形肝脏（图示的肝右叶已被移除）。它所包含的油脂密度小于水，能够使鲨鱼漂浮在水中。另外，蔷薇真鲨有一个螺旋形的肠道，能够减慢食物通过肠道的速度，加强营养物质的消化和吸收。

肾脏帮助排出体内的废物

游泳肌

尾鳍由骨骼和软骨构成

直肠腺（第三个肾脏）排出体内多余的盐分

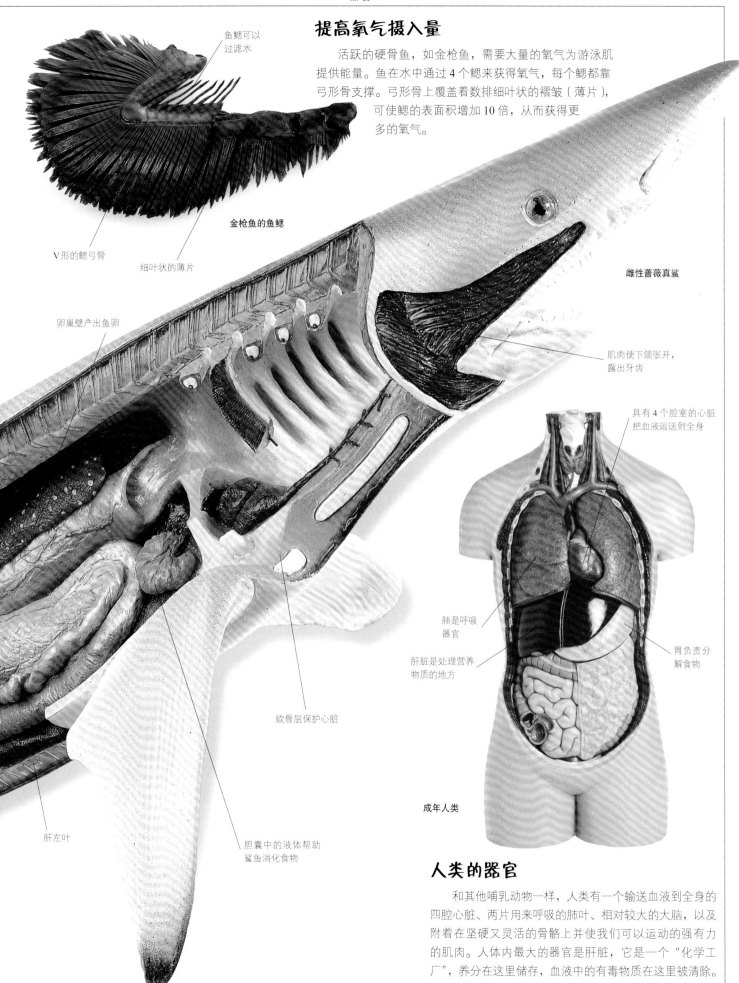

提高氧气摄入量

活跃的硬骨鱼，如金枪鱼，需要大量的氧气为游泳肌提供能量。鱼在水中通过 4 个鳃来获得氧气，每个鳃都靠弓形骨支撑。弓形骨上覆盖着数排细叶状的褶皱（薄片），可使鳃的表面积增加 10 倍，从而获得更多的氧气。

鱼鳃可以过滤水

金枪鱼的鱼鳃

V 形的鳃弓骨

细叶状的薄片

雌性蔷薇真鲨

肌肉使下颌张开，露出牙齿

卵巢壁产出鱼卵

具有 4 个腔室的心脏把血液运送到全身

软骨层保护心脏

肺是呼吸器官

肝脏是处理营养物质的地方

胃负责分解食物

肝左叶

胆囊中的液体帮助鲨鱼消化食物

成年人类

人类的器官

和其他哺乳动物一样，人类有一个输送血液到全身的四腔心脏、两片用来呼吸的肺叶、相对较大的大脑，以及附着在坚硬又灵活的骨骼上并使我们可以运动的强有力的肌肉。人体内最大的器官是肝脏，它是一个"化学工厂"，养分在这里储存，血液中的有毒物质在这里被清除。

灵敏的嗅觉来自
狐狸般的鼻子

小耳朵

婆罗洲狐蝠

感官

动物通过各种感官来确定它们所在的位置、将要去哪里、在哪里寻找食物、是否有潜在的危险等等。五种感官——视觉、嗅觉、触觉、味觉和听觉的组合让动物能全面地感知这个世界。不同的动物使用不同的感官，它们"看"到的世界也不相同。例如，一个人和一只狗走在同一条街上会感受到完全不同的事物，人类主要依赖视觉，但狗是从气味和声音来收集信息。有些动物，比如鲨鱼，它们甚至可以通过监测猎物肌肉产生的电场来搜寻猎物。

嗅探水果

食虫蝙蝠高度敏感的听觉比其他感官更能帮助它们获取信息。与此相反，食果蝙蝠（上图所示）具有敏锐的视力、灵敏的嗅觉，但它们的耳朵小而简单。大眼睛帮助蝙蝠在黑暗中探路，而它们狐狸般的鼻子能嗅出成熟的果实或花蜜的所在位置。

英国汉普夏猪

凸出的眼睛令其具
有更广阔的视野

肉蝇

寻找松露

英国本土的猪有非常发达的嗅觉，在某些气味的辨别中，它的大鼻子比狗更敏感。在法国南部和意大利，人们运用猪的嗅觉来寻找松露——一种球状的生长在土里的美味真菌。

扁平的鼻子使它们
能在地上闻气味

每个"小眼"都
相当于一个聚集
光线的透镜

复眼截面图

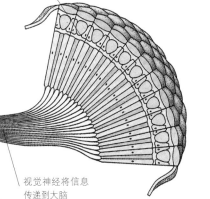

复眼

图示的肉蝇有巨大的眼睛，占据了头的大部分。两只眼睛有数百个"小眼"，而每个小眼都相当于一个微小的透镜。与单眼看到的逼真图像不同，复眼捕获的图像就像是模糊的马赛克图像。这种类型的视图，使苍蝇无法认出缓慢移动的物体，但当捕食者快速移动时，它会注意到。

视觉神经将信息
传递到大脑

蓬尾婴猴

灵敏的爪子可以抓握猎物

大大的耳朵可以在夜间捕捉声音

夜视

即使是在夜晚漆黑的森林中，婴猴也能找到自己的路，这在很大程度上依赖于它的视觉和听觉。它大而前突的眼睛能够适应微弱的光线，而其高度灵敏的耳朵，甚至可以听到正在飞行的昆虫的声音。在它昼伏夜出的生活里，婴猴能够非常准确地抓住触手可及的东西，也能高速奔跑和跳跃。在不到5秒钟的时间里，它可以穿过10米的丛林。

鼻翼瓣引导水流进入鼻腔

肩章鲨的鼻子

水下气味

肩章鲨有一个像猪一样的鼻子，它发达的鼻孔能够帮助它探测到猎物，比如海胆和贝类。它可以追踪到3米开外，甚至藏在洞穴里的微弱气味。它先用小而尖的门牙来抓取猎物，然后用宽而平坦的后牙磨碎食物。

触须通常向后弯曲收在身体的两侧

感觉周围

有着鹿角状触须的印度叩甲对化学物质非常敏感。因此，它对环境的认知主要是通过触须的嗅觉和味觉来完成的。

印度叩甲

交流

动物用许多不同的方式向它们的朋友传递信息或对它们的敌人发出警告。鸟类的鸣叫声、蝴蝶翅膀上闪光的颜色、狐狸独特的气味、两只黑猩猩之间手的触摸等都是动物之间相互通讯的例子。有些动物主要使用声音或振动，而有些动物则依赖于视觉信号或气味。某些种类的鱼采用电流来进行"对话"。不管是什么方法，动物通常不会使自己太过引人注意，以免招来天敌。所以，当它们"说话"时，一定是在传递非常重要的信息。

一对阿拉伯狒狒

"美容师"会帮助对方捉出寄生虫，清理死皮和污垢

来帮我挠背

狒狒在一起相处时，经常会梳理对方的皮毛。这种从一只狒狒传达到另一只狒狒的触摸信号能够加强这两个成员在群中的纽带关系。同时，这种行为也强调了它们在群中的地位。因此，被"服务"的狒狒通常具有比"美容师"更高的地位。

高抬翅膀吓走入侵者

空中海盗

贼鸥是一种海鸟，它们通过响亮的叫声来彼此沟通。它们在筑巢时的表现也令人印象深刻，它们会高高地抬起翅膀，同时把头奋力向前伸。这种富有侵略性的视觉信号能够警告入侵者远离它们的领土。在寻找食物时，一对贼鸥会交换鸣叫，表示它们是同伴。一只贼鸥会骚扰其他海鸟使它离开巢穴，而另一只贼鸥就会上前抢走暴露出的鸟蛋。

褐贼鸥

南极贼鸥

颈部用力前伸

嗅探犬

在狗的世界里，气味是关键的交流方式，气味可以用来传递信息来吸引或赶走其他狗。气味通常会持续数天，因此在标记领土方面也是非常有用的。狗在彼此沟通的时候，会在鼻子高度的树干或其他地方留下味道。气味也可以表明发送者的状况。比如，雌狗如果准备好交配，会释放气味来邀请有意的对象。

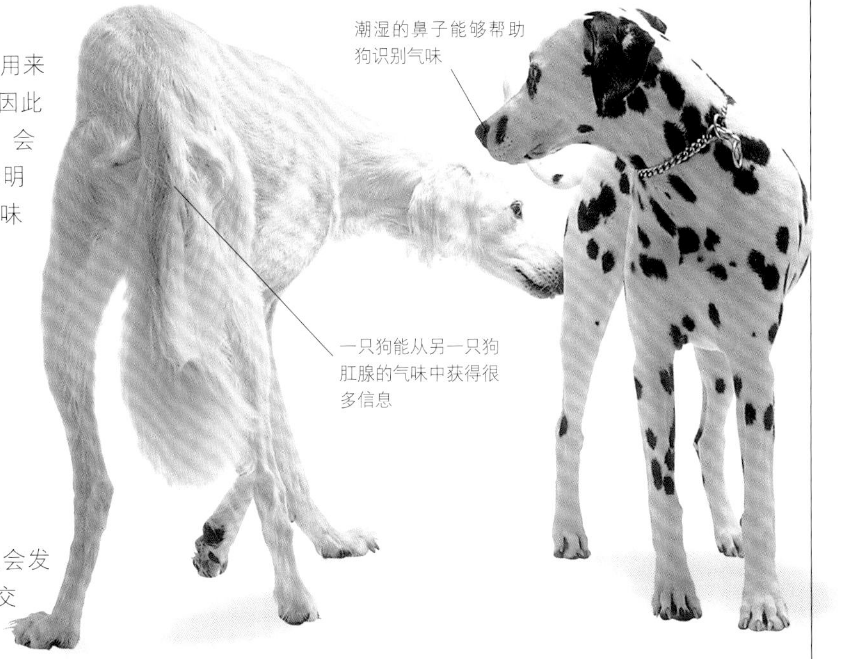

潮湿的鼻子能够帮助狗识别气味

一只狗能从另一只狗肛腺的气味中获得很多信息

通过颏腺分泌的气味来标记所有权

雄兔

野兔

兔子在它们的洞穴里会发出小而短的声音来彼此交流。在地面上，它们会通过露出尾巴下的白斑或用后腿重击地面来提醒其他同伴有危险。一只雄兔通常有几只雌性的繁育伙伴，为了确保其他雄兔意识到这些雌兔是属于它的，雄兔会在每一只雌兔身上摩擦它的颏腺，以气味来标记所有权。雄兔也会在它的领地留下粪便作为标志，警告其他雄兔保持距离。

"隆隆声"实际上是由喉咙而不是胃发出的

一对亚洲象

隆隆声

大象会在相遇或整个象群处于紧张状态时用鼻子发出类似喇叭的声音，但它们也会发出一种我们听不到的"隆隆声"。这种低频率的声音能够传送到很远的地方。雌象在求偶的时候也会发出这种声音。

运动

动物需要运动，这样它们可以追捕猎物、寻找配偶或逃脱天敌。为了做到这些，一些动物利用腿来奔跑和跳跃，而另一些动物用鳍游泳或用翅膀飞行。有一些动物没有腿，但同样可以移动。比如，蜗牛用它黏滑的腹足来转动，而蚯蚓则通过身体的一伸一缩在土壤中穿行。有些被称为"漂流者"的动物，几乎不会自主运动，所以它们必须利用环境中的任何运动来携带它们。海生的漂流者通过海面的波浪来运动，而一些小昆虫运用气流携带自己运动。

布满细毛的脚趾使壁虎能"黏在"任何物体的表面

大壁虎

吸附

一些蜥蜴亚目的动物，如壁虎，脚上长有特殊的带螺纹的鳞片，就像吸盘一样。这些鳞片被数百万的细毛覆盖。壁虎几乎可以吸附在任何物体的表面，因此，它们能够行走在直立的树干上，甚至可以在房屋的天花板上头朝下地运动。

当猫跳跃至空中时，尾巴用来"掌舵"

猫在猛扑时的分解步骤图

有力的突袭

家猫不需要自己寻找食物。即便如此，它们还是能够非常精准地猛扑和落地，它们的野生近缘种就是使用这种技能来追捕猎物的。跳跃之前，猫会仔细观看猎物的动向。然后，它利用强有力的腿部肌肉一跃而起扑向目标。猫的尾巴就像一个舵，让它保持在正确的路线上，它的前爪则会把猎物狠狠地摁在地上。

眼睛牢牢地盯住猎物

强有力的后腿使猫能从地面上一跃而起

尾巴摆向与头部相同的方向，来让身体形成"S"形

胸鳍的作用类似于机翼

狗鲨

身体与头摆向相反方向

摆动前行

像所有的鲨鱼一样，狗鲨通过令身体形成"S"形来移动。运动开始时，狗鲨会把头从一侧摆向另一侧，这将推动它的身体向前，然后全身随之摆动，一直传递到尾部。胸鳍（侧鳍）则像机翼一样为狗鲨在水中向前游动提供浮力。

狗鲨在水中前进的分解步骤图

身体向左边移动

头转向左边

身体开始向右边弯曲

头转向右边

翅膀向下的运动提供了向前飞行的动力

扇动的翅膀把绿头鸭带往空中

绿头鸭在飞行时的分解步骤图

飞行的绿头鸭

和其他鸟类一样，绿头鸭用它轻便、灵活的翅膀在空中飞行。和飞机的机翼类似，它们的翅膀从前部到后部略有弯曲。当鸟类在空中扇动翅膀时，这种形状可以帮助它们飞向更高的地方。飞行中向前的推力是由翅膀向下扇动实现的。

爪子做好捕捉猎物的准备

前腿在落地时非常重要

从一侧到另一侧

前肢和后肢同时移动

绿森蚺靠爬行来移动，但必须是在高低不平的地面上。与其他的蛇一样，它没有腿，依靠肋骨来移动。蛇体绕着岩石和植物进行水平波状弯曲。运动时肌肉产生的波动反传至身体，施力于岩石和植物，由此产生的反作用力推动蛇体前进。

肋骨沿着整个身体生长

脚趾上的吸盘为树蛙在光滑的表面上爬行提供了抓握力

绿森蚺

一次两下

像所有的两栖类动物一样，澳大利亚的绿树蛙左右摇摆身体来移动。这是因为转动时它们身体同一侧的前肢和后肢一起移动，树蛙的脚趾都长有吸盘，帮助它们在攀爬树干或穿越光滑叶子时提供抓握力。

绿树蛙在爬行时的分解步骤图

食草动物

条纹椿

乔木、灌木、草，以及其他草本植物大部分生长在陆地环境中，虽然它们是动物最容易找到的食物，但却不一定是最简单和最容易消化的食物。为了保护自己不被吃掉，有些植物有毒，有些植物的茎叶上有刺。即使动物能找到一种方法突破这些防御，吃下植物，但它的消化系统却不一定能消化掉这些植物。这种时候动物们就需要微生物（它们是体形非常非常小的生物）的帮忙了。绿蠵龟、海牛、马等食草动物的肠道里都有微生物的存在。肠道的长度足以使动物们尽可能多地从植物中汲取营养物质。

椿

椿象有一种特殊的口器，能从植物中吸取汁液。而它身上鲜艳的色彩会警告鸟类和其他潜在的敌人，它有怪味。因为在受惊时会发出刺鼻的气味，椿象通常被称为"放屁虫"。

大大的身体容纳着专门的消化器官

普氏野马

一簇嫩芽

强壮的颈部使它们可以低头吃食

牧马

像许多其他的食草动物一样，马花费大量的时间进食。这是因为它们所吃的植物的茎、叶，以及草所含的能量非常低。马需要吃大量的草来保证摄入充足的能量。吃草时，马会先用臼齿把草磨碎，接着使之在体内发酵分解。这是一个专门的消化过程，以帮助它们从草中获得最多的能量。

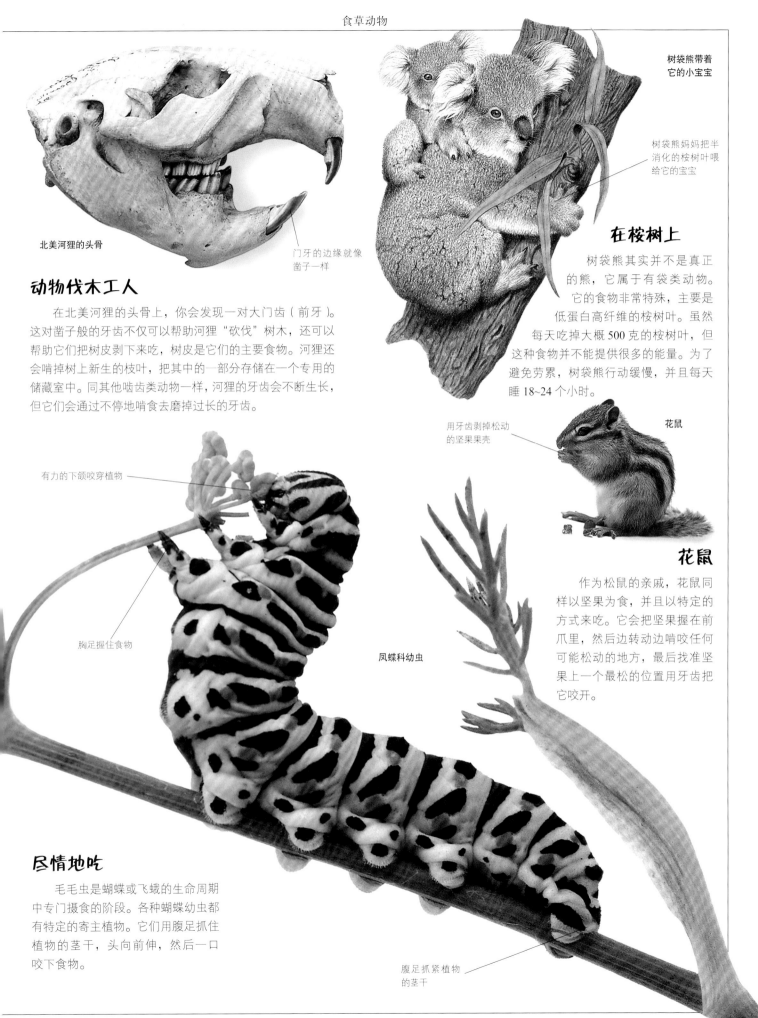

北美河狸的头骨

门牙的边缘就像凿子一样

动物伐木工人

在北美河狸的头骨上，你会发现一对大门齿（前牙）。这对凿子般的牙齿不仅可以帮助河狸"砍伐"树木，还可以帮助它们把树皮剥下来吃，树皮是它们的主要食物。河狸还会啃掉树上新生的枝叶，把其中的一部分存储在一个专用的储藏室中。同其他啮齿类动物一样，河狸的牙齿会不断生长，但它们会通过不停地啃食去磨掉过长的牙齿。

树袋熊带着它的小宝宝

树袋熊妈妈把半消化的桉树叶喂给它的宝宝

在桉树上

树袋熊其实并不是真正的熊，它属于有袋类动物。它的食物非常特殊，主要是低蛋白高纤维的桉树叶。虽然每天吃掉大概500克的桉树叶，但这种食物并不能提供很多的能量。为了避免劳累，树袋熊行动缓慢，并且每天睡18~24个小时。

用牙齿剥掉松动的坚果果壳

花鼠

花鼠

作为松鼠的亲戚，花鼠同样以坚果为食，并且以特定的方式来吃。它会把坚果握在前爪里，然后边转动边啃咬任何可能松动的地方，最后找准坚果上一个最松的位置用牙齿把它咬开。

有力的下颌咬穿植物

胸足握住食物

凤蝶科幼虫

尽情地吃

毛毛虫是蝴蝶或飞蛾的生命周期中专门摄食的阶段。各种蝴蝶幼虫都有特定的寄主植物。它们用腹足抓住植物的茎干，头向前伸，然后一口咬下食物。

腹足抓紧植物的茎干

食肉动物

以吃肉为生的动物，被称为食肉动物。与食草动物和滤食动物不同，食肉动物并不是持续不断地进食，而是有特定的用餐时间。每一餐依赖于它们是否能成功地发现并捕获猎物，以及它们需要多长时间吃完。大多数肉食者有专门的"工具"来帮助它们捕捉和享用猎物。例如，大型猫科动物有发达的犬齿，能紧紧地咬住猎物，而臼齿则用来把肉分成小块；鲨鱼尖锐的牙齿就算是滑溜溜的鱿鱼也能咬住，而锯齿般的三角形牙齿可以穿透肉和油脂；另外，猛禽用长长的爪子、钩形的喙抓紧和撕裂猎物。

鹗

钩状的鸟喙能够把肉撕裂

长长的爪子紧紧地抓住猎物

鱼被从水面下抓起

修长的手指

指猴是一种分布于马达加斯加岛的毛发杂乱的黑色猴类，它们利用长长的中指，以啄木鸟凿木材的方式捕获猎物。指猴辨别出藏在树干空洞中的钻木甲虫的幼虫后，用中指尖锐利的钩状指甲把它们钩出来。

长长的中指能从木头中挖出幼虫

捕鱼手

鹗是生活在湖泊、河流沿岸的鱼类捕手。它们从天空猛扑下来，捕捉那些潜伏在水面下的鱼类。它们用长长的爪子紧紧地抓住鱼，并将鱼的头部朝上以保证其飞行流畅。鹗用它们刀般锐利的喙撕裂食物，在喜欢的栖木上或者自己的巢中享受美餐。

腕骨

指猴的手掌骨

光滑的鳞片使毛齿鱼可以顺畅地在沙子中钻进钻出，像鱼在水中那样

包边的鳞片防止脚沉入沙子

保暖消食

毛齿鱼生活在炎热干燥的沙漠中。清晨和傍晚，它们从凉爽的洞穴中爬出来捕食昆虫和小型爬行动物。毛齿鱼需要停留在地面上以便保持身体的温度，从而消化食物。一旦食物消化完毕，它们就会重新回到凉爽的地下来躲避正午过高的温度。

毛齿鱼

吃蜘蛛的虫

雌性小头蚖会把它们的卵产在狼蛛的体内，这些卵孵化成的幼虫会在狼蛛的体内钻来钻去，甚至会在狼蛛还活着时，由内而外地把它吃掉。新鲜的肉体保证了小头蚖所需的营养物质，使它有足够的能量可以化蛹并成年。

取食的口器

小头蚖

瞄准—射击

射水鱼生活在南亚和澳大利亚的热带红树沼泽中。射水鱼得名于它能够精准地向1米开外的猎物喷射水柱。使用该技能，射水鱼可以将沼泽边树枝上的昆虫和蜘蛛击落。另外，射水鱼也可跃出水面捕捉树枝上的猎物或者那些飞行较低的昆虫。

大大的眼睛盯着蜘蛛

跃出水面的射水鱼

巨大的眼窝表明具备良好的视野

梭鱼的骨骼

致命的颌部

巨大而可怕的牙齿毫无疑问地证明大梭鱼属于食肉鱼类。那些如钉子般锋利的牙齿似乎就是为了咬住滑溜溜的猎物（比如鱿鱼）而生的，除此之外，这些牙齿把生肉撕成碎片也完全没有问题。

锋利的牙齿可以咬住猎物

下颌比上颌更长

眼球能够向下翻转，以更好地吞咽食物

黑色和绿色的斑纹使角蟾可以隐蔽在树林的地表

一只老鼠的尾巴

角蟾

角蟾的下午茶

南美洲的角蟾除了色彩绚丽，更为人所知的是它的"坐享其成"。没错，它隐藏在树林的枯叶堆里静静等着猎物上门。当一只昆虫、青蛙，甚至是一只老鼠进入它的视野，它立刻张开大嘴，把猎物卷入口中。为了更好地饱餐，角蟾会把它的眼球往下翻转，以增加口腔内的压力。

防御

大犰狳

尾巴上有骨质的
鳞片覆盖

大部分动物都处于被其他生物攻击的危险中。为了不让自己成为其他动物口中的美餐，动物们要么选择隐蔽，要么装死，或是以最快的速度逃开。还有一些动物会选择另外一些自我保护的方式。有些动物身上覆盖着尖刺、硬壳或是坚硬的鳞片，就像是穿上了一套盔甲以保护自己不受侵害；有些动物有毒，它们用艳丽的色彩警示其他动物不要靠近它们；而有些无毒的动物也会用艳丽的色彩来假装自己是有毒的，以保护自己；而有些招数更加高明，比如用断尾或是假的眼睛去欺骗敌人。

身披盔甲

犰狳的身体被一层骨质鳞片覆盖，就像穿着一套盔甲一样。这些坚硬的骨质铠甲保护了它的头部、尾部、肩部和臀部。当受到威胁时，犰狳会收起爪子，整个身体紧紧地贴在地面上，或者将整个身体团成球状以保护柔软的腹部。

即使捕食者碰它，
它也不会动

水游蛇

暗礁中的小丑鱼

装死

当水游蛇无法从捕食者手中逃脱时，它会张开嘴、背朝下地躺在那儿，好像已经死去了一样。很多捕食者只捕食活的猎物，因此水游蛇就有可能逃过一劫。当危险过去，水游蛇就会活过来，快速地逃离。

真蟾的头部上方有毒囊

黏液层保护小丑鱼
不被海葵的刺伤害

借来的保护

当危险来袭时，小丑鱼会冲进海葵的触手中寻求保护。其他的鱼类可能会立刻被海葵触手上的刺杀死，而小丑鱼身上独特的黏液却可以使它们在海葵丛中自由穿行。

箭毒蛙的皮肤具有
很强的毒性

箭毒蛙

当受到刺激，每
个鳞片上的刺都
会伸出来

刺鲀

毒性皮肤

箭毒蛙的皮肤能产生一种世界上最剧烈的
毒素。它们的毒性如此剧烈是因为它们的天
敌，如蛇和蜘蛛，不容易被较弱的毒伤害。许
多蛙类具有颜色鲜艳的皮肤，这是对它们的捕
食者发出的警告，同时在求偶季节也能向其他
雄蛙警示以捍卫自己的领地。

长满刺的气球

刺鲀的全身长满了刺，用于保护自
己。而且，刺鲀可以通过吸进空气或水，
膨胀得像一只长满刺的气球，使捕食者
难以将其吞咽下去。

警告色

真螈是有毒的，因此无法
成为美味的餐点。其鲜艳的色
彩警告它的捕食者，如鼩鼱、
鸟或蛇，要远离它。捕食者也
早已知道了有着这样颜色的动
物是多么难对付，所以不会攻
击它。

真螈

真螈皮肤上的毒素足以
杀死小型的哺乳动物

带刺的盔甲

移动缓慢的动物，如
刺猬，往往依靠身上的
铠甲保护自己。一身尖
尖的刺包裹着刺猬柔软
的身体，尤其是当它缩
成一个紧密的球滚动时，
更是所向披靡。当刺猬受
到刺激警示，它的刺就会向
各个方向竖起来。

刺猬

黄色和黑色是可以起
到警示作用的保护色

伪装

有些动物可以通过融入背景或借助其他物体掩饰自己的身体，使捕食者看不到它们，以此逃避敌害。这个技能称为伪装，可用于自卫或辅助捕食。伪装既可以是通过简单的彩色图案隐藏身体的轮廓，也可以是更加精密的欺骗，比如拟态。拟态可以是模仿粪便、叶、花、草秆，甚至是使自己看起来像另一种更危险的动物。有些动物可以根据环境的不同调整自己的颜色。例如，北极狐在夏天是一身棕色的皮毛，到了冬天则会换上白色的皮毛以适应白雪覆盖的环境。

像真的叶脉一样

枯叶蛱蝶的背面

模仿成树叶

分布于东南亚的枯叶蛱蝶，翅膀反面的棕褐色使它们看起来就像一片掉落或腐烂的叶子，上面的纹路简直与树叶的叶柄和叶脉一模一样。当枯叶蛱蝶停落在树枝上休息时，它的翅膀会折起来，这使它看起来和一片真正的树叶没什么不同，从而使它不被捕食的鸟类注意到。

斑点的颜色会依据环境变深或变浅，使比目鱼可以"隐形"

伪装中的比目鱼

比目鱼

当比目鱼栖息在海床上，它能够让自己处于隐形的状态。无论是隐藏在浅色的卵石底还是多彩的海藻底，它都可以完全融入。它只是改变了皮肤的颜色和图案，使身体和背景尽可能地匹配。

白色的羽毛能够令它隐藏
在冰雪覆盖的北极苔原

雌性雪鸮

雪鸮

　　披着白色羽毛的雪鸮可以很好
地融入白色冰雪覆盖的北极苔原。
大部分居住在世界其他地区的猫头
鹰在夜间捕食，因为它们要依靠黑
暗来躲避危险。而北极的夏日很长，
所以雪鸮在白天飞行，为它的宝宝
寻找食物。如果没有这些帮助它伪
装的羽毛，雪鸮会很容易被它的天
敌发现。

翅膀上的花纹让剑鸻
看起来像一块石头

剑鸻

模仿石头

　　卵石滩或卵石海岸本来不太可能成为鸟的藏身之处，但降落
在卵石滩上的剑鸻，似乎很容易隐藏在这种背景下，这要感谢它
身上的黑色和白色的斑纹。而剑鸻也把它的蛋很好地隐藏在卵石
滩上挖好的洞穴中。

当需要吓走敌人
时，肤色会变暗

肢体语言

　　国王变色龙生活在非洲丛林中，它卡
其色的肤色与环境中的树叶颜色自然融
合。虽然变色龙能够改变它的肤色，但
往往是它们发现自己处于危险之中时
才使用这项技能。当敌人靠近它们时，
变色龙的预警系统迅速反应，把肤
色变得更暗。同时，它的尾巴会舒
展开，身体会膨胀起来，以令自
己看起来非常可怕。

当肤色改变时，眼睛
也会从橙色变为红色

国王变色龙

警惕的眼睛

像海藻一样
的鼻须

斑纹须鲨

带斑点图案的
皮肤能模拟海床

感到危险时，变色龙
的尾巴会伸直

隐蔽的鲨鱼

　　斑纹须鲨是一种生活在澳大利亚和巴布亚新
几内亚的热带浅海地区的鲨鱼。它的身体扁平，
身上的斑点、线条组成的彩色图案使它看起来很
像海底的岩石和珊瑚。而它下巴的胡须，看起来
就像海藻一样。有了这样巧妙的掩饰，斑纹须鲨
能突然扑向任何在它的嘴前游过而毫不知情的
猎物。

胡须似的
须子

求偶与交配

如果动物都能长生不死，新老之间的更替就没有必要了。但为了确保自己的种族能够继续存活，所有的动物都靠繁殖来创造下一代。有些动物是无性繁殖，它们不需要伴侣，自己就可以繁殖出下一代；而有性繁殖则需要两个成年个体共同繁殖产生新的一代。有性繁殖的发生，首先需要两只两性动物的相遇和配对，所以许多动物会表现出求偶的行为或用叫声来吸引异性。

求偶时会唱起像"哭声"一样的歌

雄雀胸前多彩的羽毛可以吸引雌雀

雌雀羽毛的颜色更单调一些

雌性斑胸草雀

雄性斑胸草雀

大块头之战

在繁殖季节，为了求偶，公象之间的竞争变得非常激烈。受到强烈刺激的驱使，个头差不多的公象会相互打斗，但通常较小的那只会自动退出较量。而赢得了胜利的公象也就赢得了回应母象求偶叫声的权利。

雀类夫妇

和许多鸟类一样，雄雀身上的装饰性羽毛要比雌雀更华丽。它们之间的这种差异是因为，雄雀要靠羽毛给它的雌性伴侣留下深刻的印象，而且雌雀在抚育幼鸟的时候也不希望被捕食者注意到。求偶时，雄雀会鸣唱特别的歌曲，听起来像是孩子的哭声，而它也会展示漂亮的尾羽来向雌雀表示爱慕。

蝴蝶交配

　　许多种类的蝴蝶在求偶期间会发出特殊气味，来吸引异性。虎袖蝶就是其中的一种。雌性蝴蝶利用一种化学物质产生强大的香味，引起正在求偶的雄性蝴蝶的注意，这种方式被称为"集会"。一对蝴蝶一旦碰面，就会在植物上繁殖后代，而植物将提供足够的食物满足它们后代的生存。

苏拉威西黑冠猴

硕大而粉红的屁股

雄性蝴蝶（左边）与雌性蝴蝶的尾部相接

栖息的植物也成了后代食物的来源

一对虎袖蝶

有吸引力的屁股

　　像许多雌性的猴子和猩猩一样，雌性苏拉威西黑冠猴会通过展示它的屁股，让雄性知道它已经为交配作好了准备。当生活在一个大的群体中时，个体的需求可能很难被发现或听到，所以硕大的粉红色屁股就成了求爱的最佳邀请道具。

紧紧地抓住它

　　雄性的常见蟾蜍为了确保它能够吸引同种族雌性的注意，通常会使用特殊的求偶叫声。一旦一只雌性蟾蜍被吸引而来，雄性会紧紧地抱住它。雄性蟾蜍脚上粗糙的指垫赋予了它额外的抓力，让它能紧紧地抓住雌性蟾蜍。

雄性靠特殊的指垫紧紧地抓住雌性

普通蟾蜍

发出叫声、拍打耳朵，以及卡住对方的象牙都是较量中常见的动作

象鼻在打斗中用来控制对手的头部

公象之间的战斗

猫妈妈给小猫们哺乳

猫妈妈和它的宝宝

生命之初

一些动物宝宝是在它们妈妈的腹中孕育的，出生后长得就像是父母的副本一样。而另一些动物宝宝则是从蛋或者卵中孵化出来的。这些蛋或是安放在巢中由父母照看，或是被留在一个安全的地方直到它们孵化出来。一只刚诞生的动物宝宝，无论是胎生的还是卵生的，都非常容易受到肉食动物的攻击。动物宝宝的妈妈们或是爸爸们，会非常仔细地照顾它们的宝宝，直到它们可以独立照顾自己。也有些动物会给宝宝留下受保护的空间和食物，使它们能够独自生存。

刚刚出生的小猫

经过约 63 天在母猫子宫中的孕育，4 只小猫诞生了。刚出生时，它们看不见东西，也毫无防御能力，每只小猫重约 100 克。起初，猫妈妈几乎不睡觉，一直照顾它的宝宝。它需要确保每只小猫都离它温暖的肚子很近，当它们饿的时候也能及时吃到奶。9 天后，小猫睁开它们的眼睛。约 21 天后，它们开始学会走路。

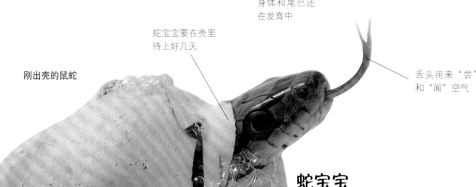

羽毛状的鳃可以从水中获得氧气

出生 8 个星期的鲵

细长的前腿

身体和尾巴还在发育中

新生鲵

两栖动物鲵从幼体发育成一只能够繁殖后代的成体的过程被称为"变态发育"。在这个过程中，鲵的外部形态发生了一系列的变化，成体鲵的外观与刚刚孵化出的幼体完全不同。最开始，幼体有羽毛状的外鳃、大眼睛，没有什么形状可言。 经过 12 周，身体和尾巴越来越长，腿部的形状也更明确。 到了 16 周，小鲵就和它的爸爸妈妈长得一样了。

蛇宝宝要在壳里待上好几天

刚出壳的鼠蛇

舌头用来"尝"和"闻"空气

蛇宝宝

鼠蛇宝宝正用它小小的破卵齿敲破蛋壳努力地钻出来。几天后，它的破卵齿就因为不再需要而脱落。而小蛇也具备了成年蛇身体的所有部分。从小蛇破壳而出的那一刻起，它就没有父母照顾，完全要依靠自己。不过，它有一组天生的感觉系统，知道如何寻找食物和识别危险。

幼年黑猩猩

摔跤扭打能够帮助肌肉的生长

虫卵

墨西哥豆瓢虫的幼虫是通过咬破它们的卵而孵化出来的。刚出生的小幼虫看起来很不像它们的父母。实际上，它们看起来更像是小号的毛毛虫。幼虫最开始生活在豆科植物上，并以叶片和嫩枝为食。经过一段时间的集中进食，幼虫变成具有坚硬外壳的蛹，在蛹中它们一直处于休眠状态，身体也会发生许多神奇的变化。3~4个星期之内，它们会破蛹而出，变为成虫。

幼虫的身上长满了刺，可以保护它们不被一鸟吃掉

墨西哥豆瓢虫幼虫

小红点会发育成眼睛

爱玩的黑猩猩

出生以后，普通黑猩猩在较长一段时间内依旧完全依赖于它们的母亲。在这个阶段，它们增长自己的力气，了解它们所在群体的"规则"。这个过程的学习行为被称为"玩"，在此期间，它们互相追逐、共同探索、假装打闹，并学习如何使用声音和面部表情。

成群的小鸡

像小蛇一样，雏鸟也长着一个能从里面敲开蛋壳的破卵齿。当山鹑破壳而出时，它们已经发育完成了，几个小时内，它们的羽毛和绒毛会干燥蓬松起来，形成一个温暖的外套。山鹑生活在开阔的草原上，身上的条纹图案可以帮助它们伪装。雏鸟的腿也强健有力，它们跑得很快，能隐藏在丛林深处，躲避它们的捕食者。

山鹑雏鸟

身上的条纹图案可以令小鸡隐藏在草原的背景色中

开放式的巢建在平地上，小鸡在此出生

卵和巢

很多产卵繁殖的动物会竭尽全力来抚育它们的后代。动物父母经常采取以下几种方法来保护宝宝，而不是对它们的卵或宝宝不管不顾。它们可能去到哪里都带着卵，或是把它们安置在坚固的具有保护作用的容器中；或是把卵聚拢在一个避难所中，比如它们的巢中，自己则在旁边站岗保护。动物的巢穴可能是沙层上挖的一个洞，或者就是岩石的下面，也可能是父母们花费很长时间建造的一个具有复杂结构的真正的巢。不管是什么方法，动物父母们都试图在其娇弱的宝宝的生命之初提供最好的保护，以使它们免遭天气和捕食者的侵害。

鱼的家

虽然鳕鱼和鲱鱼会排出数以百万计的卵让它们随海浪漂走，但也有些鱼类为保护它们的卵而建造临时的洞穴。比如，雌性的杜父鱼会在湖泊或河流河床上的凹地里产下它的 250 个鱼卵，雄鱼则负责守卫它们的家。雄鱼会用它的鳍来搅动卵上方的水，直到鱼苗（小杜父鱼）在 4 个星期后孵化出来。

雄性杜父鱼和鱼卵

由植物碎片和叶子搭成的鸟巢

蜂鸟的鸟巢和蛋

椭圆形的鸟蛋

雄鱼用鱼鳍来搅动鱼卵上方的水

袖珍鸟巢

蜂鸟会建造一个小的杯形鸟巢来容纳它们袖珍的、椭圆形的蛋。雌鸟每次只产下两枚蛋。在 3 个星期内它会一直照看，直到雏鸟（幼鸟）孵化离巢，独立生活。它们坚固的鸟巢由茎干、植物的碎片和羽毛建成，由蛛网联结。

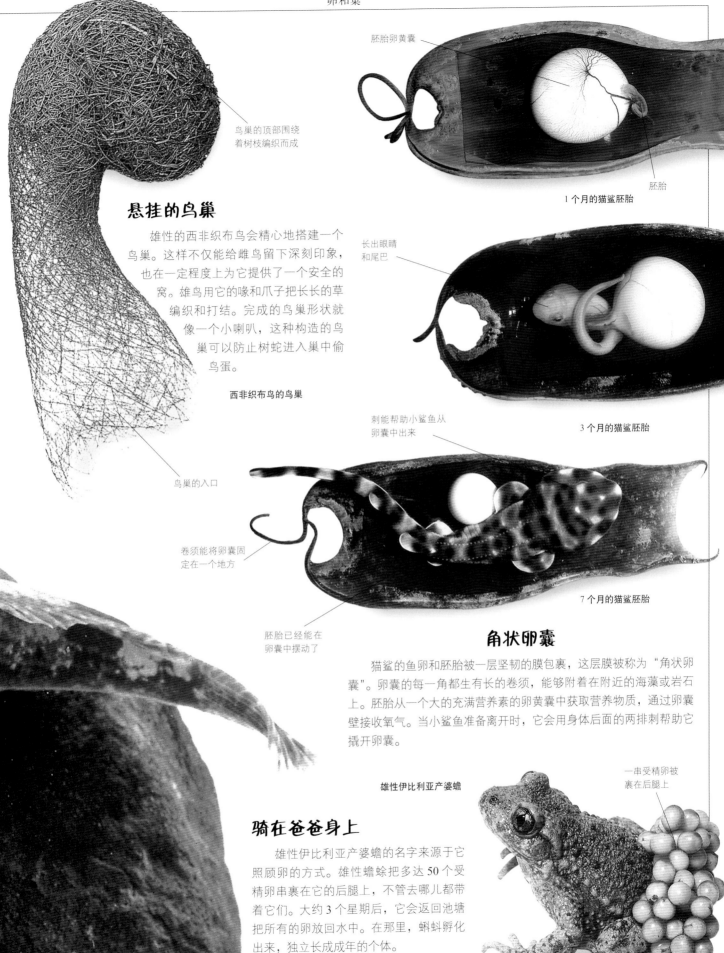

胚胎卵黄囊

胚胎

1 个月的猫鲨胚胎

悬挂的鸟巢

雄性的西非织布鸟会精心地搭建一个鸟巢。这样不仅能给雌鸟留下深刻印象，也在一定程度上为它提供了一个安全的窝。雄鸟用它的喙和爪子把长长的草编织和打结。完成的鸟巢形状就像一个小喇叭，这种构造的鸟巢可以防止树蛇进入巢中偷鸟蛋。

鸟巢的顶部围绕着树枝编织而成

西非织布鸟的鸟巢

长出眼睛和尾巴

3 个月的猫鲨胚胎

刺能帮助小鲨鱼从卵囊中出来

鸟巢的入口

卷须能将卵囊固定在一个地方

7 个月的猫鲨胚胎

胚胎已经能在卵囊中摆动了

角状卵囊

猫鲨的鱼卵和胚胎被一层坚韧的膜包裹，这层膜被称为"角状卵囊"。卵囊的每一角都生有长的卷须，能够附着在附近的海藻或岩石上。胚胎从一个大的充满营养素的卵黄囊中获取营养物质，通过卵囊壁接收氧气。当小鲨鱼准备离开时，它会用身体后面的两排刺帮助它撬开卵囊。

雄性伊比利亚产婆蟾

一串受精卵被裹在后腿上

骑在爸爸身上

雄性伊比利亚产婆蟾的名字来源于它照顾卵的方式。雄性蟾蜍把多达 50 个受精卵串裹在它的后腿上，不管去哪儿都带着它们。大约 3 个星期后，它会返回池塘把所有的卵放回水中。在那里，蝌蚪孵化出来，独立长成成年的个体。

成长

　　有些动物出生时就是父母的缩小版，而有些动物在出生时发育得还相当不完善。无论它们如何开始生活，年幼的动物们都需要应对天气的变化、食物或水的匮乏，以及捕食者的追捕等一系列危险。许多昆虫和两栖类动物需要独立照顾自己。它们撑过的这个危险期被称为"变态发育"——它们从卵孵化成幼虫，接下来它们会彻底改变，最终长成成虫。相比之下，年轻的哺乳动物和鸟类有父母的喂养和保护，并从它们身上学习生存技能。

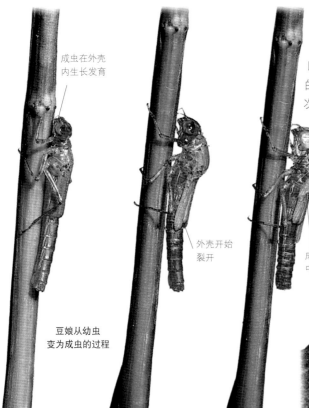

成虫在外壳内生长发育

外壳开始裂开

成虫从外壳中爬出

豆娘从幼虫变为成虫的过程

在水中蜕变

　　豆娘的稚虫（未成年的幼虫）生活在水中，以水中的小型动物如蝌蚪和小鱼为食。在它的成长过程中，稚虫要改变外部形态好几次。当它准备变成成虫，它会爬出水面，蜕去最后一层皮，长成为成熟的豆娘。

母猴会喂养它的孩子长达一年

雌性白腹长尾猴和它的宝宝

小麋鹿和它的妈妈

小麋鹿会在夏天大量进食增重，预备度过冬天

小麋鹿

　　在夏季，麋鹿宝宝的进食量需要增加一倍，好帮它储备可以度过一个冬天的脂肪。小麋鹿会和它的妈妈待在一起一年的时间，跟着妈妈学习必备的生存技能。

小比目鱼的身体开始变得扁平，正如成年比目鱼那样

转移的鱼眼

　　在刚刚孵化出来时，比目鱼的外部形态与普通的鱼一样，但随着成长，它的身体逐渐变平，它的左眼会渐渐移动到头部的另一侧，使得两个眼睛都在它身体的右侧。以后，它在游泳时必须左侧身体朝下。

左眼会移动到头部的另一侧

比目鱼

雄性北海狮和小海狮

因为担心被践踏，小海狮经常会避开大的雄性海狮

海狮幼崽

这只海狮幼崽正趴在一只大的雄性海狮的背上，可能是它的爸爸，而它的妈妈正在大海中捕食。小海狮外出时通常会与其他幼崽一起，去一个僻静的海滩。当它们的妈妈回来时，会通过叫声和气味来找到自己的孩子。

雏鸟毫无生存能力，它们没有羽毛，眼睛也没睁开

孵出仅一天的蓝山雀雏鸟

张开嘴等待父母的喂食

鸟巢幼儿园

蓝山雀雏鸟在出生的最初几个星期里完全依靠父母的喂食才能生存。借助主要食物毛毛虫的营养，它们迅速地成长。学习飞行之后，它们仍然有好几天要从父母那里乞求食物，直到它们学会独立照顾自己。

孵出 3 天的蓝山雀雏鸟

抓紧妈妈

西非的白腹长尾猴宝宝紧紧地抓着妈妈的毛皮，因为妈妈正动作迅速地穿过树林。它甚至抓住妈妈的长尾巴像锚一样缠在身上。如果猴宝宝没有抓紧妈妈，它就会掉在地上摔死。当妈妈停下来进食或者休息时，它就会趁机吃奶，猴宝宝会跟着妈妈生活大约一年。

猴妈妈用尾巴保持在丛林中的平衡

随着雏鸟长大和长出羽毛，鸟巢越来越拥挤了

孵出 9 天的蓝山雀雏鸟

动物的家

许多小型动物生活在地面上，它们把自己的家安在树上或灌木丛中。它们这样做主要是为了躲避地面上或空中的捕食者，同时也能躲避风雨；当洪水来袭或河堤溃塌时也能逃过。有些动物筑造家园仅仅是为了保护它们的孩子，直到它们学会如何在野外生存。其他动物，比如胡蜂，它们所筑的巢可以容纳整个群体。动物们的庇护所通常由树叶、树枝、草和泥，以及在当地的环境中很容易发现的材料建成。

苇莺篮筐形的巢

一层层的泥巴糊成了厚厚的外墙

泥巴屋子

这个圆顶状结构的泥巴屋子就是灶巢鸟的家。当灶巢鸟无法找到一个合适的洞，比如一个中空的树干作为家时，它就会自己建造一个。这个由泥土、植物、粪便堆砌成的鸟窝可能被建造在灌木丛或篱笆桩等任何地方。

芦苇支撑着鸟巢远离水面，保持干燥

灶巢鸟的泥巴屋子

在废弃的鸟窝基础上加盖了屋顶

树屋

有时，松鼠会翻新一个旧鸟巢作为它的家。在搬家前，松鼠会把围墙加高，同时用干草、树枝和树叶新建一个屋顶。这种圆形的窝被称为典型的松鼠窝。它通常建造在一棵树主干附近的分叉处，以便抵御强风。

高跷上的鸟巢

苇莺篮筐形的巢悬挂在直立的芦苇杆间，由细芦苇、草和花编织而成，并且内衬以柔软的植物和羽毛。鸟巢的边缘掺入蛛丝编织，因此非常柔软。当风吹来，芦苇丛中的鸟巢会随着芦苇摇曳摆动，但却不会掉下来。

灰松鼠的窝

悬挂式蜂巢

胡蜂把咀嚼后的木屑弄得像纸一样，然后从上往下建造自己的巢。蜂王第一个开始工作，它会先确定蜂巢悬挂的位置，然后完成最初的建造。当它完成了最初的几个小房间后，会在每个小房间里产下一枚卵。当卵孵化成工蜂，它们会在蜂王所建造的基础上完成多层的蜂巢结构。蜂巢的外墙包括好几层，入口设在底部。

卵都产在六边形的巢房中

胡蜂正在修补被损坏的外墙

柞蚕用蚕丝把树叶粘在一起，把自己包裹在内

常见胡蜂的蜂巢

纸质的外墙来源于胡蜂咀嚼的木屑

柞蚕（生长在橡树上的蚕类毛毛虫）

柞蚕以橡树叶为食

叶子搭成的家

在橡树最上面的树枝上，柞蚕建造了自己的茧（它的房子）。蚕用其体内腺体产生的细细的蚕丝把叶子粘在一起。叶子和蚕丝共同建造的房子相当坚实，能够保护柞蚕在里面完成从蚕到蛾的变化。

庇护所和洞穴

对动物来说，最安全的居所就是一个制作精良的可以住在里面的窝或一个在地下深处的洞穴。这样的家可以使它们躲避食肉动物们的窥探，同时还能遮风挡雨，使它们躲过日晒和风雪。地下也是一个筑巢养家的好地方。但是，作为一项预防措施，很多地下洞穴都有一个后门，使动物可以在捕食者发现入口时及时逃脱。也有些动物，如鼹鼠，一直生活在地下，以植物的地下部分为食生存。

寄居蟹躲在贝壳里面

以壳为家

寄居蟹本身并没有外壳来保护自己柔软的身体，但它们会占据被其他生物遗弃的壳来作为自己的家，并且随着身体的长大不断搬入新的家中。

隧道迷宫

兔子在地下建造的洞穴简直可以称为隧道迷宫。它们黄昏时在地上活动，吃植物的地上部分，这是它们最危险最容易受到攻击的时候。兔子们即使在进食和玩耍时也会待在离洞口很近的地方，这样一旦敌害来袭，它们就可以迅速窜入洞中。

兔场里面的兔子

通道的大小刚好只够兔子通过

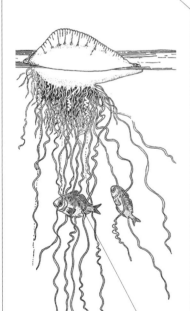

小鱼躲在水母的触手间反而不会被蜇

小鱼和僧帽水母

触手间的庇护

许多鱼类会在碰到僧帽水母触手顶端的瞬间就死去。而有些鱼类的幼体借助了这一特性，它们会待在僧帽水母的触手间来躲避敌害。

从根进入

有些蚂蚁的巢建在树上的植物里，蚂蚁穿过植物的根爬上去，一路打通植物，建造自己的洞穴。它们在植物内部的空间内生活，养育后代，并以菌类为食。

植物在蚂蚁制造的肥料中长势良好

蚂蚁在植物里面的家

植物内部的空间为蚂蚁提供了家

通向外部的洞穴入口

在地面上的时候，兔子也会在紧靠洞口的地方活动，以防危险来临

蚂蚁通过根部进入到植物内部

雪屋里面的温度是5摄氏度，比外面的温度要高

北极熊

温暖的家

雌性北极熊在隆冬季节生下自己的幼崽。为了保证孩子们的温暖，北极熊全家会搬到一个温暖的雪屋里，那里的温度比外面高。北极熊全家会一直待在里面，直到早春才会出来。

世界范围内的栖息地

地球上的各个大陆被海洋和山脉彼此分开，各个大陆都有自己特殊类型的动物和栖息地。例如，产卵的哺乳类动物，如鸭嘴兽，只分布在澳大利亚。这种"原始的"哺乳动物存活了下来，正是因为所在的栖息地与其他大洲分离开，才使它们从分布广泛的哺乳动物的竞争中逃脱出来。有些被称为"旅居者"的动物，如海豹或鸟类，会在海上或空中旅行，穿梭于各个大陆之间。它们的旅行是为了在一年的某些特定时候能找到食物供应更丰富的地方。

多尾凤蝶

蝴蝶翅膀上的黑色能吸收阳光，帮助蝴蝶保持体温

亚洲

多尾凤蝶栖息于中国、泰国、不丹、印度等高海拔山地森林里，那里的气候寒冷恶劣。因此它们一般都贴近地面短距离飞行，以避免被强风吹走。

北冰洋

大大的眼睛使其具备很好的夜视能力

灰林鸮

欧洲

亚洲

太平洋

非洲

欧洲

除南极洲以外的各个大陆都分布着不同种类的猫头鹰。灰林鸮是欧洲的"居民"，从北部的斯堪的纳维亚半岛到意大利的最南端，都有它们的踪迹。它们住在林地或者长有大树的开阔区域，以老鼠和田鼠为食。

大西洋

印度洋

大洋州

身体的形状和"S"形的移动

身体上的花纹和落叶相似，在林地里能起到隐蔽作用

赤道
南回归线
南极圈

非洲

蛇类生活在除南极洲以外的所有大陆。加彭蝰是非洲最大的毒蛇。它活动的范围从苏丹的南部延伸到南非北部的热带雨林和灌木丛。它善于伪装在落叶层中，或半埋在树林的腐叶土层中。利用这些藏身之处，它可以突袭猎物，同时躲避捕食者。

南极洲

南极洲本身较小，被海洋围绕。然而，南极洲有着非常丰富的野生物种，包括鲸、海豹和企鹅，它们从海洋中捕食，并在南极洲的分支海岛上繁殖后代。

加彭蝰

极地

生活在极地的动物必须注意保暖才能生存，海象也不例外。它们生活在北极，有一层厚厚的鲸脂（脂肪）覆盖身体，使它们能对抗寒冷。

前脚站立是对潜在袭击者的一种警告

海象

厚厚的脂肪层

北极

北极是一个巨大的、冰冻的海洋，被陆地所包围。这块冰地上基本没有什么生物，但在边缘地区会有鲸和北极熊繁衍生息，还有一些海豹在浮冰上繁衍后代。

北极圈

北回归线

赤道

北美洲

大西洋

太平洋

南美洲

图例：

山地

草原

森林

沙漠

北美洲

整个美洲都能发现臭鼬的踪迹。条纹臭鼬生活在地下的洞穴中，以小型动物、昆虫、鸟蛋和水果为食。

条纹臭鼬

南美洲

原驼是一种没有驼峰的南美洲骆驼。它生活在安第斯山脉的山麓和荒漠草原，厚厚的、毛茸茸的"外套"帮助它抵御猛烈的风和冬季的低温。草和低矮的灌木都是它的食物。

强有力的上下颌使袋獾能把猎物整个吞下，包括骨头和皮毛

又长又蓬松的毛能够保持身体的温度

袋獾

大洋洲

大洋洲生活着品种最多的有袋类动物（在育儿袋中抚育后代的动物）。其中最大的食肉类有袋动物是袋獾，它的胃口相当好。它捕食羊羔和鸡，有时也吃腐尸。

原驼

北极狐

适应

大多数动物都能适应它们的栖息地。这些地区包括极地、山脉、沙漠、森林、草原、湿地、淡水区和海洋。有些动物因为特殊的需要，只能生存在特定的栖息地。北极熊的皮毛隔温性非常好，除了寒冷的北极，生活在其他任何地方，它的体温都会过高；如果把巨型食蚁兽从草原的家中带走，它就会因为缺乏蚂蚁和白蚁这样的食物而死去；大桦斑蝶如果没有了马利筋属植物提供的剧毒的保护，也会马上被它的天敌杀死。还有另外一些动物，包括大鼠、狐狸、蟑螂，它们可以在很多类型的栖息地生存，因为它们不是特化种。而人类，由于可以调整自己的行为，几乎可以在任何地方生活。

北极狐

北极狐靠着身上双层的"冬季大衣"在冰冷的冬天维持体温。厚重的外层毛覆盖着密集的下层绒毛，隔绝了冷空气对身体的入侵。它的大脚上同样生有皮毛，使它可以舒适地在雪地上行走。小而圆的耳朵，也有着内外两层皮毛以减少热量损失，适应寒冷。

叶口蝠

这种生活在林地的蝙蝠长着大大的耳朵和面部突出物，或者称为鼻叶。这样的面部构造可以帮助叶口蝠探测声波（回声定位），帮助它绕过树枝这样的障碍物。

鼻叶能够探测声波

极其敏感的耳朵能够收集回声

水鼠耳蝠

毛茸茸的挖掘机

欧鼹很适应它在地下的生活。它铲子般的前肢和大爪子非常适合在土壤中挖隧道，而它敏感的鼻子能够嗅到猎物的气味，如蚯蚓、穴居昆虫的幼虫等。在它的鼻子里，有一小块骨头，也能帮助它挖掘隧道。鼹鼠的小眼睛对光亮度的变化非常敏感。虽然它没有外耳，但依然能够感受到声音和振动。

欧鼹

水鼠耳蝠

水鼠耳蝠习惯在水面上狩猎。它在小面积的池塘或湖泊地区飞行，猎取靠近水面的猎物。当狂风来临，昆虫的数量会大大减少，这种时候，水鼠耳蝠会到树林里，以同样的方式在树林靠近地面的地方捕捉昆虫。

轻便而有弹性的翼膜

像黄色花蕊一样的黄色斑点使吉丁虫能够逃避天敌的捕食

非洲吉丁虫

缀有"宝石"的甲壳虫

擅长伪装的非洲吉丁虫通常隐藏在花朵中。它身上的小黄点像极了植物的雄蕊和花粉粒，与花朵完美地融合在一起。吉丁虫通过模仿它所在栖息地的花朵，可以免遭食虫鸟类的侵袭。

嘴上有防水的绒毛，表面覆有一层特殊的油脂

大熊猫的爪子

会游泳的鸟

帝企鹅很适应在冰冷的南冰洋的生活。它的皮下有一层厚厚的脂肪，能够保持体温。而它翅膀上的羽毛能够防水。企鹅的翅膀已经进化为鳍状肢，这使它能在水中"飞翔"。

能抓起竹子的拇指

许多动物所具有的身体特征使它们更容易吃到自己喜爱的食物。大熊猫具有和熊类家族其他成员一样的爪子。但是，为了能够把竹子送入口中，大熊猫还长了一根特殊的拇指，并不是人类那样的拇指，而是一根拇指形的腕骨的延伸。当和其他指头相互配合时，大熊猫多余的拇指就能握住细长的竹子了。

特别的大拇指

帝企鹅

桨一样的鳍状肢帮助企鹅在水中控制方向

北极

北极是地球北端一片巨大的由苔原（没有树木的平原）包围的冰冻海洋。所有在那里长期生活的动物，都能很好地适应冰冷的环境条件。有些动物生活在冰面上，如北极狐、北极熊，它们的体表有厚厚的隔温的皮毛，能让它们在寒冷的环境中保持体温。生活在冰面下的动物，如独角鲸和海象，它们的皮肤下面有一层厚厚的鲸脂（脂肪），保护它们不受寒冷的侵袭。虽然北极的冬天黑夜连连，大海也都结了冰，但长长的夏季已经为动物们提供了浮游生物和鱼类这样充足的食物。

雪雁

夏季游客

雪雁在夏季从墨西哥湾迁徙到北极。长时间温暖的阳光为它们繁殖和抚育后代提供了理想的条件。

冰上猎手

北极熊的白色皮毛与冰雪覆盖的北极景观融合得恰到好处。这样的伪装使北极熊能够在被海豹发现并逃脱入水前偷偷地靠近并扑向它们。即使海豹逃脱了，北极熊也会耐心地在冰面上由海豹挖出的洞口旁守候着，等待它们钻出冰面呼吸的那一刻。

极地鲸

一角鲸生活在偏远、冰冷的海水中，那里有大量的鱼可以让它们捕食。一角鲸经常待在贴近浮冰的地方，因为它们的主要敌人——虎鲸不喜欢背鳍接触冰。

小而圆的耳朵减少热量的散失

雌性北极熊

雄性一角鲸比雌性游在更深的水中

带有利爪的大爪子可以抓捕猎物

一角鲸

坚硬的长角实际上是一颗凸出的长牙

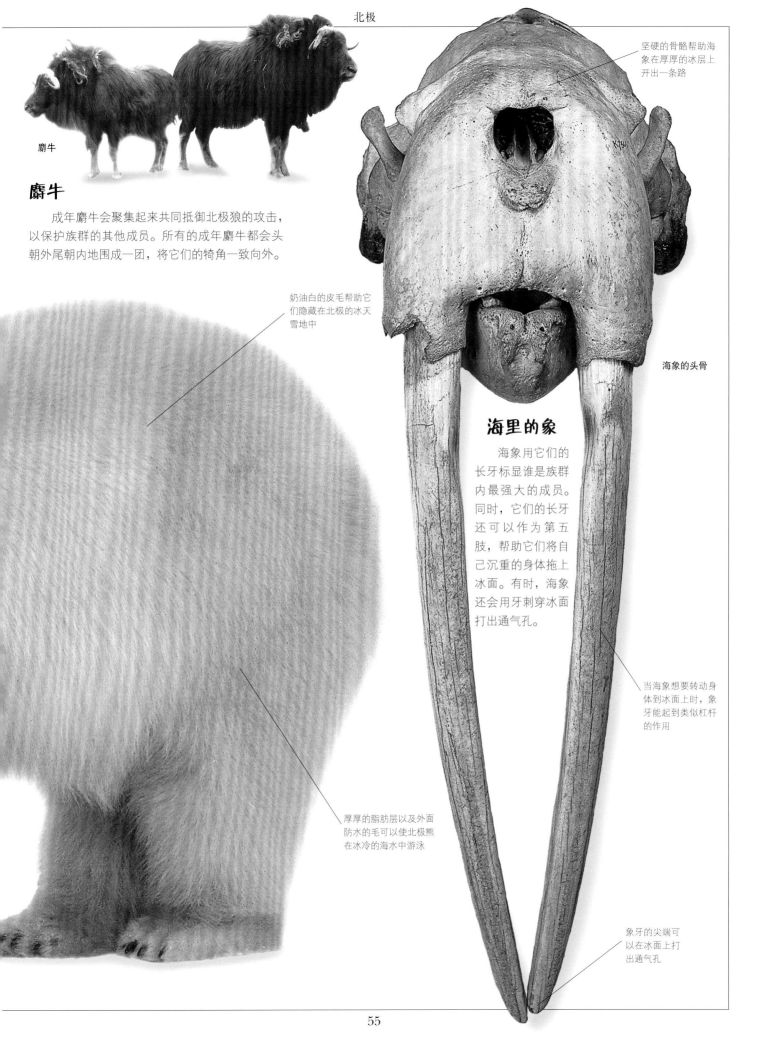

麝牛

成年麝牛会聚集起来共同抵御北极狼的攻击，以保护族群的其他成员。所有的成年麝牛都会头朝外尾朝内地围成一团，将它们的犄角一致向外。

坚硬的骨骼帮助海象在厚厚的冰层上开出一条路

奶油白的皮毛帮助它们隐藏在北极的冰天雪地中

海象的头骨

海里的象

海象用它们的长牙标显谁是族群内最强大的成员。同时，它们的长牙还可以作为第五肢，帮助它们将自己沉重的身体拖上冰面。有时，海象还会用牙刺穿冰面打出通气孔。

厚厚的脂肪层以及外面防水的毛可以使北极熊在冰冷的海水中游泳

当海象想要转动身体到冰面上时，象牙能起到类似杠杆的作用

象牙的尖端可以在冰面上打出通气孔

南极洲

南极洲是由大洋包围的一块巨大的冰冻大陆。这里的最低温度记录是零下 89 摄氏度，这使它成为地球上最冷的地方。即便如此，大量的动物仍成功地在这样的环境中生存下来。像北极一样，南极在盛夏有 24 个小时的光照，这也是大多数动物繁殖和养育后代的季节。海鸟、鲸、海豹受到海洋状况的影响，它们追随着浮冰生活，这些浮冰冬天在海洋的边缘聚集起来，夏季又会融化。唯一例外的动物是全年留在南极大陆的帝企鹅。

保暖

雄性帝企鹅在冬天会挤在一起，每一只帝企鹅爸爸会放一枚蛋在它的脚背上，利用其厚厚的脂肪来保暖，然后放低它们温暖的腹部，把蛋盖住来孵化。到了春天，企鹅妈妈会接过照管任务，直到企鹅宝宝从蛋中孵化出来。

磷虾

又大又圆的眼睛

羽状的触须用来进食

鸟喙较短，可以减少热量散失

食物链

磷虾是生活在南极的鲸、海豹和海鸟的主要食物。这些小小的虾状甲壳类动物以海生植物和小型海洋生物为食，包括其他的磷虾科动物。当它们大群地聚集在一起时，会使海水呈现红色。

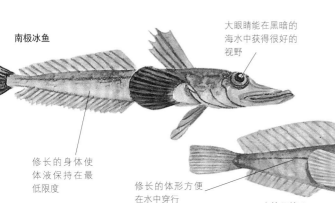

南极冰鱼

大眼睛能在黑暗的海水中获得很好的视野

修长的身体使体液保持在最低限度

修长的体形方便在水中穿行

斑块须蟾䲁

触须非常敏感

内有防冻液

南极冰鱼和斑块须蟾䲁是一些已经适应了在冰下生活的鱼类。它们的血液中有一种类似于防冻液的物质，能够防止体液结冰。

年幼的企鹅靠在父母的脚上取暖

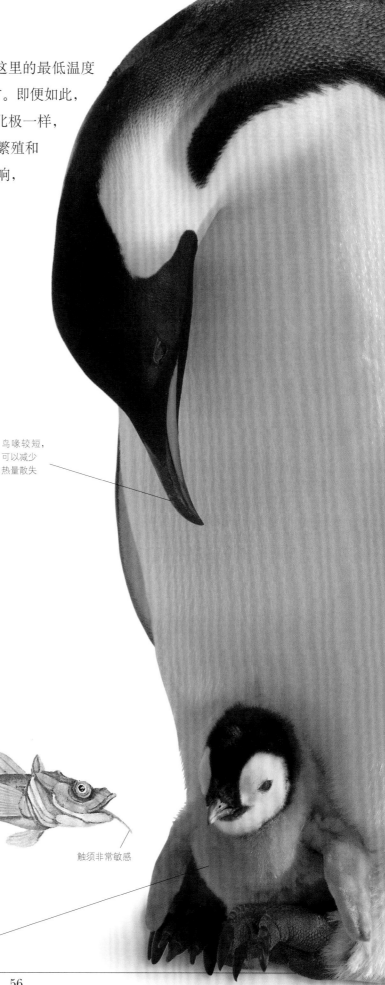

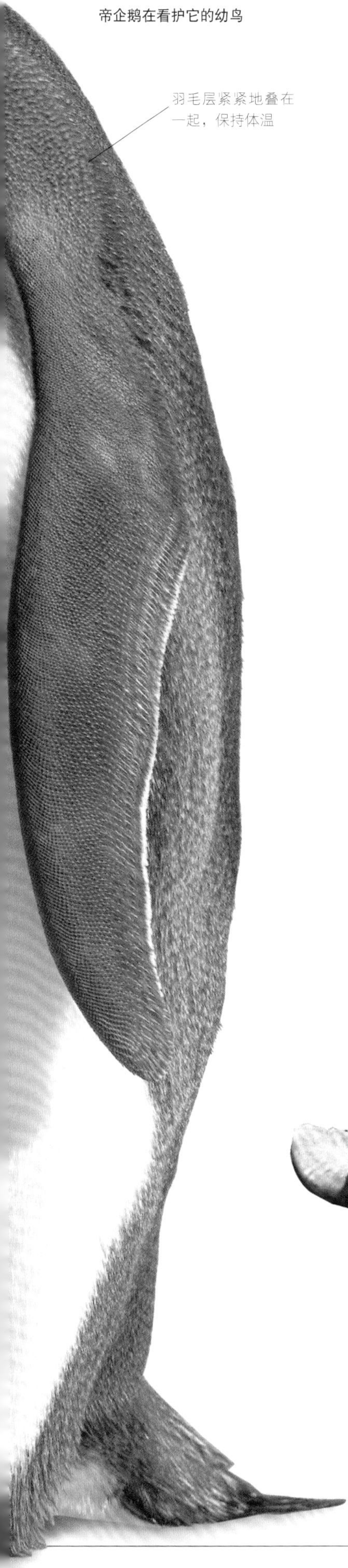

帝企鹅在看护它的幼鸟

羽毛层紧紧地叠在
一起，保持体温

南部的旅客

漂泊信天翁飞过南极海洋搜索鱿鱼。几乎不用费什么劲，它就能翱翔在由海浪产生的气流中，一个月内可以飞行约15 200 千米。只有在繁殖季节，它才会在南极苔原周围的岛屿上停下来筑巢。

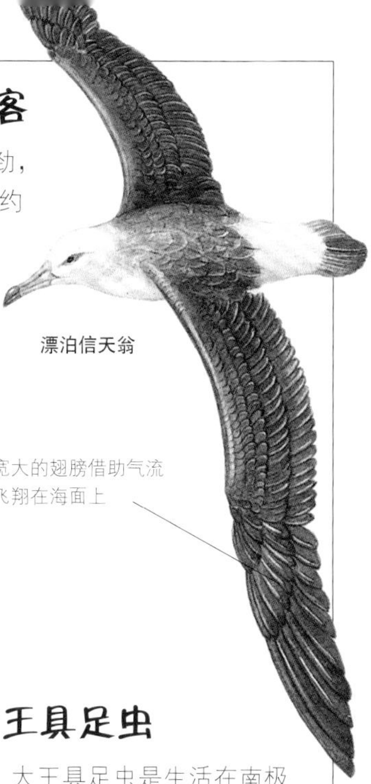

漂泊信天翁

足尖能够在
海底挖掘出
食物

宽大的翅膀借助气流
飞翔在海面上

大王具足虫

大王具足虫是生活在南极海底的巨型等足目动物，看起来像是超大的土鳖虫。长度约20 厘米，是世界其他地方等足目动物的3 倍大。生物在冰冷的海水中比在温暖的海洋中长得慢，也活得更久一些，因此它们能长到较大的尺寸。

大王具足虫

厚厚的鲸脂由
脂肪堆积而成

在冰面上滚来滚
去降低体温

幼年南象海豹

脂肪层

储存脂肪

为了降低体温，南象海豹会不断扇动它的鳍状肢，并爬上冰面滚来滚去。在夏季，南海象豹由于有一层厚厚的鲸脂会导致自身体温过高，但在冬天，这层脂肪会保证它身体的温暖。

山脉

高山顶部的气温很低，温度最低能下降到零下20摄氏度。几乎没有什么动物在那里长期生活。那里唯一的访客就是小昆虫，它们被速度超过每小时300千米的风带到那里。山顶上几乎没有食物，因此动物们只能依靠花粉、植物孢子和从山下被风带上来的昆虫为食。山顶下面被雪覆盖的区域并不是一片荒寂，而是小蠕虫和跳虫的乐园。这些动物的血液中含有防冻的物质，可以防止它们被冻僵，它们以藻类为食，这些藻类能使雪呈现粉红色。大型动物，如美洲狮、雪豹、北美野山羊和绵羊，生活在较低的山坡上。在夏天，它们栖居在岩石峭壁和牧草地上，冬天来临的时候迁徙到山林和下面的山谷里。它们需要厚厚的皮毛隔绝和抵挡外界的寒冷。

毛丝鼠

毛茸茸的高山居民

毛丝鼠生活在南美洲的安第斯山脉。它是一种小型啮齿动物，有着长而柔软浓密的皮毛，使其能够生存在海拔高达5 000米的山地。

美洲狮的听觉非常好，即使是在黑暗的环境中也能追踪到猎物

美洲狮的视力很优秀，具有很广阔的视野

地带划分

山脉上海拔不同的地带是不同的生物栖息地。欧洲阿尔卑斯山脉的山顶上终年覆盖着白雪，山顶下是岩石层，下面是生长着低矮植物的高山苔原带，再往下是长满草的高山草甸，通往针叶林带。底部是生长着阔叶林或落叶林的落叶林带。

山顶覆盖着白雪

4 200 米

岩石层

高山苔原带

高山草甸

2 600 米

落叶林带

血液与花蜜

由于山地地区的食物匮乏，山地昆虫们会抓住一切机会寻找食物。生活在喜马拉雅山的虻对食物的需求更加极端。它生有一个尖尖的口器，甚至能刺穿牦牛和其他哺乳动物的皮肤，来吸取它们的血液。这种虻的吻部可以伸进夏天的花中嘬取花蜜。

又长又细的口器

马实蝇

贴近地面的猎人

灰背隼夏季生活在北美洲和欧亚大陆，它是山地地区顶级的食肉动物之一。它在峭壁的顶端或是山地河谷筑巢，避开裸露的岩石区和森林。灰背隼喜欢在大片开阔的低地或山脚粗糙的植被上猎食。它在接近地面的空中飞行，捕食小型鸟类，如鹬和鹨。在冬季，灰背隼离开山地，飞向较温暖的南部和西南部的沿海地区。

灰背隼

灵活矫健的步伐

山地山羊，是羊亚科动物，生活在高山草甸地区，主要以山区的草为食。它们有着惊人的敏捷性，由于其灵活而坚韧的蹄子，它们可以沿着很陡的岩石峭壁行走。蹄子强大的抓地力使它们能够逃脱天敌，攀爬到狭窄的岩架上。

无论是雄性还是雌性的山地山羊，都生有一对稍稍向后弯曲的犄角。

山地山羊

厚厚的下层绒毛上还覆盖着粗糙蓬松的毛

每个蹄子下都长有松软的垫子，提供了强有力的抓地力

美洲狮——山地之狮

美洲狮是生活在山地地区的猫科动物，从加拿大南部到南美大陆的最南端都能发现它的踪迹。它在夏天活动的范围超过200平方公里，在冬季下雪时范围缩小至100平方公里。

美洲狮

后腿长于前腿，使美洲狮成为追踪猎物的能手

林地

林地是一片被密集的树木和浓密的灌木所覆盖的区域。在欧洲、北美、新西兰，分布着一些温带树林，往往生长着单一的树种，如橡树、针叶树或桉树。它们的存在影响了生长区域内的植物、动物和昆虫。炎热干燥的林地能够一整年都为它的居民提供食物和住所。相反，落叶林树木的叶子在冬季会掉落，这就意味着，林地的居民也需要随季节改变它们的生活方式。鸟类和小型哺乳动物在春季和夏季养育后代，因为吃叶子的动物们在这两个季节会有新鲜的树叶可以食用。在秋季，许多昆虫会在落叶堆的深处筑巢，并休眠度过整个冬天。有些动物会在冬眠前吃得饱饱的，而那些继续活跃在冬季的动物们早早地储存好了坚果和种子，以度过这段困难时期。

寄生蜂

虫瘿

在橡树上能看到一些像水果一样的小圆球，被称为虫瘿。昆虫把卵产在植物的芽和叶子里，植物把虫卵包裹在其组织中，就形成了虫瘿。寄生蜂会把它们的卵产在虫瘿里。

林地啄木鸟

绿啄木鸟完全适应林地生活。它的尾羽较硬，能帮助它栖息在直立的树干上，而它的鸟喙也较坚硬，可以伸进树皮里吃到幼虫。

鸟喙可以啄出昆虫

绿啄木鸟

尾羽较坚硬，可以用于支撑

林地的纵向层次

不同的生物生活在林地的不同层面上。鸟类和毛毛虫以叶子和果实为食，因此生活在最上面的树冠上。另外一部分的鸟类和松鼠会在树杈和树枝间筑巢。蜗牛、蠕虫和地栖昆虫则隐藏在树底潮湿和黑暗的枯枝落叶中。

树冠：从太阳得到能量

灌木层：较高的灌木和较矮的小树

草本植物层：少量光线就能存活的植物

枯枝落叶层：喜阴喜潮湿的植物

表土层

下层土

基岩

林间的猫头鹰

灰林鸮是夜行性动物，意思是它们是在夜间活动的动物。成年的灰林鸮具有无声飞行的能力、敏锐的视力和听力，这使它能迅猛地扑向老鼠和田鼠。它羽毛上的斑纹能使它隐蔽在林间。

蜈蚣

唾余

猫头鹰在进食后会吐出一些它消化不了的东西，比如皮毛、羽毛和骨头。

多足杀手

落叶层中生长着许多林地里的小生命，但这些小生命往往最后成了蜈蚣的盘中餐。与马陆以植物为食不同，蜈蚣在林地的落叶层中到处乱窜，寻找各种蠕虫、昆虫或幼虫，它用毒牙抓住这些小生物，然后吸干它们的身体。

可以用于伪装的翅膀

幼年灰林鸮

毛茸茸的脚使灰林鸮可以悄悄地接近猎物而不被发现

森林盛宴

鹿在春天以新鲜的树叶和新发的嫩芽为食，到了冬天，它会剥下树皮来吃。鹿是林地里的常住居民，它们会沿着常走的小路在森林里行走。

热带雨林

粗腿金花虫

跳跃的甲虫

利用其强有力的后腿，粗腿金花虫可以像青蛙一样跳跃。

叶甲

种类齐全的甲虫

叶甲是生活在热带雨林中超过 30 万种的甲虫中的一种。当阳光照耀在它坚硬的鞘翅上，会泛出明亮的金属色。

滑翔壁虎

许多生活在森林顶端的动物在树与树之间滑翔来寻找食物或躲避天敌。飞蹼壁虎的身体和四肢之间有扁平的可以展开的翼膜。这使得它在躲避天敌时可以安全地滑翔。

热带雨林纵向的不同层面上生存着不同的生命。它是这个星球上被发现拥有最多种类和数量的动物的家园。这里全年的高温和充沛的雨量保证了植物理想的生长条件，也为动物提供了食物。大多数动物生活在森林的顶层，在高出地面约 50 米的地方沐浴阳光。它们中的部分动物以叶、花、果实为食，另一部分动物则在树冠之间追寻它们的猎物。与阳光充沛的高层相反，森林的地面潮湿又黑暗，阳光被缠绕的树叶和树枝阻挡。一些生性警觉的小型哺乳动物生活在这个朦胧的世界。森林地面上的食物供应是有限的，所以它们以从树上掉落的坚果和水果以及地下的根茎为食。

滑翔树蛇

华美的鸟秀

只有雄性的极乐鸟有着鲜艳的颜色。雌鸟的颜色就比较暗淡，往往与森林的背景颜色融合在一起。为了吸引雌鸟，雄鸟会成群地以舞蹈的形式展示它们亮丽的羽毛。它们表演的地方被称为"求偶场"，这是一场嘈杂的盛会，充满了各种鸟叫声。

飞蹼壁虎

宽松的皮肤翼膜使滑翔成为可能

身体的颜色可以令其伪装在树间

展开翼膜可以让身体滑翔

黑蹼树蛙

像降落伞一样的脚

黑蹼树蛙的脚趾很长，并且脚趾之间有宽宽的皮肤相连，这使得它们的四肢就像降落伞一样。当遇到危险时，树蛙从树枝上跳跃到临近的树上。危险过后，它又爬上树干，返回到树冠。

尾刺能释放出令猎物瘫痪的毒液

猎胡蜂

低空飞行的猎胡蜂

雌性猎胡蜂在森林的地面低处飞行寻找蟋蟀。它用它有力的颚咬住猎物，并用它的刺向猎物身体里注入可以使其瘫痪的毒液。然后，它带着战利品回到洞穴，并在猎物的体内产下一枚卵。通过这种方式，雌蜂确保了幼虫孵化出时有充足而新鲜的食物。

金刚鹦鹉

飞蛇

飞蛇靠把身体卷在树枝上来"挂"在树冠上

说到飞行，蛇的身体可能有点儿太窄了。但生活在东南亚的飞蛇可以通过改变它身体的形状在空中滑翔。当它在树枝上做好飞行的准备，它会扩张它的肋骨，把身体变得平滑。采用这种方式，它最远可以在间隔 50 米的树木之间飞行。

毒食者

金刚鹦鹉和鹦鹉即使吃了热带雨林中有毒的种子也不会对自身造成任何不良影响。它们会飞到一些特殊的河岸边，用强大的喙咬下大块的土。这些土内含药性的矿物质，如高岭土，这些物质能中和它们吃掉的有毒物质。

面部无毛的白色皮肤在兴奋或生气时会变成红色

可移动的肋骨使飞蜥可以控制自己的飞行

飞蜥

双翅展开后的长度能够达到 30 厘米

乌柏大蚕蛾

龙之翼

飞蜥的"翅膀"其实是延伸出体外的可移动的肋骨外包裹的皮肤褶皱。当飞蜥要穿越树冠，它会展开肋骨和张开身体两侧的皮肤褶皱，身体看起来就像一个风扇。

巨大的蛾

乌柏大蚕蛾是一种体型巨大的蛾类，生活在亚洲热带地区的森林里。在晚上，它飞来飞去寻找伴侣，它巨大的翅膀上生有能够反射光线的斑点，使它能够躲避捕食者。在白天，乌柏大蚕蛾会隐藏在植物中。

能够反射光线的斑点

草原

草原占据地球陆地表面的四分之一，非洲东部和南部的热带草原地区只是其中的一小部分。这里生活着大群以植物为食的哺乳动物，如羚羊、斑马；同样生活着食肉动物，比如狮子和鬣狗，它们会猎食行动缓慢、体弱或生病的动物。而大量的高大植物，吸引了大象、黑犀、长颈鹿来吃不同高度上的树叶。金合欢树的根能够伸到很深的地下，到达有地下水的地方。它们锋利多刺的叶子不仅为动物们提供了食物，也为缺水的地方提供了宝贵的水源。有些动物，如角马，一年四季长途跋涉，追寻着这片土地上不均匀的季节性降雨。通过这种方式，迁徙性动物总能在正确的时间、正确的地方吃到新生的草。

身体上的斑点使它们能与草原的背景色融为一体

仅出生一天的长颈鹿宝宝就有了奔跑的能力

隆起的眉骨保护了眼睛

赤猴因其红色的皮毛以及很像兵士的胡须，也被称为兵猴

强有力的长腿使赤猴的弹跳速度能够达到每小时 55 千米

赤猴

长颈鹿群

长颈鹿生活在组织松散的群组里，每群的数量约为 12 只。有些群组里有雌性和幼年的长颈鹿，有的群里则都是"光棍"（单身雄性）。当长颈鹿中午躺下来休息时，它们会保持一个圆形的队列，以注意敌人的动静。每个成员都会用一种瞭望的姿势保持其颈部直立，以求在不同的方位都有观察员。

草原猴

赤猴生活在草原高地，每 80 平方公里大约生活着一个拥有 15~20 只成员的大家庭。它们在早晨和傍晚活动，花费大量的时间在地面上寻找食物。当大家庭在进食时，会有一只年长的雄猴守卫，以防危险的来临。

小小的鹿角

各不相同的条纹使斑马在群中能够认出彼此

长而窄的嘴能够将树叶摘下并卷进嘴里

当伸直脖子时，长颈鹿的身高能够达到 6 米

像其他哺乳动物一样，长颈鹿仅有 7 节颈骨

锋利的蹄可用来打斗

美食时间

　　长颈鹿是世界上现存最高的动物。无以匹敌的身高使它们能比其他食草动物吃到更高处的叶子，甚至连大象也比不过它。多亏了它们嘴里厚厚的角质层和大量的唾液，长颈鹿不会被金合欢树叶上的尖刺所伤害。此外，长颈鹿还会通过嚼老骨头来补充钙质，并时不时到盐渍地吃下大量的土来补充所需的矿物质。

斑马家族

　　旱季时斑马家族会和角马一起迁徙。斑马喜欢吃长草，而角马常吃短草，所以它们能够在同一个地方和谐地进食。对于斑马来说，与角马搭伙的好处在于它们会因此不容易遭到食肉动物的攻击。这两个物种都有优秀的奔跑能力，但斑马还能够用它们锋利的蹄和牙齿抵御攻击。

鸵鸟

长而蓬松的羽毛

鸵鸟

　　和生活在平原上的许多动物一样，鸵鸟具有长而有力的腿，能以极快的速度奔跑。它是两条腿的动物中跑得最快的，可达每小时 75 千米。它也是世界上最高的鸟，约 2.1~2.7 米高，体重可达 120 千克。鸵鸟以植物的叶、根、花和种子为食，有时也吃小型动物，如蜥蜴、蛇、昆虫等。

双趾的脚帮助鸵鸟跑得更快

内陆

大片孤立而贫瘠的土地常常被描述为内陆，那里典型的气候特征是炎热而干燥。这种类型的栖居地常见于澳大利亚，多数由干旱的灌木丛和沙漠构成。由于澳大利亚已经与其他大陆分离了很久，生活在这里的动物都是独一无二的。这里有着世界上最多的有袋类动物，占主导地位的食肉动物不是哺乳动物，而是蜥蜴和蛇类。澳大利亚内陆地区的许多蛇都是有毒的，对人类非常危险，这里同样还有很多蜘蛛和蝎子。事实上，澳大利亚是世界上有毒动物最集中的地区，其中很多种分布于日晒较强的地方。澳大利亚有年均 3 500 小时的日照，这里是世界上最大最炎热的内陆，而生活在这里的动物也需要适应这里长期干燥的气候。

野生骆驼

骆驼的鼻孔和睫毛可以阻挡风沙，它们以其他动物不吃的又硬又苦的叶子为食。较强的适应能力使骆驼在澳大利亚的野外茁壮成长。

非常有特点的深色眼部条纹

笑翠鸟

雄性袋鼠的皮毛为赤褐色

尾巴在跳动时保持身体的平衡

会"笑"的鸟

笑翠鸟是翠鸟家族中体型最大的成员。通常情况下，翠鸟是爱好水的鸟类，但笑翠鸟选择住在远离湖泊和河流的干燥的内陆地区。笑翠鸟以中空的树枝或树干为巢，它常常从巢中猛扑下来捕食蝗虫、老鼠、蜥蜴和雏鸟。笑翠鸟得名于它的叫声听起来很像笑声，它在黎明和黄昏时分鸣叫来宣示它的领土。在内陆地区经常可以听到从某个地域传来嘹亮的和鸣，年轻的笑翠鸟会在它们的父母身边生活 4~5 年，并帮助抚养下一代。

袋子里的宝宝

袋鼠和沙袋鼠是澳大利亚最知名的有袋类动物。在澳大利亚内陆地区，它们以植物为食，植物在它们的肠道内被细菌分解。在内陆地区漫长的干旱季节，由于食物短缺，所以雌性袋鼠每次只养育一个宝宝。在妈妈的育儿袋中，袋鼠宝宝们吃妈妈的奶，一直被保护，直到它们变得足够大，可以到外面探索世界。一旦天气好转，食物变得丰富，妈妈们就开始准备抚养它的下一个宝宝了。

树上的居民

在澳大利亚，只要是有树木的地方，即使在内陆地区，都会有颜色明亮的彩色树蛙的存在。它们的大脚趾上长有吸盘，上面覆盖着黏性分泌物，这使得它们善于攀爬。虽然它们把家建在树上，但不管距离多远，仍然需要在繁殖季节返回水中。

后腿非常有力

前爪在奔跑中抓地

澳洲野狗

野狗

距今约 3 000 年前，野狗被引入澳大利亚。如今，它们生活在有可靠水源的荒地和灌木丛中，澳洲野狗一般单独或以小家庭形式狩猎，但有时它们会非常规地集合在一起来攻击大型的食草动物，如袋鼠。用尖利的牙齿和有力的颌部，澳洲野狗能够一口咬下袋鼠的脑袋。

翘起的尾巴上有毒囊

有力的螯可以紧紧地钳住对手

大理石纹蝎

雄性袋鼠用它们的前肢进行类似"拳击"的打斗

西部灰袋鼠

带刺的尾巴

大理石纹蝎是在内陆地区发现的众多有毒动物之一。它生活在地面上，躲在落叶之间，在树皮和石头的下面穿行。它会突然跳出，用它的螯抓住猎物，它的尾巴主要用于抵御体型更大的捕食者。

沙漠

炎热的沙漠降水非常少，每年的降雨量不到 25 厘米。沙漠白天的温度迅速飙升，但在晚上又下降到冰点零摄氏度。即使环境这样严酷，依然有动物在这里生存。它们躲藏在洞穴中或巨石下，那里比较凉爽，同时也屏蔽了酷热的阳光。这些庇护所在白天的温度比地面上要低，可以使动物保持体内的水分。当太阳落山时，大风刮过大漠里的植被，沙漠小鼠和大鼠开始出现在草丛中吃食。而这些小型动物也会成为饥饿的蛇、鹰和沙漠狐狸的盘中餐。蜥蜴也在这时穿过沙堆，寻找甲虫来吃。拂晓时分，所有的沙漠动物又再次消失在沙漠中。

毒蛇

爬行动物在炎热的沙漠中生存得游刃有余。它们身体上鳞片状的皮肤可以减少水分的蒸发，因为它们不像人类一样出汗。相反，它们通过从周围环境中获得或散发热量来控制自己的体温。红色喷毒眼镜蛇在热的时候躲在地洞中或树根间，有些年轻的蛇会在这个时候活动。成年的蛇在晚上出来，用它的毒牙捕食小型爬行动物和哺乳动物。

王冠游蛇

蛇不断地伸出舌头来"品尝"空气

灰带王蛇

红色喷毒眼镜蛇

伸缩的舌头

所有的蛇，比如这条王冠游蛇，会不断地吐出舌头。在它嘴巴的顶部有一个检测化学物质的器官，可以"品尝"空气和探测猎物。灰带王蛇，还有一个额外的感官利用，那就是它的大眼睛，可以帮助它在晚上寻找沙漠表面的猎物。

凉爽的骆驼

骆驼能很好地适应沙漠生活，这主要归功于它的驼峰。大多数动物在全身的皮肤下面都有脂肪存在，但这阻止了它们降低体温。在炎热的沙漠，保温是一种多余的功能，最好的解决方法是在一个部位储存脂肪——驼峰就是这样一个部位。

栗翅鹰

钩状的喙用于把肉撕开

螯用于挖掘洞穴

宽大的翅膀上有与众不同的栗色花纹

全副服装的掘地工

像蝎子、蜘蛛和昆虫这样的动物，都有一个自带的"沙漠套装"，那就是它们有一副坚硬的盔甲。这副盔甲能够减少它们身体的水分流失，这些动物能够在最热的沙漠中依然在岩石下面挖掘深洞，然后躲藏在里面避免身体干燥。通过使用爪子，有一些动物能够挖掘到1米深的沙下。

联合捕猎

生活在北美洲沙漠的栗翅鹰常常成对或者小群地捕猎。一只雌鹰可能与好几只雄鹰在黎明时分汇集在一起捕猎。当一些鹰将猎物驱赶出来，比如将一群大鼠或是一群兔子从地下赶出来，另一些鹰则负责拦截那些试图逃跑的猎物。所有的猎手会一起分享最后的战利品。

层层重叠的鳞片使眼镜蛇可以快速地移动

眼镜蛇将身体弯成"S"形斜行穿越沙漠

淡水

地球上的水只有 3% 是淡水。从小小的水洼到像海一样大的湖泊，从水流湍急的溪流到几公里宽慢慢蜿蜒的河流，水的形态有所不同。当雨滴降落时，水是相当纯净的。它流过大地，慢慢吸收了岩石和植物中的矿物质，同时也汲取了足够的营养物质供给生活在水中的生物。生活在水中的动物都要适应水的流速。在水流较快或有山洪的地区，动物必须保护自己不被冲走；而那些在蜿蜒的小河或池塘里的动物冬季需要应对氧气减少和水冻结的危险。

鱼情监测

科学家会密切关注某片海域中的鱼类以监测其在海洋中的数量，或者在某些鱼的鱼鳍上作标记，以记录其成长状况、分布以及它们的游动距离。

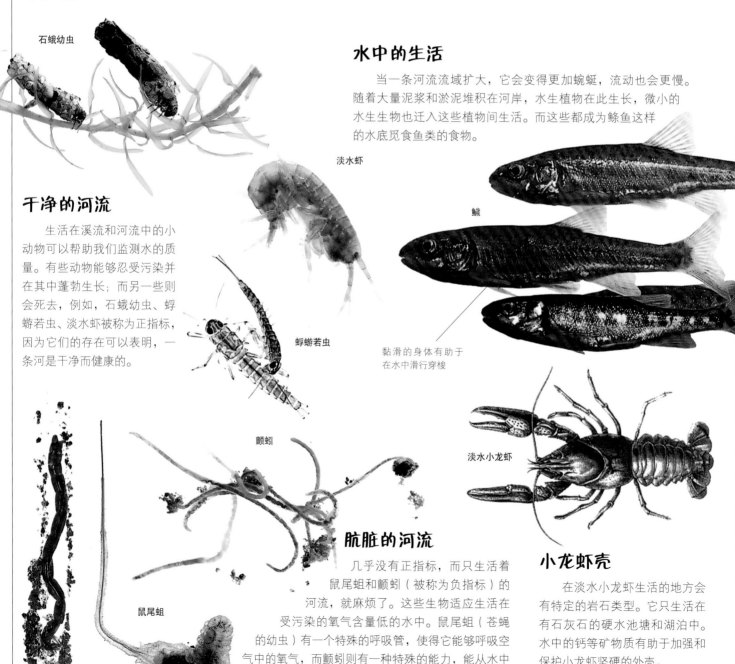

石蛾幼虫

水中的生活

当一条河流流域扩大，它会变得更加蜿蜒，流动也会更慢。随着大量泥浆和淤泥堆积在河岸，水生植物在此生长，微小的水生生物也迁入这些植物间生活。而这些都成为鲹鱼这样的水底觅食鱼类的食物。

淡水虾

鲹

干净的河流

生活在溪流和河流中的小动物可以帮助我们监测水的质量。有些动物能够忍受污染并在其中蓬勃生长；而另一些则会死去，例如，石蛾幼虫、蜉蝣若虫、淡水虾被称为正指标，因为它们的存在可以表明，一条河是干净而健康的。

蜉蝣若虫

黏滑的身体有助于在水中滑行穿梭

颤蚓

淡水小龙虾

肮脏的河流

几乎没有正指标，而只生活着鼠尾蛆和颤蚓（被称为负指标）的河流，就麻烦了。这些生物适应生活在受污染的氧气含量低的水中。鼠尾蛆（苍蝇的幼虫）有一个特殊的呼吸管，使得它能够呼吸空气中的氧气，而颤蚓则有一种特殊的能力，能从水中提取氧气。

鼠尾蛆

红蚯蚓

小龙虾壳

在淡水小龙虾生活的地方会有特定的岩石类型。它只生活在有石灰石的硬水池塘和湖泊中。水中的钙等矿物质有助于加强和保护小龙虾坚硬的外壳。

眼睛能够朝上
和朝下看

丰富的氧气

虹鳟是游泳健将，能在快速流
动的水流中游动。从北美落基山流下的河
流流速相当快，富含氧气，并流经干净的砾石
堆。这就是虹鳟的家乡，虹鳟是鲑鱼的一种，它生长
迅速，但生命短暂。现在，虹鳟已经被引进到世界各地的淡
水河中。

粉红的彩虹光泽

丁鲷

鲃

狗鱼

鱼类的偏爱

不同的鱼类喜欢不同类型的河流。丁鲷喜欢浅
浅的湖以及流速缓慢的河流；鲃鱼群则会聚集在清
澈的河底吃食；狗鱼则善于伪装于水草中，随时伏
击游过的鱼。

沼泽

红树林沼泽形成于安静的热带回水区域，在这些地方，泥浆和淤泥堆积在河口和泻湖中。沼泽创造了一个陆地和海洋之间的中间世界。生长在这里的植物主要是红树林，它们是唯一可以在海水中生存的树木，它们彼此缠绕的树根是所有适应潮涨潮退生活的动物的家。当潮水退去的时候，海螺、螃蟹、弹涂鱼在潮湿的泥土中筛选取食，而饥饿的食肉动物，比如噬鱼蛇和食虾蛙，会从绿树成荫的树冠上向下移动来寻找食物。高潮线以上的地方生活着另一些动物：鸟儿在树枝上筑巢，鬣蜥在采摘水果，猴子在吃树叶，而螃蟹正在爬树。

常见绿鬣蜥

沼泽蜥蜴

绿鬣蜥长着长长的脚趾，它能用锋利的爪子在中美洲红树林的枝头上攀爬。年轻的绿鬣蜥以昆虫为食，而年老的绿鬣蜥则吃植物的芽、叶、花和果实。成年的绿鬣蜥独立生活，但有时年轻的绿鬣蜥会成群地聚集在一起。它们白天互相摩擦下巴并展示自己，年轻的雄性绿鬣蜥在守卫领土时会表现凶猛的一面，它们常常趴在临水的树枝上，当具有威胁性的鸟类来袭时会迅速逃开。为了安全起见，幼年的绿鬣蜥晚上会一起睡在红树林的树枝上。

边缘锋利的钩状喙

生菜状天鹅绒质感的叶面

强有力的颚

北美南部各州水流缓慢的沼泽和溪流是麝香龟的家园。它很少游泳，但会用长长的爪子抓住植物和岩石在沼泽底部攀爬。麝香龟一般在浅水区域的底部生活，隐藏在水草中，时刻准备去抓住任何看似可食用的东西。

漂浮植物

水浮莲由浮动在水面的莲座状防水叶片组成。每片叶子都像是充满了空气的口袋，以保持它在水面上方漂浮。它的根扎在水中。水浮莲生长非常快，以至于会阻塞水道。

水浮莲

麝香龟

招潮蟹

涨潮时，招潮蟹待在它们红树林沼泽底部的泥洞中。退潮时，它们从洞中钻出来吃食。雌蟹用它的一对螯抓起泥土，从中筛选食物。雄蟹只能使用一只螯，因为另一只螯会长得很大，而且色彩鲜艳，如蓝色、粉红色、紫色或白色，大螯是用来吸引雌蟹和吓跑对手的。如果雄蟹进入战斗，它们会用巨大的螯来作战。

数量众多的根

　　红树林并不是独立生长，它们有着特殊的根部支持系统。这种塞舌尔棕榈树只在塞舌尔群岛斜坡的热带雨林中发现过。它生长在斜坡贫瘠的土地或河谷浸水的地表中。在这种艰苦潮湿的环境中，它从树干底部直接长出像支柱一样的根。

绒毛保护了树干

长出像支柱一样的根

招潮蟹的眼睛长在长杆上，随时注意着危险

红树林

　　红树林植物彼此缠绕交错的根为许多沼泽动物提供了家，树根在泥地上搭起了一个拱形的架子，就像是一个筏子。红树林植物能直接从空气中吸取氧气，这是因为它们特殊的根的外皮上进化出了海绵状的组织。

招潮蟹

海洋

　　海洋覆盖着地球表面的 71%，也是地球上被探索最少的动物栖息地。海洋中生长着体型最大的生物，同时还包括了几乎所有已知的其他海洋生物成员。在海洋的中层，游水速度快的动物猎捕着速度慢的动物，速度慢的动物多数生活在海水的表层，它们以微小的海洋植物的花朵为食。颜色绚丽的生物往往生长在靠近岸边的地方，它们可以伪装在岩石和珊瑚群中。大多数生物生活在大海深处，以从上面沉下来的生物尸体作为它们的食物来源。其他深海居民都配备了特殊的发光器官，这些发光器官帮助它们在黑暗的海洋世界中找到自己的路。

飞翔的魟鱼

　　鳐鱼和魟鱼以形如翅膀的胸鳍作波浪状的摆动来游动，它们在水中上下拍打着像翅膀一样的胸鳍，就像是在水中"飞"。

魟鱼

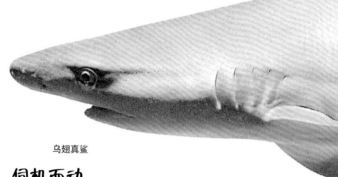

乌翅真鲨

伺机而动

　　乌翅真鲨是好斗又活跃的海洋猎人，身长约 2.4 米。它经常在珊瑚礁外缘巡游，捕食小鱼、鱿鱼、章鱼和虾。小石斑鱼或其他底栖鱼类，有时也会出现在它的菜单上，但是当石斑鱼长到足够大时，猎物也可能成为猎人。在捕获的一条重达 36 千克的大石斑鱼的肚子中就发现了一条 46 厘米长的乌翅真鲨。

乌贼

身体语言

　　浅水乌贼可以瞬间改变其颜色。使用这个技能，它可以伪装自己和其他乌贼"对话"。

蜘蛛蟹

　　蜘蛛蟹白天隐藏在近海巨石下，晚上则出现在石头缝隙中，以海藻和小动物为食。

蜘蛛蟹

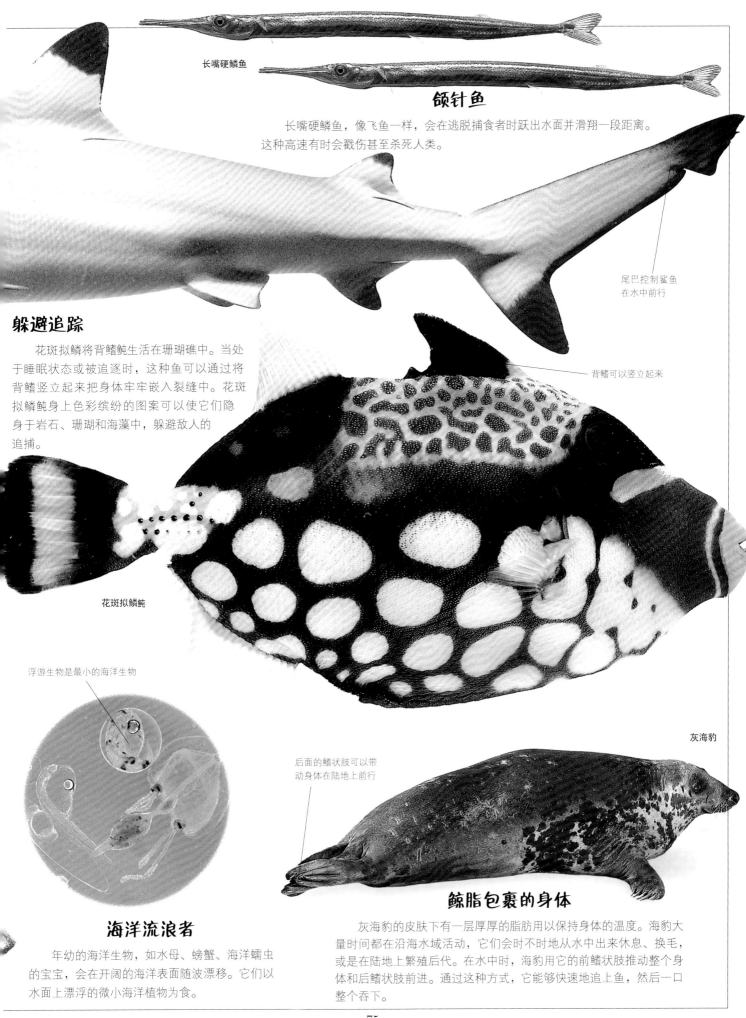

长嘴硬鳞鱼

颌针鱼

长嘴硬鳞鱼，像飞鱼一样，会在逃脱捕食者时跃出水面并滑翔一段距离。这种高速有时会戳伤甚至杀死人类。

尾巴控制鲨鱼在水中前行

躲避追踪

花斑拟鳞鲀背鳍生活在珊瑚礁中。当处于睡眠状态或被追逐时，这种鱼可以通过将背鳍竖立起来把身体牢牢嵌入裂缝中。花斑拟鳞鲀身上色彩缤纷的图案可以使它们隐身于岩石、珊瑚和海藻中，躲避敌人的追捕。

背鳍可以竖立起来

花斑拟鳞鲀

浮游生物是最小的海洋生物

灰海豹

后面的鳍状肢可以带动身体在陆地上前行

海洋流浪者

年幼的海洋生物，如水母、螃蟹、海洋蠕虫的宝宝，会在开阔的海洋表面随波漂移。它们以水面上漂浮的微小海洋植物为食。

鲸脂包裹的身体

灰海豹的皮肤下有一层厚厚的脂肪用以保持身体的温度。海豹大量时间都在沿海水域活动，它们会时不时地从水中出来休息、换毛，或是在陆地上繁殖后代。在水中时，海豹用它的前鳍状肢推动整个身体和后鳍状肢前进。通过这种方式，它能够快速地追上鱼，然后一口整个吞下。

岛屿

当海底火山爆发时，一些喷发物被喷到海洋表面，形成新的岛屿。岛上植物和动物随风或洋流漂流至此，一旦它们安定下来，一个独特的海岛生态群落就形成了。海岛上可能有着意想不到的巨型和矮小的生物。印度洋阿尔达布拉岛上的龟体型就很庞大，在夏威夷群岛上发现的果蝇要比其他地方发现的大10倍，而以果蝇为食的夏威夷尺蠖毛虫是世界上唯一的食肉毛虫。有些鸟类，如新西兰鸮鹦鹉是一种体型巨大的鹦鹉，已成为影响飞机航班的不利因素。另一方面，孤立的岛屿群落非常容易受到外来有害物种的入侵——比如，由人类带入海岛的老鼠和猫——它们可能很快就把岛上的生物消灭了。

椰子的外壳被
椰子蟹打破

椰子蟹

强壮的螯能够敲
开椰子的外壳

坚固的外壳能够保
护椰子蟹的后部

提琴甲

又长又扁
的翼盖

提琴甲

这种步甲的形状已经为它赢得了提琴甲的名号。它长长的翼盖能张开很大并且保持扁平。这使得它能在生长于印尼群岛热带雨林树干上的檐状菌的分层之间安家。

吃椰子的蟹

生长在太平洋和印度洋岛屿的椰子蟹晚上会从它的洞穴中爬出来吃白色柔软的椰子肉。它可以爬树，但更常用的方法是寻找已经掉在地上的椰子。它们用有力的螯打开椰子的外壳。虽然它们是陆蟹，但母蟹会把卵产在海中。经过了第一个生长阶段后，幼蟹会离开水，并爬进贝壳中，好像寄居蟹一样。之后小螃蟹会抛弃贝壳，生活在湿润的沙子中。

身体的中脉模拟了叶片中间的脉络

叶虫脩

像叶子一样

大部分动物栖息地的一个共同特点就是有叶子的存在，所以一些动物通过模仿树叶来保护自己一点都不令人惊讶。叶虫脩生活在爪哇岛上，它的身体和皮肤上有着和真正的树叶一样的颜色和纹路，包括叶片上所有的脉络细节，这使叶虫脩看起来像极了一片落叶。

身体的颜色能变得和周围的环境相匹配

马达加斯加变色龙

南方食火鸡

尾巴能够卷在树枝上

不会飞的鸟

食火鸡是一种可怕的鸟。它强壮的腿以及匕首般的爪子都能对攻击者造成严重伤害。它是新几内亚岛最大的陆地动物，它生活在茂密的森林中，主要以树上掉落的水果为食。和其他几种岛屿鸟类一样，它很少飞，危险来临时，会用它的两条长腿逃跑。

有黏性的舌头

这种来自马达加斯加的奇特的变色龙爬行很缓慢，依靠脚和尾巴抓住树枝。它凸出的眼睛可以独立转动，获得全方位视觉，带有鳞片的眼睑也保护了眼睛。为了捕捉昆虫和蜘蛛，变色龙会伸出它有黏性的舌头，舌头伸出的长度甚至能超过身体的长度。

迁徙

为了维持生命，动物需要在正确的时间待在正确的地方。对于一些动物来说，这就意味着迁徙，或者离开故乡，去寻找适宜生存的温暖的天气、新的供应充足的食物，或者一个可以抚育后代的更安全的环境。例如，鸟类每年都在世界各地往返旅行，而北美野山羊可能只是移动到较低的斜坡，因为它们一直生活的山顶在冬季会非常冷。我们还无法得知这些动物是如何判断在什么时间该去哪里。人们普遍认为，有些动物依靠太阳和星星来导航，而另一些可以探测并按照地球表面的磁力线来行动。

大桦斑蝶

锋利的鸟喙可以啄食虫子

长途飞行

在墨西哥过冬后，大桦斑蝶飞往北美。它们将在那里的马利筋属植物上产卵，而这些植物也会成为孵化出的幼虫的食物。化蛹后，新一代的蝴蝶也会返回温暖的墨西哥。

白眉金鹃

绿色的羽毛可以与草木融为一体

繁殖季节

东非的白眉金鹃差不多整年都在那里待着。但是，那些生活在西部和中部非洲撒哈拉沙漠边缘的鸟，在干燥的季节，它们的食物会变得短缺，因此，它们会在10月飞往中部非洲较肥沃的森林和纸莎草沼泽地区，它们主要在凉爽的夜间飞行。在那里，它们肯定能找到它们的主要食物——毛毛虫。3月的雨季开始后，它们会飞回西非的北部地区。

抹香鲸

大西洋鲑鱼

逆流而上

鲑鱼在海洋中成长到成年，但到了繁殖的季节，它们会返回出生的河流中。它们逆流而上，克服急流瀑布，到达准确的位置，也就是它们从卵中孵化出来的地方。人们认为鲑鱼是凭借它们的嗅觉来找到正确的地方。

只有抹香鲸可以深入到海水中捕捉鱿鱼

温暖的水域

雌性抹香鲸和它们的宝宝一生都待在温暖的水域。与此相反，大个头的雄性抹香鲸会迁徙到较冷的水域，在夏季，那里有大量的食物供它们食用，它们还会深入到海洋中捕捉大型的鱿鱼。随着冬季的来临，雄鲸会回到温暖的水域繁殖后代。

当斑马意识到有危险时，会把头向上仰起

翅膀的颜色与山洞的颜色相近

布冈夜蛾

夜间飞行

布冈夜蛾在澳大利亚东南部阿尔卑斯山脉的洞穴中度过炎热干燥的夏季。当秋季天气开始转凉，这种夜蛾会北上飞往内陆地区的繁殖点。一路上，它们白天休息，躲避阳光，在凉爽的黄昏和夜间继续它们的旅程。

斑纹可以帮助奔跑的斑马隐匿在草原中

受到威胁时，强壮的后腿可以踢向敌人

一对成年斑马

寻找新牧场

成群的斑马会跟随更大群的角马横穿东非，进行大迁徙。这两种动物会找到新的牧场，那里绿草如茵，呈现雨季结束后的一片生机。与角马保持密切的关系能够保证斑马在旅途中得到保护，免受食肉动物的攻击。

生态

有些动物能够在一起和谐共处，而另一些动物则要长在其他动物身上或体内，并对它们造成伤害。对这些关系的研究，被称为生态学。动物无法单独生存，因为它要依赖植物或其他动物作为食物或保护。反过来，一种动物通常是其他动物甚至是食肉植物的食物来源。生物界存在两种类型的食物依赖关系：一种被称为食物链，较大的动物吃了较小的动物；另一种被称为食物网，这是一种更复杂的网络关系，处在网络中的动物不只吃一种食物。有些植物会产生有毒物质或长出刺，以阻止它们被动物吃掉，但许多动物已经找到了克服这些防御措施的方法。

阿月浑子
树虫瘿

树的组织包裹
了蚜虫，以便
保护自己

寄居蟹与海葵

植物与动物

当阿月浑子树发现有微小的蚜虫在自己身上建立"殖民地"时，它的组织会把这些蚜虫包裹起来以保护自己，由此形成的突起称为虫瘿。生活在树上的昆虫能从树上得到稳定的食物供应，作为回报，它们会把植物的种子从一个地方带到另一个地方，让植物在新的地方发芽。许多树木都和昆虫形成了这种合作的伙伴关系。

杜鹃幼鸟是被养
父母养育成年的

杜鹃幼鸟

生活在一起

生活在一起的寄居蟹和海葵都从彼此身上获取好处。海葵包裹着寄居蟹，这使海葵能在不同的地方获取食物。作为回报，海葵触手上的毒刺能够保护寄居蟹免受攻击。

触手上的毒刺
用于防御

狡猾的父母

当雌性杜鹃做好下蛋的准备时，它会把另一种类的雌鸟赶出巢，然后把原来巢中的蛋扔出去，换上自己的蛋。这样，当它离开这个巢，原主人回来后就会在不知情的情况下抚养杜鹃的后代。

食物链

　　一些生物以其他生物作为食物来源，而自身同时也是食物链的一部分。比如，大白鲨在食物链的最高位置，这是因为大白鲨不可能被其他动物吃掉，接下来是海豹、海狮和其他大型鱼类，它们会被大白鲨吃掉；反过来，这些动物会吃掉小一些的鱼类，而小的鱼类又会吃掉虾类；而虾类则以更小的浮游生物为食。每一种动物都依靠着其他动物的存在而存在——如果没有了浮游生物，大白鲨也会找不到任何可以吃的东西。

浮游生物

小鱼

大鱼

大白鲨

锋利的锥形牙齿可以咬碎食物

寄居蟹依靠节状肢来移动

保护

保护遭受威胁的环境，密切监测濒危物种，致力于减少污染，这都是我们目前为保护动物界免遭现代世界吞噬而做出的一些努力。可悲的是，一些物种已经成为森林砍伐、过度狩猎或污染的牺牲品。但我们也日渐认识到动物们所面临的危险，一些动物从灭绝的边缘被拯救回来。保护工作的范围，不仅在于保护濒危物种的栖息地和生活方式，也需要改变我们自己的生活方式，从而减少对其他动物的有害影响。为此，环保主义者希望相关产业能重复使用玻璃和纸张等可回收资源，减少森林的损耗，同时将捕捞的范围限制在那些快速再生的种类。

现在，许多国家的政府积极鼓励人们有意识地减少电力的使用或汽油燃料的消耗，并对可能产生过多污染的产业开出巨额罚单。

灭绝？

金蟾蜍最后一次出现是在 1990 年的哥斯达黎加。从那以后，金蟾蜍就彻底消失了，据推测已灭绝，但具体原因仍旧是一个谜。

成年驯鹿和它的宝宝

驯鹿啃食放射地的草后也成为污染源

放射性污染

一些地方的污染会对千里之外的植物和动物产生影响。1986 年，乌克兰切尔诺贝利核反应堆爆炸，一些放射性尘埃飘散到拉普兰。这一地区饲养的驯鹿，由于吃了受污染的地衣，体内也有了放射性物质，它们的肉被禁止食用。从现在开始，我们需要对北极野生动物和受影响的动物栖息地进行持续不断的监测，以确保物种在核污染事件中能继续存活，并及时恢复数量。

普通海豚

笙珊瑚

禁网

在公海海域，大型渔船会在接近海洋表面的海水中放下几英里长的流网。海豚、鲸、海豹、海龟经常陷入这些无形的浮动的陷阱中而死去。为了防止不必要的死亡再发生，联合国现在已禁止使用长流网捕捞。

海洋珠宝

易碎的珊瑚礁为各种海洋物种提供了重要的栖息地。在东南亚和加勒比地区，珊瑚被用作珠宝和饰品，这对珊瑚及以珊瑚为栖息地的生物的生存构成了威胁。现在，许多国家已经禁止采集、销售和出口珊瑚，从而保护这种珍贵的生态栖息地。

非常少见的金色皮毛使金狮狨成为收藏者的渴望之物

豹

随着豹的狩猎地被农田占领，豹子也越来越难抓到猎物

金狮狨

今天，金狮狨可能是地球上最受关注的动物。而这多亏了一个把被捕获的金狮狨放还自然项目的成功实施，这个项目保护了此濒临灭绝的物种。 金狮狨的数量在 1980 年减少到不到 100 只。其减少的原因是持续增长的针对奇异动物的贸易行为。金狮狨从它们巴西东南部热带雨林的家中被捕获，并出售给世界各地有钱的宠物收藏家。

黑颌长尾猴

金狮狨

越来越小的栖息地

豹是适应性强又分布广泛的大型猫科动物，但由于人类对耕地的需求，它的生存空间也在迅速萎缩。在非洲和亚洲，它曾经是常见的动物，但今天只有零星的个体存在了。不过，在东非设立的保护区使豹子的数量保持在可接受的水平。

有关动物的记录

　　每种动物都有自己非凡独特的特点，像是移动的速度、能够改变自身的颜色，或者只是改变身体的大小或力量。比如，跳蚤能够 18 个月不吃东西依然存活，海绵动物能够再生身体任何被损坏的部分，当啄木鸟在树干或树枝上捉虫子时，它头部的移动速度能够达到子弹的两倍。

从背部到尾部都长着钉状的棘刺

楔齿蜥

脚上的利爪可以在白天挖洞

最长的寿命

　　楔齿蜥是地球上最古老的有着蜥蜴外形的爬行动物。它和生活在 1.4 亿年前的爬行动物几乎一模一样。楔齿蜥只在新西兰被发现过，它的生长非常缓慢，要经过 50 年才能长成成年，而个体的寿命也能达到 120 年，甚至更长。

高速振动的翅膀使蜂鸟可以在空中飞行

古巴蜂鸟

又长又细的鸟喙可以从花朵中吸取花蜜

最小的鸟

　　世界上最小的鸟是古巴蜂鸟，身长只有 57 毫米的雄鸟比雌鸟更小，而它的体重比一只大蛾子还轻。

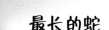

网纹蟒

身上的花纹与森林的落叶混在一起

最长的蛇

　　网纹蟒的身长最长能达到 10 米，这为它赢得了"最长的蛇"的美名。生活在东南亚森林落叶堆里的网纹蟒以小型哺乳动物、蜥蜴为食，有时也会吃其他的蛇类。

跳得最高的动物

多亏了体内一种能够储存能量的蛋白质，常见的跳蚤最高能跳到 34 厘米的空中。它简直是用腿在"飞"，当它在寻找可以供给它食物的宿主时，甚至可以连续 3 天以每小时 600 次的频率进行跳跃。

普通跳蚤

成年长颈鹿

长长的后腿能提供跳跃的动力

鸵鸟的头部靠没毛的脖子高高地支撑着

长长的脖子有 7 节颈骨

最大的鸟

世界上现存最大的鸟是非洲的鸵鸟。成年的雄性鸵鸟站立时能够达到 2.4 米，体重能够达到 127 千克。雌性的鸵鸟会稍小一些。鸵鸟没有什么进攻能力，但也不是毫无防御能力。它能以很快的速度奔跑，最高每小时达 48 千米，当受到攻击时，鸵鸟也能很有力地踢向敌人。

长长的腿可以快速奔跑

鸵鸟

最高的动物

长颈鹿是最高的动物。雄性长颈鹿大约能长到 5.3 米，而最高的记录是 5.8 米。长颈鹿以非洲平原上的多刺树木为食，它们伸直长长的脖子，能吃到最高枝头上最美味的树叶。

探测动物的踪迹

动物们非常善于将自己隐藏于敌人的视线之外。但是，我们还是能够通过寻找它们遗留下的标记或是踪迹判定动物是刚经过某个地方还是正停留在某地。毛发、羊毛或是皮毛可能卡在了围栏上，脱落下来的羽毛可能缠在了灌木上，还有遗留在地面上的唾余以及粪便、四处散落的骨头和贝壳，甚至是留在它们身后的足印和踪迹，有了任何一种标记或踪迹，都能判断出是什么动物曾经在那停留，在某些情况下，甚至可以看出它们曾在那做过些什么。

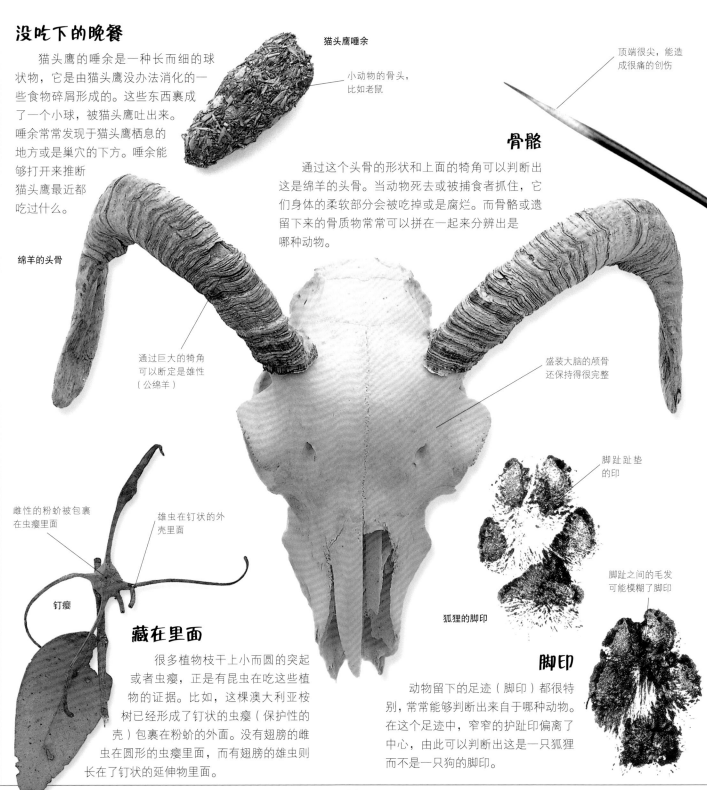

没吃下的晚餐

猫头鹰的唾余是一种长而细的球状物，它是由猫头鹰没办法消化的一些食物碎屑形成的。这些东西裹成了一个小球，被猫头鹰吐出来。唾余常常发现于猫头鹰栖息的地方或是巢穴的下方。唾余能够打开来推断猫头鹰最近都吃过什么。

猫头鹰唾余

小动物的骨头，比如老鼠

顶端很尖，能造成很痛的创伤

骨骼

通过这个头骨的形状和上面的犄角可以判断出这是绵羊的头骨。当动物死去或被捕食者抓住，它们身体的柔软部分会被吃掉或是腐烂。而骨骼或遗留下来的骨质物常常可以拼在一起来分辨出是哪种动物。

绵羊的头骨

通过巨大的犄角可以断定是雄性（公绵羊）

盛装大脑的颅骨还保持得很完整

雌性的粉蚧被包裹在虫瘿里面

雄虫在钉状的外壳里面

钉瘿

脚趾趾垫的印

脚趾之间的毛发可能模糊了脚印

狐狸的脚印

藏在里面

很多植物枝干上小而圆的突起或者虫瘿，正是有昆虫在吃这些植物的证据。比如，这棵澳大利亚桉树已经形成了钉状的虫瘿（保护性的壳）包裹在粉蚧的外面。没有翅膀的雌虫在圆形的虫瘿里面，而有翅膀的雄虫则长在了钉状的延伸物里面。

脚印

动物留下的足迹（脚印）都很特别，常常能够判断出来自于哪种动物。在这个足迹中，窄窄的护趾印偏离了中心，由此可以判断出这是一只狐狸而不是一只狗的脚印。

被抛弃的壳

在海滨的沙滩上常常能发现空的贝壳。这些壳里曾经生活着鲍鱼之类的软体动物。甲壳类动物柔软的身体外面都有一个坚硬的脊状的外壳保护。当鲍鱼死去，它们的身体会从壳中消失，留下的空壳会在海滩上被海水冲刷。通过找出曾经是什么动物住在壳里，我们可以对这些生活在泥沙中或附近岩石下的动物了解更多。

彩虹色的内里表明这是一只珍珠母贝

深色的翅羽

内层的飞羽

鲍鱼壳

中空的刺在摇动时会发出警告的响声

非洲冕豪猪的刺

会讲故事的羽毛

鸟类的羽毛会经常脱落和更新。每一根羽毛上的花纹都能显示出它是从哪种鸟的身上掉落的。比如，这些红色的羽毛就是典型的火烈鸟的羽毛。这种红色来自于火烈鸟所吃掉的虾和其他甲壳动物的沉淀。

画眉从破碎的壳中拉出蜗牛的身体

火烈鸟的羽毛

自我防卫

有些动物会故意留下一些东西来警告敌人不要靠近。豪猪受到惊吓的时候会转过身以后退方式冲向敌人。它们锋利的刺毛会从身上脱落，扎进袭击者的身上。任何看到这些掉落的刺毛的动物都会知道有一只豪猪在这里出现过。

破碎的蜗牛壳

房屋破坏者

这些破碎的蜗牛壳显示了一只画眉刚刚在这里工作过。这些壳往往发现于平坦的岩石或坚硬物体的表面。作为画眉的砧板，岩石和坚硬的表面正是画眉一遍又一遍击打，直到弄碎蜗牛壳的地方。接着画眉就可以用它们锋利的鸟喙伸进壳中，吃掉蜗牛美味的肉。

动物A~Z

从体型很小的只存活几个星期的家蝇到巨大的依附在热带珊瑚礁上长达200年的蓝蛤，这一部分将向你介绍几百种动物和它们令人讶异的生活方式。在此我们采用的是动物英文名字从A到Z的排列顺序，每一个和每一科的动物都会以清晰的照片展示出来。在每一页你都能近距离地看到它们令人着迷的身体——令人吃惊的骨骼、剧毒的毒牙、剃刀般锋利的爪子、聪明的伪装标记或是华丽的羽毛。另外，还有意想不到地占据整页的全景照片，展示了动物们在栖息地的活动。还有一些照片展示了动物父母如何照顾它们的孩子，动物个体如何打斗和捕猎，它们怎样组织一个家庭，以及每种动物所吃的食物和它们怎样躲避敌害。快来阅读这一部分，发现动物界是怎样一个多姿多彩的世界吧。

土豚 (Aardvarks)

土豚是一种长相像猪生活在地穴中的独居动物。白天时，它们待在地下的洞中休息；到了晚上，它们穿越很远的距离，利用它们超强的嗅觉和听觉去寻找白蚁和蚂蚁。它们沿着"Z"字形的道路，用口鼻紧紧地贴在地面上嗅探猎物。当受到威胁，比如猎豹或狮子出现时，土豚会马上躲藏到地下。它们也会用爪子来踢打和抓挠袭击者。

长长的兔子一样的耳朵能够闭合起来，把沙尘和昆虫挡在外面

矮壮的身体上有稀疏的刚毛覆盖

成年土豚

尘土过滤器

土豚具有矮壮的身体和又粗又短的腿，它们的脚上武装了扁平的爪子。土豚的眼睛很小，但是口鼻部分像猪鼻那样长。鼻孔周围的毛可以过滤掉尘土和挖掘地洞时带出的小昆虫。它们大大的耳朵在正常情况下都是竖立着，但是在进食的时候会闭合或折叠起来防止昆虫进入。

白蚁巢堆成一个高塔形

比例

挖出食物

生活在地面上凸起的塔形巢穴里的白蚁是土豚最爱的食物之一。土豚会用它有力的前腿和铲形的爪子打开白蚁的巢。然后用它长达 30 厘米有黏性的长舌头伸进去舔食白蚁。接下来它会拆毁另一个土堆寻找更多的食物。

臼齿是矮短的柱形，表面平坦

土豚和白蚁巢

信息卡

科：土豚科
栖息地：草原、开阔林地、森林
分布：非洲
食物：白蚁、蚂蚁
产崽量：1~2 只
孕期：7 个月
寿命：最长 20 年
尺寸：1~1.6 米

磨碎昆虫

土豚只在它们上下颌的后部生有牙齿。这些平坦的臼齿能够磨碎昆虫，并且会一直生长，永不磨损。与其他哺乳动物的牙齿不同，土豚的牙齿表面并没有坚硬的白色牙釉质保护。

土豚的头骨

相关链接

食蚁兽 95
哺乳动物 239
食肉动物 32

信天翁（Albatrosses）

14 种不同种类的信天翁都属于管鼻鸟，这个名字来源于这类鸟长长的钩状喙两侧各有一个与众不同的管状鼻孔。信天翁体型大而重，它们需要借助逆风才能飞到空中，因此它们常常会沿着平地奔跑一段时间或是从悬崖边上起飞。信天翁大部分时间都在空中，只在繁殖的季节降落到地面上。偶尔，它们也会被猛烈的暴风雨刮落到陆地上。

漂泊信天翁

被气流带到空中

飞行

信天翁会借助开阔海面波浪上方强劲的气流来节省自己的体力。这种方式的高飞只需要很少的体能。同时，这使得信天翁不用持续地拍打翅膀就能在空中寻找食物或是飞行很远的距离。

信天翁翅膀的骨骼

指骨

翅膀

信天翁的翅膀非常长，可以用于高飞和滑翔。漂泊信天翁的翅膀展开后能达到 3.6 米，这使得它成为世界上翼展最长的鸟类。

锋利的钩状喙可以抓住鱼和鱿鱼

两次喂食之间，信天翁幼鸟可能会独自待在巢中好几天

翅膀靠球窝关节与肩部相连

做巢

大部分信天翁用大堆的泥土和植物搭建丘状的巢穴。这种鸟主要在偏僻遥远的小岛上繁殖后代，它们会选择悬崖的顶端或边缘作为自己筑巢的地方。有些信天翁直到 15 岁才开始繁育后代。信天翁夫妇会轮流照看它们唯一的蛋，通常需要 11 周才能完成孵化。

信天翁幼鸟

比例

求偶

在繁殖季节，信天翁会展示精心准备的求偶炫耀。它们展开翅膀舞蹈，喙部发出声音，深深地向下弯曲身体，或是将头颈伸向天空。

头和脖子伸向天空

漂泊信天翁

巨大的翅膀伸展开

信息卡

科：信天翁科
栖息地：开阔的海域，只在繁殖的季节回到陆地
分布：南半球和北太平洋
食物：鱿鱼和鱼类
产卵量：1 枚
寿命：长达 60 年
尺寸：68~135 厘米

相关链接

鸟类 115
卵和巢 42
海洋 74

两栖动物（Amphibians）

作为动物中的一个大类，两栖动物包括了蛙类、蟾蜍、鲵和蝾螈，以及我们不太熟悉的蚓螈。所有的两栖动物都有着湿润的皮肤，而不是像爬行动物那样体表覆盖鳞片。有些两栖动物完全生活在水中，但大部分还是主要生活在陆地上，只在繁殖的时候回到水中。因为皮肤不能保湿，生活在陆地上的两栖动物需要在潮湿的环境中才能生存。大部分两栖动物会产下由胶状物质包裹的卵，但也有一些两栖动物是直接产下幼崽的。

北美树蛙

黏性的指端吸盘可以抓住树枝

树上的生活

有些生活在世界较温暖地区的蛙类已经适应了树上的生活。它们长着宽大的圆形吸盘趾，可以紧紧地抓住物体的表面，甚至当它们向上爬时，可以抓住滑溜溜的叶子和树枝。

皮肤的颜色

有些两栖动物，比如亚洲锦蛙，能够利用绿色或是暗沉的体色伪装在落叶或其他植物中。其他两栖动物都有明亮的颜色，能够警告敌人不要靠近，因为它们的皮肤上可能有特殊腺体可以分泌出有毒物质。

感官

生活在水中的两栖动物能够感知移动。它们的背上有一道道侧线，能够非常敏感地感知到由物体移动所带来的压力变化。很多鲵和蝾螈对气味非常敏感，能够探测到水下的食物所在。

雌性亚洲锦蛙

圆圆的瞳孔可以采集更多的光线

红瘰疣螈

斑纹蝾螈

垂直的瞳孔可以迅速适应光线的变化

大大的发育完好的眼睛视力很好

红眼树蛙

亚洲树蟾

侧线能够感知水中的运动变化

非洲爪蟾

信息卡

纲：两栖纲
栖息地：主要是潮湿的地方，比如溪流边、沼泽或是潮湿的树林。也有一些生活在沙漠中
分布：世界范围，极地区域除外
食物：所有的成年两栖动物都是食肉动物，以昆虫、蛞蝓、小鼠和蚯蚓为食

瞳孔的形状

鲵、蝾螈和一些蛙类的瞳孔是圆形的。夜间活跃的蛙类长着垂直的瞳孔，能够对光线的变化做出迅速的反映；水平的瞳孔则常见于白天活跃的蛙类中。

临水而居

像大多数两栖动物一样，蛙类在春天的时候需要返回到水中繁殖后代，它们通常回到往年待过的地方。在这幅图中，常见的青蛙正聚集在池塘中进行交配，这也是它们产卵的地方。水对所有的两栖动物都是重要的，因为水能让它们的皮肤保持湿润，防止因为干燥而裂开。

四处游荡

两栖动物是动物进化史上第一批长出四肢，离开水，至少能够间断性地生活在陆地上的脊椎动物。鲵和蝾螈既能在陆地上奔跑，同时也是游泳的高手。有些蛙类擅长跳跃，而另一些则擅长游泳或是在土中挖洞。

强壮的头骨用来挖掘地洞

蚓螈

蛙用它有力的后腿跳起来捕食昆虫

普通欧洲蛙

用于挖掘的头部

像蚯蚓一样，大多数蚓螈也生活在地下，在土壤或泥浆中挖洞。它们长着尖突的吻部和有力的头骨，能够像破城槌一样挖洞。

强大的捕食者

美洲牛蛙能把自己隐藏于森林地面的碎屑中。它们斑驳的皮肤能够很好地融入落叶、苔藓和杂草中。只露出头部的美洲牛蛙静静地等待着扑向路过的其他蛙类、小鸟、乌龟，甚至是蛇。它宽阔的嘴巴一次能够吞下好几只小动物。

当牛蛙隐藏在落叶堆中时，只露出头部

杂色的斑纹与森林的地面融为一体

正在发育的胚胎

1. 12 天大的卵

美洲牛蛙

2. 14 天大的蝾螈蝌蚪

长长的尾巴已经出现了

3. 28 天大的蝾螈蝌蚪

4. 成年雄性冠欧螈

变态发育

很多两栖动物产卵后孵化出的幼体形态与成体差异很大。这个从幼体发育为成年个体的过程被称为变态发育，这个过程一般需要12个星期。有些雌性蝾螈和蛙类会在陆地上产卵，然后一直把卵携带在身上，这种情况下孵化出的幼体就是父母的缩小版了。

相关链接
青蛙和蟾蜍 181
成长 44
鲵和蝾螈 305
脊椎动物 345

食蚁兽（Anteaters）

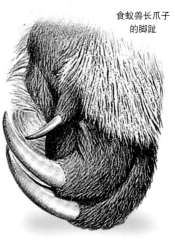

食蚁兽长爪子的脚趾

大食蚁兽生活在草原和开阔的林地中。它们以蚂蚁和白蚁为食，因为没有牙齿，它们靠嘴中坚硬的突起磨碎食物。它们的吻部尖长，长有小小的眼睛和耳朵，肩部有黑白色的条纹，尾巴毛茸茸的。食蚁兽会用它们强壮的前腿和长长的爪子扒开蚂蚁和白蚁的巢穴。当受到捕食者的威胁时，它们会笨拙地逃跑，或者用强壮的爪子抓挠袭击者。部分小型食蚁兽生活在树上。

黏性的舔食工具

大食蚁兽的舌头能达到惊人的 60 厘米长。舌头上有细小的逆向的小刺，并覆盖着黏液，每分钟能弹进弹出高达 150 次。这些特点使得大食蚁兽的舌头成为伸入破碎的巢穴舔食白蚁和蚂蚁的绝佳工具。大食蚁兽每天可吃下 30 000 多只昆虫，以及它们的卵和幼虫。

大食蚁兽的舌头

通过舌头上的小刺和黏液来捕捉蚂蚁和白蚁

信息卡

科：	食蚁兽科
栖息地：	热带雨林、草原
分布：	美洲中部和南部
食物：	蚂蚁、白蚁
产崽量：	1 只
寿命：	长达 20 年
尺寸：	15~120 厘米

挖掘工具

食蚁兽前脚的第二和第三个脚趾上装了长而弯曲的爪子，食蚁兽可以用它们有力的前腿和强壮的爪子打破白蚁和蚂蚁的巢穴，或者是任何可能隐藏有昆虫的东西。为了保护它们的爪子并保持它们的锋利，食蚁兽会用趾关节行走，并将爪子向内收起。

搜寻食物

靠着极强的嗅觉，食蚁兽能嗅探出极微弱的食物气味。当发现一个白蚁或蚂蚁的巢穴，食蚁兽会用爪子打开它，然后把吻部伸入洞中取食。它们会非常小心，不毁坏巢穴，并只取食很短的一段时间，这样它们下次就能回到同一个地方再次取食了。

相关链接

土豚 90
犰狳 99
树懒 321

比例

大食蚁兽

食蚁兽在腐朽的树木周围闻嗅、寻找食物

蚂蚁 (Ants)

蚂蚁以组织有序的群体形式生活在一起，称为蚁群。一个蚁群可能包括上百、上千，甚至是数百万只蚂蚁。很多蚂蚁都生活在地下迷宫般的隧道中。在蚁穴中，由一只或几只蚁后负责产卵，工蚁则每天在巢中进进出出，为成虫和幼虫搬运食物，扩大和清洁蚁穴，当危险来临时，工蚁还要守卫它们的家园。蚁群完全建立后，年轻的蚁后和雄蚁破卵而出，这些长翅膀的小昆虫会飞走进行交配，这样，年轻的蚁后就能产下新一代的蚂蚁了。

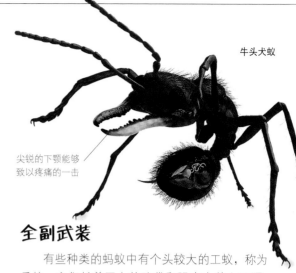

牛头犬蚁

尖锐的下颚能够致以疼痛的一击

全副武装

有些种类的蚂蚁中有个头较大的工蚁，称为兵蚁，它们长着巨大的脑袋和强有力的上下颚，可以进行咬击。它们可以从身体后方的腺体中喷射出酸液，使创伤更加疼痛。

比例

腰

工蚁没有翅膀

颚

红褐林蚁

坚硬的身体

小而强大

蚂蚁一共有 14 000 多种。大部分蚂蚁都是深色的，有坚硬的身体和细细的"腰"。没有翅膀的工蚁强壮到能举起 10 倍于自身重量的物品。

分节的触角用来闻、尝、触和听

信息卡
科：蚁科
栖息地：陆地上，从雨林到沙漠
分布：世界范围，北极和南极除外
食物：植物、由叶片种植的真菌、动物
产卵量：多达 30 000 枚
寿命：25~30 年
尺寸：最长可达 2.5 厘米

正在寻找食物的蚂蚁

蚂蚁主要通过气味和碰触来交流

蚂蚁大军

凶猛的蚂蚁大军会浩浩荡荡地从地面穿过森林，一路杀死和吃掉其他的昆虫，甚至是挡住它们道路的大型动物。当蚁群受到捕食者或是竞争对手的威胁时，工蚁会蜂拥而上，保护蚁后和幼虫。有些种类的蚂蚁甚至会把其他蚁穴中的蚂蚁掠夺来作为它们的奴隶使用。

相关链接
蜂 111
防御 34
昆虫 212
白蚁 337
胡蜂 351

猿 (Apes)

猿分为两科：长臂猿，也叫小型猿，以及大型猿，包括大猩猩、猩猩、黑猩猩和倭黑猩猩。猩猩是独居动物，但幼崽会跟着妈妈，其他的猿都是群居的动物。猿体型大而聪明，主要生活在树林中，一般为食草动物。最简单的辨别猿和猴的方法就是猴子长有尾巴。

猿的身体

猿没有尾巴，它们的胳膊很长，具有能够抓取物品的手和脚，手脚上长有指甲而不是钩爪。它们在白天很活跃，视力非常好。它们辨别颜色的能力能帮助它们找到成熟的果实。

猿的皮毛能够让它们保持温暖和干燥

低地大猩猩

运动

猿的胳膊很重要，可以帮助它们在森林中四处游荡。猩猩和长臂猿都是依靠胳膊抓住树枝在树林间摆荡。黑猩猩和大猩猩则是靠强壮的胳膊撑起身体的重量，在地面上前行。

猿的胳膊比腿长

合趾猿

长臂猿在林间移动时，腿是自由摆荡的

黑猩猩用木棍搜集白蚁

黑猩猩

聪明的猿

猿具有发育良好的大脑，能够解决问题。它们能够传授知识，比如，它们会把如何使用小木棍和石块作为工具传授给它们的后代。

信息卡

科：大型猿：人科；小型猿：长臂猿科

栖息地：热带雨林、林地，以及草原

分布：猩猩和长臂猿生活在东南亚；非洲是大猩猩、黑猩猩和倭黑猩猩的家乡

食物：长臂猿和大猩猩以果实、嫩枝和叶子为食；黑猩猩以植物、昆虫和猴子为食

雌性低地大猩猩
和它的幼崽

倭黑猩猩

倭黑猩猩可以通过它们小小的脑袋、与众不同的黑面孔和细长优雅的身体辨认出来。它们比普通黑猩猩略小一些，并且大部分时间都在树上。在它们紧密联系的社群内，雌性的倭黑猩猩处于很高的地位。

倭黑猩猩

细长的四肢

关爱幼崽

猿基本上每次只生一个幼崽。猿妈妈要把幼崽带在身边哺育好几年，所以它们没法一次生育好几个。年幼的猿有很长的童年，在这期间，它们会学习如何在丛林中生存以及如何与其他猿相处。有些猿直到 10~15 岁才完全长大。

白化大猩猩

明亮的橙色会随着年龄的增长变为深棕色

不同寻常的外套

与大部分有着灰褐色毛发和黑色皮肤的大猩猩不同，这只大猩猩是罕见的白化变种。这种情况被称为白化病，发生在哺乳动物身上。患有白化病的动物毛发是白色或无色的，眼睛是粉色或蓝色。大猩猩身上皮毛的厚薄程度取决于环境。生活在寒冷的山地区域的大猩猩常常长着又长又厚的毛发，而生活在温暖的低地的大猩猩毛发会短而薄。

树上的居民

红毛的猩猩的食欲太旺盛，以至于如果它们成群地生活在一起，食物就会短缺。为此，大多数时候它们都在树上散居。

强壮的钩状手脚用于抓住树枝或摘取果实

猩猩

相关链接

犰狳〔Armadillos〕

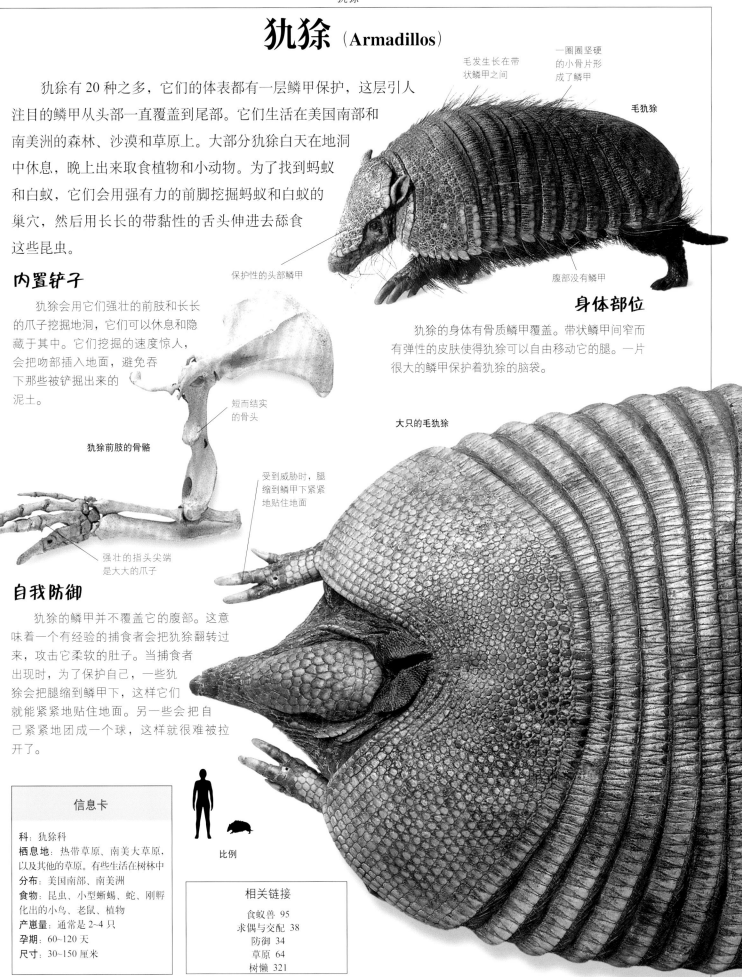

犰狳有20种之多，它们的体表都有一层鳞甲保护，这层引人注目的鳞甲从头部一直覆盖到尾部。它们生活在美国南部和南美洲的森林、沙漠和草原上。大部分犰狳白天在地洞中休息，晚上出来取食植物和小动物。为了找到蚂蚁和白蚁，它们会用强有力的前脚挖掘蚂蚁和白蚁的巢穴，然后用长长的带黏性的舌头伸进去舔食这些昆虫。

毛发生长在带状鳞甲之间

一圈圈坚硬的小骨片形成了鳞甲

毛犰狳

保护性的头部鳞甲

腹部没有鳞甲

内置铲子

犰狳会用它们强壮的前肢和长长的爪子挖掘地洞，它们可以休息和隐藏于其中。它们挖掘的速度惊人，会把吻部插入地面，避免吞下那些被铲掘出来的泥土。

短而结实的骨头

犰狳前肢的骨骼

身体部位

犰狳的身体有骨质鳞甲覆盖。带状鳞甲间窄而有弹性的皮肤使得犰狳可以自由移动它的腿。一片很大的鳞甲保护着犰狳的脑袋。

大只的毛犰狳

受到威胁时，腿缩到鳞甲下紧紧地贴住地面

强壮的指头尖端是大大的爪子

自我防御

犰狳的鳞甲并不覆盖它的腹部。这意味着一个有经验的捕食者会把犰狳翻转过来，攻击它柔软的肚子。当捕食者出现时，为了保护自己，一些犰狳会把腿缩到鳞甲下，这样它们就能紧紧地贴住地面。另一些会把自己紧紧地团成一个球，这样就很难被拉开了。

信息卡

科：犰狳科
栖息地：热带草原、南美大草原，以及其他的草原。有些生活在树林中
分布：美国南部、南美洲
食物：昆虫、小型蜥蜴、蛇、刚孵化出的小鸟、老鼠、植物
产崽量：通常是2~4只
孕期：60~120天
尺寸：30~150厘米

比例

相关链接

食蚁兽 95
求偶与交配 38
防御 34
草原 64
树懒 321

狒狒（Baboons）

狒狒是旧大陆猴类中分布最广泛的一族。它们的脑袋很大，脸两侧有颊囊用于储存食物，吻部较长，像狗的口鼻。成年雄性狒狒的体型是雌性的两倍大，肩膀上披长毛，形似斗篷。狒狒主要生活在平地上，来回走动时要四肢并用，但一警觉到危险会马上隐蔽到树上。最典型的是阿拉伯狒狒和几内亚狒狒，它们生活在干旱的热带草原和岩石区。

阿拉伯狒狒

警告的叫声

狒狒会拉长脸，以尾巴为信号，发出叫声与其他的狒狒进行"交谈"。当向群体成员发出警告时，它们会发出类似狗叫的声音。

比例

东非狒狒

典型的弯尾巴

狒狒承担着为群体观望的责任

紧紧靠在一起向下突出的鼻孔

坐垫

在开阔的野外

当处于开阔的地方，比如说在一个水坑里时，狒狒会非常小心地提防狮子和其他捕食者。到了晚上，为了安全起见，它们会转移到树上或高高的岩石上。它们的屁股上长着坚实的皮肤，可以作为垫子，它们直立地坐着睡觉。

成年和幼年的阿拉伯狒狒

大脑保护壳

狒狒的头骨保护了它的大脑和感觉器官，比如眼睛和鼻子。视力非常重要，因此狒狒的眼窝很大，上面还有一道眉弓保护着。雄性狒狒的头骨比雌性的大很多，它们还长着大颗尖尖的犬齿。

大而圆的大脑保护壳

方形的臼齿用于磨碎食物

铲形的门齿

雌性狒狒的头骨

群体生活

阿拉伯狒狒在群体中施行一夫多妻制，一个家庭最多可以有 12 只雌性，仅由一只雄性带领。其他类型的狒狒则是生活在多个雄性和雌性组成的大型的、组织严密的群体中。

信息卡

科：猕猴科
栖息地：草原、灌木丛、多岩石沙漠、雨林
分布：非洲、撒哈拉南部、阿拉伯西南部
食物：草、种子、果实、根、昆虫、小动物、瞪羚
产崽量：通常 1 只
尺寸：50~100 厘米

相关链接

猿 97

交流 26

猴 252

草原漫游

狒狒是社会性的动物，它们紧密地生活在最多 200 只个体组成的群体中。在这些群体中，狒狒会彼此分享食物，照顾幼崽，防御敌人。狒狒白天的时候穿梭于非洲的热带草原上。它们每天最多能行走 11 公里，中午最热的时候在树荫下休息，晚上会在金合欢树上睡觉。

獾（Badgers）

獾和鼬、水獭都属于食肉动物。獾是夜行动物，白天的大部分时间都在洞穴中（地下的土洞），晚上出来寻找食物。它们强有力的爪子和能够磨碎食物的牙齿是非常理想的处理蚯蚓、果实、根和小动物这些混合食物的工具。它们用长长的吻和良好的嗅觉来寻找食物。

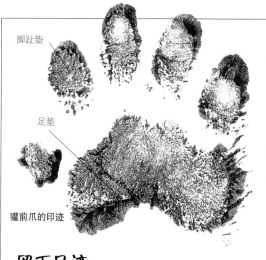

脚趾垫

足垫

獾前爪的印迹

留下足迹

獾行走时，整个脚掌接触地面，留下图示中的爪子印。它们的前后掌都有 5 个脚趾，每个脚趾上都有强壮锋利的爪子。这些爪子在挖掘隧道或到处翻挖食物时非常有用。

信息卡
科：鼬科
栖息地：树林和林地
分布：从欧洲到中国和日本
食物：蚯蚓、小动物、腐肉、坚果、果实
产崽量：2~6 只
寿命：长达 12 年
尺寸：56~90 厘米

爪子抬起来作防御状

幼年的狗獾

比例

家庭生活

獾是非常爱玩的动物，夜幕降临时，不管是年幼的还是成年的獾都在它们洞穴入口附近玩耍。如果它仰卧、卷起身体、抬起爪子，表示这只獾已经做好了出击的准备。玩耍能够帮助家庭成员更紧密地联系在一起，同时也能够让年幼的獾练习防御技巧，为它们成年之后的自我防御做必要准备。

獾的基本情况

獾长着小小的脑袋、圆乎乎的身体和短短的腿。体表覆盖着粗糙的针毛。头上有黑白相间的条纹，能够在夜间掩盖它的脸。

有条纹的头部上长着长长的吻和小小的眼睛

短而多毛的尾巴

狗獾

楔形的身体上覆盖着长长的针毛

相关链接

白鼬、雪貂和水貂 173

水獭 264

庇护所和洞穴 48

林地 60

蝙蝠 〈Bats〉

蝙蝠是唯一可以飞的哺乳动物。大部分蝙蝠在夜间或是黎明和黄昏时分活跃。白天的时候它们倒挂在栖木上休息。大部分蝙蝠，也称为小蝙蝠，以飞行的昆虫为食，但也有一些会吃小型的哺乳动物、鱼类，甚至是动物血液。狐蝠，也叫果蝠，是体型最大的蝙蝠，主要以果实为食。雌性的蝙蝠会聚集到特殊的育儿所生下粉红色、光溜溜的宝宝。

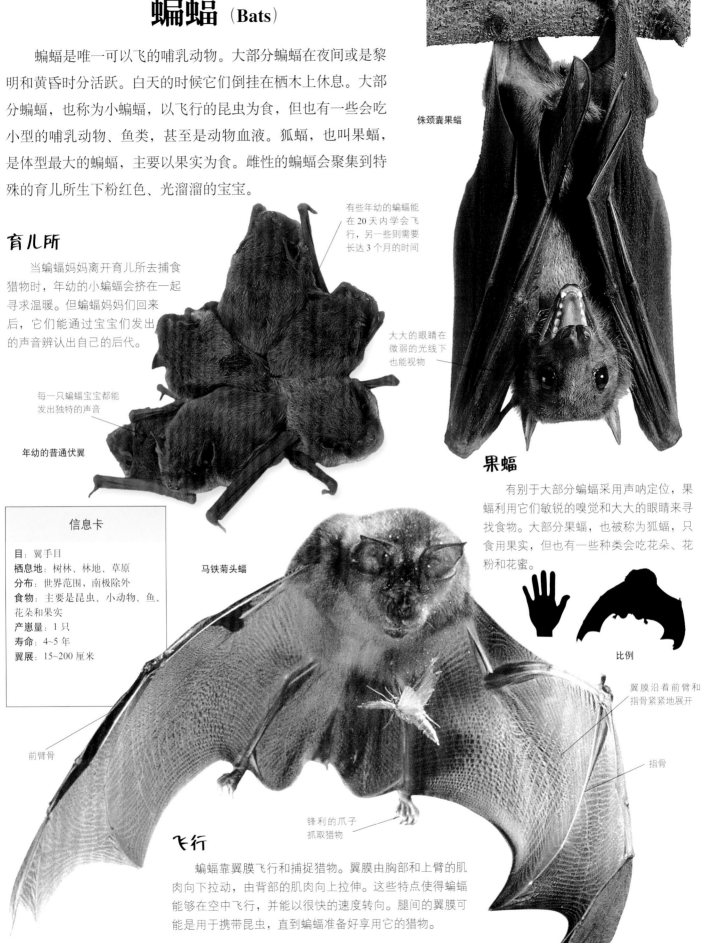

侏颈囊果蝠

育儿所

当蝙蝠妈妈离开育儿所去捕食猎物时，年幼的小蝙蝠会挤在一起寻求温暖。但蝙蝠妈妈们回来后，它们能通过宝宝们发出的声音辨认出自己的后代。

有些年幼的蝙蝠能在 20 天内学会飞行，另一些则需要长达 3 个月的时间

大大的眼睛在微弱的光线下也能视物

每一只蝙蝠宝宝都能发出独特的声音

年幼的普通伏翼

果蝠

有别于大部分蝙蝠采用声呐定位，果蝠利用它们敏锐的嗅觉和大大的眼睛来寻找食物。大部分果蝠，也被称为狐蝠，只食用果实，但也有一些种类会吃花朵、花粉和花蜜。

信息卡

目：翼手目
栖息地：树林、林地、草原
分布：世界范围，南极除外
食物：主要是昆虫、小动物、鱼、花朵和果实
产崽量：1 只
寿命：4~5 年
翼展：15~200 厘米

马铁菊头蝠

比例

翼膜沿着前臂和指骨紧紧地展开

前臂骨

指骨

锋利的爪子抓取猎物

飞行

蝙蝠靠翼膜飞行和捕捉猎物。翼膜由胸部和上臂的肌肉向下拉动，由背部的肌肉向上拉伸。这些特点使得蝙蝠能够在空中飞行，并能以很快的速度转向。腿间的翼膜可能是用于携带昆虫，直到蝙蝠准备好享用它的猎物。

洞穴栖息

　　当夜幕降临，皱唇犬吻蝠就会离开它们的日宿地或庇护所，外出觅食。它们往往栖居在地洞、树洞，甚至是房屋的阁楼里。在栖息地，蝙蝠会头朝下地倒挂着，翅膀收起来。它们用锋利、弯曲的脚趾抓住栖所的顶部。在这里，它们可以躲避危险、睡觉、理毛、修饰，以及照看自己的后代。

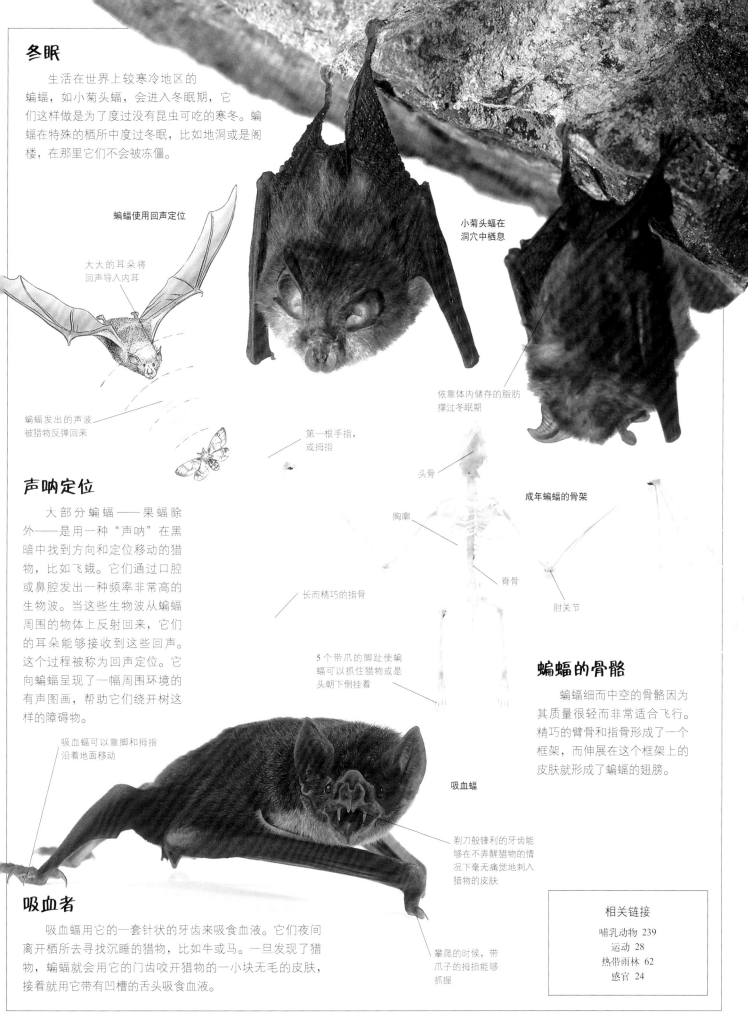

冬眠

生活在世界上较寒冷地区的蝙蝠，如小菊头蝠，会进入冬眠期，它们这样做是为了度过没有昆虫可吃的寒冬。蝙蝠在特殊的栖所中度过冬眠，比如地洞或是阁楼，在那里它们不会被冻僵。

蝙蝠使用回声定位

大大的耳朵将回声导入内耳

蝙蝠发出的声波被猎物反弹回来

小菊头蝠在洞穴中栖息

依靠体内储存的脂肪撑过冬眠期

第一根手指，或拇指

头骨

成年蝙蝠的骨架

胸廓

脊骨

长而精巧的指骨

肘关节

声呐定位

大部分蝙蝠——果蝠除外——是用一种"声呐"在黑暗中找到方向和定位移动的猎物，比如飞蛾。它们通过口腔或鼻腔发出一种频率非常高的生物波。当这些生物波从蝙蝠周围的物体上反射回来，它们的耳朵能够接收到这些回声。这个过程被称为回声定位。它向蝙蝠呈现了一幅周围环境的有声图画，帮助它们绕开树这样的障碍物。

5个带爪的脚趾使蝙蝠可以抓住猎物或是头朝下倒挂着

蝙蝠的骨骼

蝙蝠细而中空的骨骼因为其质量很轻而非常适合飞行。精巧的臂骨和指骨形成了一个框架，而伸展在这个框架上的皮肤就形成了蝙蝠的翅膀。

吸血蝠

吸血蝠可以靠脚和拇指沿着地面移动

剃刀般锋利的牙齿能够在不弄醒猎物的情况下毫无痛觉地刺入猎物的皮肤

吸血者

吸血蝠用它的一套针状的牙齿来吸食血液。它们夜间离开栖所去寻找沉睡的猎物，比如牛或马。一旦发现了猎物，蝙蝠就会用它的门齿咬开猎物的一小块无毛的皮肤，接着就用它带有凹槽的舌头吸食血液。

攀爬的时候，带爪子的拇指能够抓握

相关链接

哺乳动物 239
运动 28
热带雨林 62
感官 24

熊 （Bears）

弯曲的
爪子

前掌

带爪子的熊掌

熊的每一只掌上都有5个带锋利弯曲爪子的脚趾，用来撕扯和挖掘，同时在爬树的时候用于抓握。

棕熊的头

熊是体型庞大、身体强壮的哺乳动物，它们大部分时间都处于独居状态。由于视觉和听觉都很弱，所以它们依靠嗅觉来寻找食物。虽然它们跟狮子和狼一样都是食肉动物，但大部分熊几乎什么都吃，包括浆果、树根和昆虫。熊生活在较寒冷的地区，到了冬天活动很少，并在洞穴中睡觉来躲避寒冷的天气。在秋天，它们会提前吃下很多食物来储存脂肪。

只有棕熊肩部
有隆起

敏感的鼻子用
于发现食物

棕熊或灰熊

比例

特征

熊具有大大的口鼻帮助它们嗅探食物。也正如它们的小耳朵和小眼睛所显示的那样，它们的视力和听力很弱。

信息卡

科：熊科
栖息地：树林、草原、山地地带
分布：欧洲、亚洲、北美洲和南美洲
食物：浆果、树根、小型动物、鱼、昆虫
产崽量：1~4 只
寿命：25~30 年
尺寸：1~2.8 米

强壮的身体

熊的体型大小各有不同，但它们的外型看起来都和这只灰熊非常相似。它们有着强壮的身体和强有力的腿，上面覆盖着厚厚的皮毛。它们大大的脑袋上有强壮的颌和牙齿，能够撕碎任何类型的食物。

锋利的爪子用于掘
取食物或是袭击其
他动物

相关链接

动物的家 46
北极 54
哺乳动物 239
熊猫 270
北极熊 283
感官 24

林地流浪者

　　灰熊生活在北美西北部开阔的林地和草地上，它们长途跋涉去找寻浆果、植物的根、小动物、腐肉（死去的动物）等食物。在夏季，灰熊会跳入水中用爪子和牙齿捕捉鲑鱼。晚秋时节，食物变得短缺，它们就挖掘或寻找一个洞穴，在里面冬眠，度过整个冬天。

熊在慢行时，基本上脚不离地

行走

熊走动的时候通常四肢并用。当行走时，它们整脚掌接触地面，每走一步都抬起脚跟和脚底。在寻找食物的时候，熊会踱着步子慢慢地走，但当追捕猎物时，它们也能短距离快速地奔跑。

熊依靠着它多毛的熊掌行走

叙利亚棕熊

嘴巴张开，露出牙齿

大大的熊掌做好捕获猎物的准备

熊宝宝

熊宝宝刚出生时，小而无力。但它们长得很快，花费大量的时间玩耍和学习照顾自己。即使这样，在出生的第一年，它们还是会跟在妈妈的身边，靠妈妈保护它们远离危险。

熊宝宝需要练习重要的生存技能，比如嗅探空气

亚洲黑熊宝宝

灰熊

站立起来

当受到威胁时，为了让自己看起来更强大更有威慑力，熊会用后脚站立，这也能帮助它们更好地观察周围环境。站起来的时候，一只灰熊能够达到 3 米高。在北美的西北地区，灰熊也被称为棕熊，这得名于它们的毛发有着白色或灰色的末梢。

河狸 (Beavers)

美洲河狸

河狸是最负盛名的筑坝高手，它们是体型较大、生活在水中的啮齿目动物。它们会在水流边筑坝，造出一片静水的池塘来修建自己的家，称为巢屋。它们以周围的树枝和树叶为食。河狸在陆地上行走时缓慢笨拙，但在水中速度很快。它们的身体呈流线型，腿比较短，后脚掌上有蹼用于游泳，耳朵也很小。浓密的皮毛使它们出入水中都能保持体温。

扁平的尾巴

河狸的尾巴宽大、扁平，上面覆有鳞片。尾巴上下摆动能推动河狸快速向前，同时，尾巴也可作为方向舵，帮助河狸在向前时掌控方向。

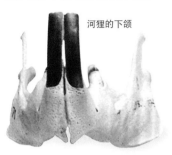
河狸的下颌

坚硬的牙齿

河狸的上下颌上长着两颗大大的门齿，与其他啮齿目动物一样，这两颗门齿会一直生长，永不磨损，而且牙齿尖端非常锋利。结合上下颌发达的咬肌，河狸能用这些牙齿快速地咬断树木、咬穿树枝。

水坝和巢屋

河狸会在它们生活的河流中用树枝、泥巴以及用前爪从岸边扒来的石块筑坝。水坝阻挡了水流，然后就形成了一个较深的池塘，这就是河狸建造它们的巢屋的地方，在巢屋里，它们可以躲避敌害和寒冷的天气。

巢屋内部有室，入口在水下

水坝由树枝、泥巴和石块堆成

巢屋和水坝

工作

无论是工作还是生活，河狸都是整个关系融洽的家族一起出动。它们在白天活动，一起工作，伐倒树木，咬断树枝，然后用嘴搬运树枝穿过水流。如果一只河狸发现了捕食者，它会用尾巴拍击水面，警告其他家庭成员游走以躲避危险。

信息卡

比例

科：河狸科
栖息地：有树林在岸边的溪流、河流、湖中
分布：北美和欧亚北部
食物：树的内皮、嫩芽、叶子、树根；水生植物
寿命：13~20 年
尺寸：105~120 厘米

河狸正在咀嚼树枝

相关链接

动物的家　　46
食草动物　　30
啮齿动物　　303
松鼠和花鼠　　330

河边的家

　　北美和欧洲北部有水流穿过的林地地区是河狸建造它们的家的理想场所。河狸伐倒树木，砍断树枝，用它们建筑水坝，水坝拦截了河流变成一个湖面，河狸就把它们的家建在这里，在家中，它们可以躲避敌害。一旦水流冲垮水坝，河狸会快速行动，修补好被损坏的地方。

蜂（Bees）

大部分蜂类是独居的，但蜜蜂和熊蜂以集群的形式住在很大的蜂巢中。一个蜂群中会有一只负责产卵的蜂后、数百只负责与蜂后交配的雄蜂，以及上千只守卫蜂巢、照顾幼虫的工蜂。所有的蜂都以花粉和花蜜为食。

前腿用来清理触须，以及从后背上刷掉花粉

熊蜂的身体上覆盖着厚厚的绒毛保护身体

熊蜂（蜜蜂科）

蜂的身体

熊蜂有着丰满的身体，上面覆盖着细细的绒毛，用来采摘花粉。和其他种类的蜂一样，它们的腿上安装了特殊的"篮子"，可以让它们携带花粉回到蜂巢。雌性的蜂身体上有蜂刺，可以造成疼痛和肿胀的伤口。

熊蜂

所有的蜂都有两对薄薄的、透明的翅膀

透明的翅膀上下振动时发出"嗡嗡"的声音

比例

花粉筐

携带花粉

当蜂飞到花朵里吸食花蜜的时候，花粉会落到它们的背上。这些花粉粒会被带到蜂造访的下一个花朵中，这样植物就可以受精，结出种子和果实。

蜂蜜是工蜂用花蜜酿成

蜂巢

蜜蜂的蜂巢中部有许多用蜂蜡建造的六边形的巢室。它们在位于中间的巢室中养育幼虫，外部的巢室则用于储存花蜜和花粉。花蜜混合蜜蜂的唾液就成了蜂蜜，给正在成长的幼虫食用。

一些开口的蜂房里有幼虫（未成年的蜜蜂）

蜜蜂工蜂

信息卡

科：蜜蜂总科
栖息地：陆地，包括沙漠、雨林和林地
分布：世界范围内皆有分布，南极和北极除外
食物：花粉和花蜜
产卵量：多达 1 000 枚
寿命：8~10 个月
尺寸：最长达 6 厘米

相关链接

蚂蚁　96
卵和巢　42
昆虫　212
胡蜂　351

蜂巢

　　蜜蜂把巢建在中空的树上，它们也会住在人们特地为它们搭建的蜂巢中。其他种类的蜂则会钻入木材或是在地下建造蜂巢。到了夏季，蜂后和很多工蜂会成群地飞出去建造一个新的蜂巢。这张图片展示的是，工蜂已经找到了一个适合建巢的地方，它们正集体降落到树枝上。

甲虫（Beetles）

甲虫是昆虫中数量最多的一类。事实上，地球上每4种不同的动物中就有一个是甲虫。它们遍布世界各地，在冰山、炎热的沙漠，或是池塘、溪流，甚至是温泉中都能发现它们的踪迹。甲虫家族的成员们形态各不相同，但大多有着宝石一样的颜色。常见甲虫包括长鼻子的象鼻虫、奔逃速度很快的步甲、凶猛的锹甲、吃蚜虫的瓢虫，以及晚上会发光的萤火虫。

马来紫兰茎甲

触须，也称触角，是嗅觉和触觉器官

大大的下颚用于咬碎食物

节状的腿

坚硬的鞘翅

前鞘翅张开使它可以飞行

披甲的昆虫

甲虫都装备得像坦克一样。它们的身体外部有一层坚硬的外壳保护，像是一副盔甲。通过混合两种化学物质，射炮步甲甚至能在射液时发出"砰"的爆炸声，来吓跑或击毙对手和捕食者。

赤翅甲

比例

长长的有绒毛的触须

在空中飞行

尽管身负重重的盔甲，大部分甲虫都能飞行。飞行对它们来说是一项很重要的技能，可以帮助它们躲避敌害，寻找食物。像所有的甲虫一样，赤翅甲用它精致的后翅进行飞行。飞行时，前翅打开，以便于后翅上下振动。当甲虫停在树叶上，它会折起后翅，把它放在鞘翅的下面。

赤翅甲

取食

包括赤翅甲在内的许多甲虫都是食草动物。它们吃腐烂的蔬菜、朽木、树叶，以及水果，并且会严重地损害作物。也有一些食肉甲虫，比如虎甲，会猎食小型的昆虫。而另一些以动物死尸为食的甲虫则为营养物质重回泥土做了好事。

信息卡

目：鞘翅目
栖息地：陆地和淡水中
分布：除北极和南极外的世界各地
食物：多种植物和动物
产卵量：最多达50枚
寿命：25~30年
尺寸：长达15厘米

南洋大兜虫　　绿金龟　　虎天牛　　隐翅叶甲　　马来紫兰茎甲　　Trichaulax Macleayi　　龟甲

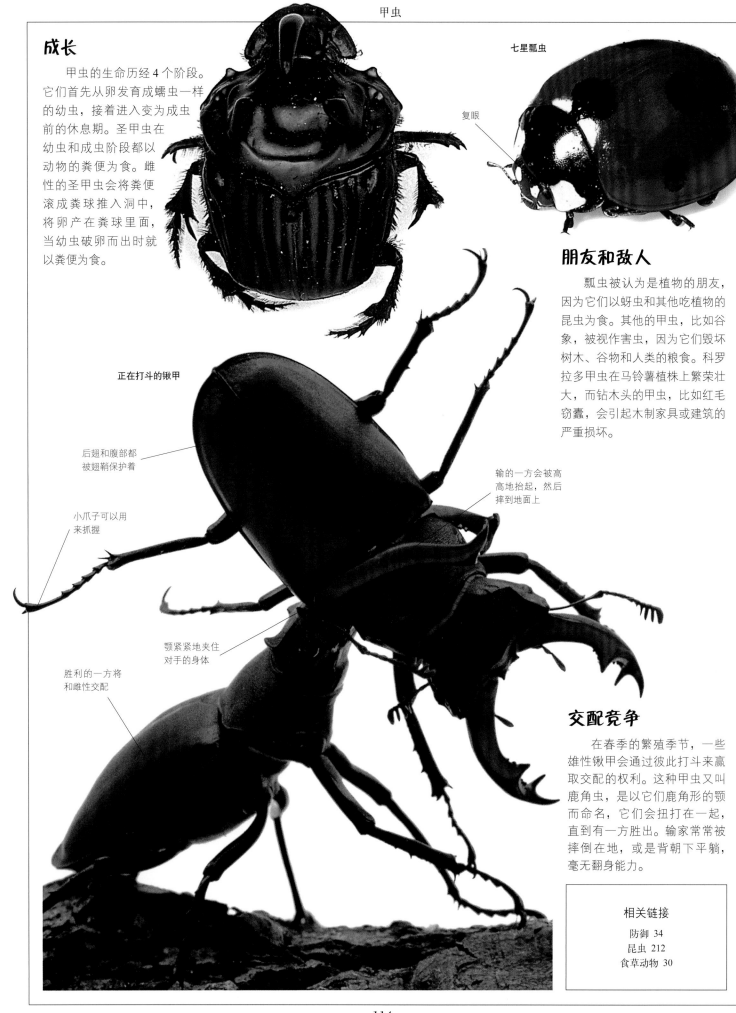

成长

　　甲虫的生命历经 4 个阶段。它们首先从卵发育成蠕虫一样的幼虫，接着进入变为成虫前的休息期。圣甲虫在幼虫和成虫阶段都以动物的粪便为食。雌性的圣甲虫会将粪便滚成粪球推入洞中，将卵产在粪球里面，当幼虫破卵而出时就以粪便为食。

七星瓢虫

复眼

朋友和敌人

　　瓢虫被认为是植物的朋友，因为它们以蚜虫和其他吃植物的昆虫为食。其他的甲虫，比如谷象，被视作害虫，因为它们毁坏树木、谷物和人类的粮食。科罗拉多甲虫在马铃薯植株上繁荣壮大，而钻木头的甲虫，比如红毛窃蠹，会引起木制家具或建筑的严重损坏。

正在打斗的锹甲

后翅和腹部都被翅鞘保护着

小爪子可以用来抓握

输的一方会被高高地抬起，然后摔到地面上

颚紧紧地夹住对手的身体

胜利的一方将和雌性交配

交配竞争

　　在春季的繁殖季节，一些雄性锹甲会通过彼此打斗来赢取交配的权利。这种甲虫又叫鹿角虫，是以它们鹿角形的颚而命名，它们会扭打在一起，直到有一方胜出。输家常常被摔倒在地，或是背朝下平躺，毫无翻身能力。

相关链接

防御 34
昆虫 212
食草动物 30

鸟类（Birds）

所有的鸟类都有羽毛和翅膀，企鹅即使失去了飞行的能力，翅膀依然存在。飞行的能力使得鸟类可以迁徙到很远的地方去寻找食物，也使它们占据了世界的所有角落。鸟类没有牙齿，但它们有角质的鸟喙，根据每种鸟类不同的饮食和生活方式，鸟喙的形状也各不相同。所有的鸟类都是通过产蛋来繁育后代。

小小的牙齿一样的突起能够紧紧地抓住草和滑滑的猎物

红胸黑雁

形态各异的脚

每一种鸟都有和它们的生活方式相匹配的脚。火烈鸟的脚是窄而有蹼的，适于在泥地中行走；鹰的脚上有锋利的爪子，用来抓取猎物；鸭子有宽而有蹼的脚用于游泳；而刺嘴莺的脚适于栖息在枝头。

火烈鸟的脚　　鹰的脚　　鸭子的脚　　刺嘴莺的脚

涉禽

涉禽，比如鹬和鸻，以及和它们没有亲缘关系的朱鹮，都长着长长的腿，能够趟过浅水。它们用长长的鸟喙来探查猎物，比如生活在泥沙中的蠕虫。

水鸟

雁、鸭子和天鹅生活在湿地栖息地，那里有充足的植物、无脊椎动物和鱼供它们食用。它们都有带蹼的脚，适于游泳；而它们呈脊状的鸟喙可以拉扯水草和捕食猎物。最适应在水中和水下生活的鸟是企鹅，它们的翅膀像桨一样帮助它们在水中控制方向。

长而弯曲的鸟喙可以插进泥土或坚硬地表的裂缝中

长长的腿能使身体保持在水面之上

廓羽　　绒毛　　尾羽　　翅羽

长长的分开的脚趾和脚蹼防止美洲红鹮沉入松软的沙地和泥土中

美洲红鹮

羽毛的功能

羽毛能够保持鸟类身体的温暖和干燥，更重要的是使它们能够飞翔。廓羽覆盖了鸟类的全身，并为飞行塑造了流线型的身形。廓羽之下是蓬松的下层绒毛，阻绝了空气，能够在皮肤表面形成保温层。尾巴和翅膀上的羽毛用于飞行。

信息卡

纲：鸟纲
种类：超过 9 500 种
栖息地：各种栖息地，高山、开阔的海洋和冰原、沙漠、草原、森林、湖泊、农场和城市
分布：世界范围
食物：鱼、鸟、哺乳动物、草、种子、坚果

跳入水中

海鸟一般在海崖、边远的海岛或是其他地方繁殖。图中这些鲣鸟在岩石小岛顶端做巢，然后飞跃海面去觅食。它们尖端呈黑色的翅膀展开可达 1.8 米宽。为了捉住它们的猎物——鱼，这些耀眼的白色鸟类会以每小时 100 公里或更高的速度像箭一样插入水中。它们会吃掉捕捉到的鱼或带回去喂食幼鸟。

猛禽

　　大部分猫头鹰会在夜间进行捕猎，这样可以避开与那些昼行性猛禽（白天捕猎的鸟）竞争，比如鹰、雕和隼。昼行性猛禽和猫头鹰都有着敏锐的视觉和听觉，帮助它们找到猎物。它们还有强壮锋利的爪子可以抓取和杀死猎物。昼行性猛禽主要用锋利的钩状鸟喙撕食猎物，而猫头鹰则是用它来杀死猎物。

宽而丰满的羽翼能够缓慢而精确地在晚上的林间飞行

鸟喙用于杀死猎物

灰林鸮

超级柔软的飞羽上有梳子形的边缘，能够悄无声息地飞行，在猎物毫无察觉的情况下捕食它们

巨大的、看起来很重的鸟喙实际上有着轻质的蜂巢状结构

巨嘴鸟

吃果实的鸟

　　巨嘴鸟的鸟喙非常长，使它们可以够到那些长在细枝顶端的果实。如果这种鸟试图坐在这些果实的边上进食，那么细枝可能就承受不了它的重量了。大部分生活在热带雨林的鸟都是以果实为食，因为这里有全年供应充足的食物。

世界上最大的蛋

各种各样的蛋

　　鸟蛋的形状、颜色和大小都各不相同。蜂鸟的蛋和一粒豆子差不多大，而鸵鸟的蛋能达到 20 厘米长。有些雌鸟每次只生一枚蛋，而另一些则可产下 20 枚，甚至更多。很多鸟类会精心地在灌木丛或树的高处搭窝来保护它们的蛋。而另一些则把蛋产在一个挖出的坑中或是光秃秃的悬崖壁架上。

象鸟蛋　　　鸵鸟蛋　　　食火鸡蛋　　鸡蛋

相关链接

雕 167
卵和巢 42
雁 184
迁徙 78
鸵鸟和鸸鹋 261
鹦鹉、金刚鹦鹉和凤头鹦鹉 273

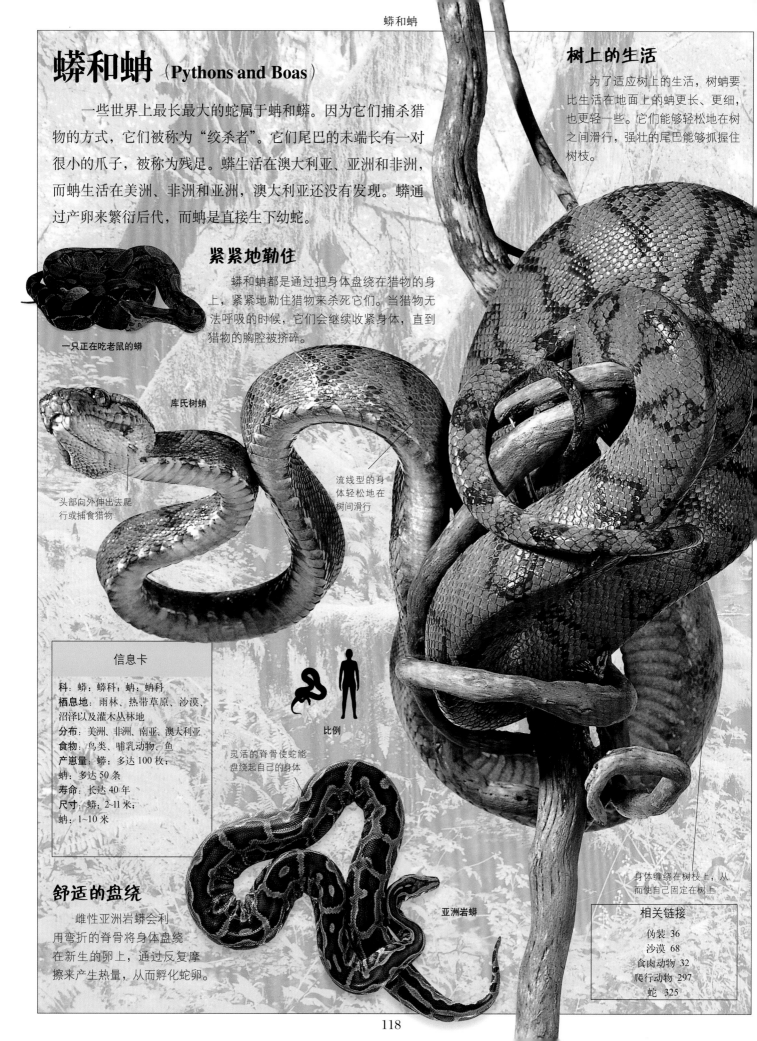

蟒和蚺〈Pythons and Boas〉

一些世界上最长最大的蛇属于蚺和蟒。因为它们捕杀猎物的方式，它们被称为"绞杀者"。它们尾巴的末端长有一对很小的爪子，被称为残足。蟒生活在澳大利亚、亚洲和非洲，而蚺生活在美洲、非洲和亚洲，澳大利亚还没有发现。蟒通过产卵来繁衍后代，而蚺是直接生下幼蛇。

树上的生活

为了适应树上的生活，树蚺要比生活在地面上的蚺更长、更细，也更轻一些。它们能够轻松地在树之间滑行，强壮的尾巴能够抓握住树枝。

紧紧地勒住

蟒和蚺都是通过把身体盘绕在猎物的身上，紧紧地勒住猎物来杀死它们。当猎物无法呼吸的时候，它们会继续收紧身体，直到猎物的胸腔被挤碎。

一只正在吃老鼠的蟒

库氏树蚺

头部向外伸出去爬行或捕食猎物

流线型的身体轻松地在树间滑行

信息卡

科：蟒：蟒科；蚺：蚺科
栖息地：雨林、热带草原、沙漠、沼泽以及灌木丛林地
分布：美洲、非洲、南亚、澳大利亚
食物：鸟类、哺乳动物、鱼
产崽量：蟒：多达 100 枚；
蚺：多达 50 条
寿命：长达 40 年
尺寸：蟒：2~11 米；
蚺：1~10 米

比例

灵活的脊骨使蛇能盘绕起自己的身体

舒适的盘绕

雌性亚洲岩蟒会利用弯折的脊骨将身体盘绕在新生的卵上，通过反复摩擦来产生热量，从而孵化蛇卵。

亚洲岩蟒

身体缠绕在树枝上，从而使自己固定在树上

相关链接

伪装 36

沙漠 68

食肉动物 32

爬行动物 297

蛇 325

长长的初级飞羽用来控制方向和突然改变方向

层叠的羽毛形成弧面，能够更平稳地飞行

飞翔的虎皮鹦鹉

虎皮鹦鹉（Budgerigars）

澳大利亚干旱的草原是野生虎皮鹦鹉天然的栖息地。虎皮鹦鹉是鹦鹉科最小的成员之一。虽然体型不大，但虎皮鹦鹉却是非常顽强的小鸟，它们能够飞行很远的距离，穿越炎热干旱的地区去寻找食物和水。它们过着一种流浪的生活，也就是说，它们永远不会停留在一个地方，而是一直处于不断迁徙到新的领地的状态。人类驯养的虎皮鹦鹉已经繁育出多种颜色，但大多数野生的虎皮鹦鹉都是绿色的。

飞行能手

虎皮鹦鹉能够快速而灵活地飞行。当它们成群地飞行时，能够一起调转方向。这可以帮助它们避开隼这样的捕食者的追击，因为大群虎皮鹦鹉的突然转向会迷惑敌人。

雄性和雌性

雄性虎皮鹦鹉环绕鸟喙的肥厚蜡膜是蓝色的，而雌性的蜡膜是褐色的。这是雄性和雌性虎皮鹦鹉外表唯一的实质差别。

肥厚的蓝色蜡膜环绕在鸟喙上

21 天后开始长出整套的羽毛

雄性虎皮鹦鹉

项链般的斑点交配时可以炫耀

信息卡

科：鹦鹉科
种类：330 种
栖息地：干旱的草原
分布：澳大利亚
食物：种子，特别是草和野草的种子
产卵量：4~8 枚
寿命：5~7 年
尺寸：18~20 厘米

21 天大的小鹦鹉

幼鸟

大部分虎皮鹦鹉会在草开始结籽的时候繁育后代。也就是说，鸟爸爸和鸟妈妈非常确定，光秃秃毫无生存能力的小鸟出生后，它们会有足够的食物可以喂养这些小家伙。

栖木上的成年虎皮鹦鹉

沿着后脑生长的典型的波浪形线状花纹

虎皮鹦鹉会和它们的交配对象凑得很近

比例

社会性的鸟

虎皮鹦鹉是非常具有社会性的鸟类，以群居的方式生活在一起。它们会挤成一团来取暖，也会用嘴为对方整理羽毛。

长长的尾巴帮助控制方向和阻断飞行

相关链接

鸟类 115
卵和巢 42
运动 28
鹦鹉、金刚鹦鹉和凤头鹦鹉 273

蝽（Bugs）

蝽是昆虫中很特别的一类，它们长着长长的吸管状的口器，能够吸食液体。世界上共有 23 000 种不同种类的蝽，包括蚜虫、蝉、跳虫、椿象和臭虫等，大部分生活在陆地上，但也有划蝽、水黾、水蝎这些生活在淡水中。不像其他大部分的昆虫类动物，蝽没有变态生长的过程（大部分昆虫从出生到成虫要经历 4 个阶段的变化）。它们在植物上产下虫卵，或者把虫卵粘到动物的毛发上。幼虫孵化出来时就像是小号的没有翅膀的成虫。大部分幼虫出生后都是自己照顾自己，而不是被父母照看。

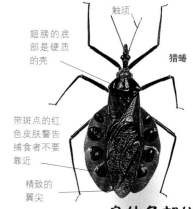

触须
翅膀的底部是硬质的壳
猎蝽
带斑点的红色皮肤警告捕食者不要靠近
精致的翼尖

身体各部位

蝽类昆虫的大小和形状各不相同。大部分蝽类，比如猎蝽，有两对翅膀，其中下面一对是坚硬革质的，前翅则是柔软精巧的。大部分蝽类昆虫身体的颜色都能帮助它们混入周围的环境中。

前腿用来捕捉猎物

雄蝉通过振动两侧的肌肉"唱歌"

蝉

水蝎

空气就是通过这根呼吸管吸进来的

信息卡
目：半翅目
种类：23 000 种
栖息地：广泛栖息于陆地和淡水中
分布：南极洲除外的世界各大洲
食物：植物、动物、血液
尺寸：最长达 60 毫米

求偶的歌

蝉是热带雨林中最吵闹的昆虫之一。吵人的蝉鸣声是雄蝉在求偶季节发出的求偶信号。这种鸣叫声甚至在 250 米外都能听到，声音是由雄蝉振动身体下端的肌肉发出的。

用来呼吸的管子

与陆地上的蝎子尾部有毒刺不同，水蝎的尾巴实际上是它呼吸所用的管子。这种蝽类昆虫会经常游到水中，然后通过长长的管子来呼吸空气。

比例

脚垫可以帮它抓住平滑的表面

角蝉

吸食

角蝉身体的形状就像是一根刺，当它们在树干上吸食树液时，这种形状帮助它们伪装起来不被捕食者发现。蝽类用它们管状的口器吸食液体。蚜虫、跳虫和盾蝽象吸食植物的树液，而猎蝽和划蝽则吸食其他动物的体液，个头很小的跳蚤吸食的是动物的血液。

尖尖的脊背让角蝉看起来就像是树干上的刺一样

相关链接
伪装 36
求偶与交配 38
昆虫 212

蝴蝶与蛾（**Butterflies and Moths**）

蝴蝶与蛾是漂亮又顽强的昆虫。它们大部分生活在树林中和草地上，但也有一部分生活在沙漠中，甚至是北极地区。它们吸食含糖的液体，比如花蜜或果实的汁液，这些是高能量的食物。它们的翅膀上覆盖着细小的鳞片。蝴蝶和蛾的触须形状不同，但分辨它们最简单的方法是观察它们休息的姿态。蝴蝶休息时翅膀是竖立起来的，而蛾类的翅膀则是展平平铺的。

雄性蝴蝶有着颜色最闪亮的翅膀

雄性鸟翼凤蝶

热带的颜色

颜色绚丽的蝴蝶大部分都生活在热带地区。它们在白天活动，绚丽的颜色既可以吸引异性前来交配，也可以警告捕食者，它们并不是可口的食物。与此相反，蛾类的颜色平淡普通，一般在黄昏或夜间活动。

比例

细长的身体，蛾类的身体则是短而多毛的

蝴蝶的触须顶端是小小的球状

寻找食物

又长又灵敏的触须可以帮助蝴蝶和蛾类嗅探花朵的气味，找到食物。它们也长着长长的中空的口器，像吸管一样。它们把管子插进成熟的果实、植物的茎干或花朵中吸食果汁、树液或花蜜。

点状的斑纹使它可以融入林地的环境中

羽状的触须

白桦尺蛾

伪装

白桦尺蛾身上的颜色和斑点可以帮助它们隐匿在周围的物体中，比如树叶或树干。这可以使它们避开鸟类或爬行动物的捕猎。在城市中，白桦尺蛾已经逐渐进化出灰暗的颜色，可以帮它隐匿在烟雾弥漫的环境中。

蝴蝶的头部

翅脉保持翅膀的形状

鳞翅

在显微镜下，我们就能看到蝴蝶和蛾类翅膀上复杂的细节了。它们的翅膀上覆盖着成千上万粉末状相互重叠的鳞片，正是它们形成了漂亮的斑点。贯穿翅膀的翅脉则把这些鳞片固定在一起，并保持翅膀的形状。

不用的时候，吸食管是卷曲地置于头下的

蝴蝶翅膀的细节

从虫卵到蝴蝶

所有的蝴蝶和蛾类在生命中都会经历4个显著的变化。从虫卵中孵化出来，它们最初的样子是没有翅膀也没有腿的毛毛虫，完全不像它们成年时的样子。等到成熟的时候，毛毛虫会吐丝结茧（保护性的壳），这个时候它们被称为蛹。在茧内，虫的身体发生了完全的变化，等到破茧而出的时候，它们就变成了成年的蝴蝶或蛾类。

1. 毛毛虫从卵中孵化出来

吐丝结茧之前，毛毛虫会依附在树的茎干上

2. 毛毛虫

丝线把茧固定在一个地方

硬壳一样的茧把蛹包在里面

3. 蛹

皱巴巴的翅膀开始展开

蝴蝶是完全成熟的个体

4. 蝴蝶破茧而出

被抛弃的茧

迁徙

为了躲避寒冷的冬天，大桦斑蝶会从加拿大迁徙到美国南部或者墨西哥，那里的气候比较温暖。但是如果这个地方变得过分拥挤，或是没有足够的食物给将要孵化出的幼虫，许多大桦斑蝶会飞回家乡。

大桦斑蝶

红色和橙色是蝴蝶身上常见的警告色

副王蛱蝶

冒充

副王蛱蝶并不是有毒的蝴蝶，然而为了迷惑捕食者，它们模仿大桦斑蝶的颜色和斑点，而后者的身体是有毒的。饥饿的鸟类和爬行动物认出橙色、黄色和黑色这些警告色，就不再去捕食它们了。

翅膀伸展开来滑翔

金凤蝶

叉状翅尾

信息卡
科：鳞翅目
种类：蝴蝶：15 000 种；蛾类 150 000 种
栖息地：陆地，包括雨林、山地、沙漠
分布：除南极洲外的各大洲
食物：毛虫时期：绿色植物；成虫期：带甜味的液体
寿命：小于 1 年
翼展：蝴蝶：1~29 厘米；蛾类：可达 25 厘米

翅膀的形状

金凤蝶，因后翅看起来就像是燕子尾巴的分叉，又称燕尾蝶。像所有的蝴蝶一样，它们不断向后和向下拍打翅膀在空中飞行。但同时，它们也非常善于在空中滑翔。飞行时，蝴蝶翅膀上的鳞片会不断脱落，这也使它们的翅膀慢慢变得残破。

假眼

孔雀蛱蝶翅膀上有很大的斑点，就像眼睛一样。某些时刻，这些斑点会让捕食者以为有鹰那样危险的大型动物在附近。这就给了孔雀蛱蝶足够的时间在捕食者认识到是被骗了之前迅速逃离。

孔雀蛱蝶

大大的眼状斑点看起来就像是鹰或者豹子的眼睛

蓝色大闪蝶

明亮的蓝色是由光线反射鳞翅上的小脊线而形成的

黑白相间的条纹警告捕食者不要靠近

蓝色的雄性

雄性大闪蝶闪亮的蓝色翅膀能够在交配季节帮它们吸引雌性。而雌蝶的翅膀是暗沉的橙色或棕色，可以帮它们融入周围的背景色中。这对产卵中的雌蝶尤其重要。很多种类的蝴蝶，雄蝶和雌蝶都有着不同的颜色。

侧指凤蝶

警告声

侧指凤蝶身上武装着警告色的斑纹，与此同时，受到威胁时，它们还能散发出臭味。如果敌人来袭，它们可以扭动身体，发出咯吱咯吱的声音，吓退捕食者。

猫头鹰环蝶正在吃香蕉

饮食

像其他的蝴蝶和蛾类一样，猫头鹰环蝶喜欢吸食腐烂果实的汁液。在炎热干燥的国家，它们会吸取泥坑里的水来补充流失的盐分。

骆驼（Camels）

骆驼是世界干旱荒漠地区的生存专家。它们能在没有水，只吃干枯多刺富含盐分的沙漠植物的情况下撑过好几个月，这是任何其他动物无法做到的。骆驼背部有单个或成对的驼峰，那是它们储存脂肪的地方，以备在食物短缺的时候提供能量。两种类型的骆驼——单峰驼和双峰驼——已经被人类驯化（驯养供人类使用）几千年。居住在沙漠的人们主要将骆驼作为运输工具，同时也能提供奶、肉和驼毛。

单个的驼峰

驼背的身体

与牛和羚羊一样，骆驼也属于有蹄的哺乳动物。它们有着长长的腿和长长的脖子。单峰驼的背部有一个驼峰，双峰驼则有两个驼峰。

正在脱毛的骆驼看起来参差不齐

双峰驼

骆驼厚厚的毛会在春天脱落

毛外套

当冬天来临，双峰驼会长出一层厚厚的毛来保持温暖。冬去春来，这层冬天的"外套"会很快脱落。这个时候的骆驼看起来会有种衣衫褴褛的感觉。

比例

这是一只已经很久没有喝水的骆驼

同一只骆驼在喝水几分钟后

厚厚的垫子能够在骆驼卧倒的时候保护膝盖

长长的腿能使身体支撑在酷热的地面上

单峰驼

信息卡

科：骆驼科
栖息地：沙漠和干旱的草原
分布：北非、中东、中亚
食物：干叶子、草、多刺植物
孕期：12~14 个月
寿命：最长达 50 年
尺寸：肩高 1.8 米~2.3 米

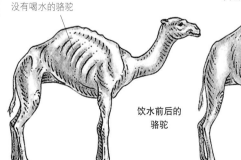

饮水前后的骆驼

减重与增重

与人类不同，骆驼能在没有水的情况下存活几个星期，甚至几个月。在没有水的时候，骆驼的体重会减轻 1/4，这使得它们看起来很瘦。到了水源充足的地方，它们又会喝下大量的水，把体重补回来。

干旱的沙漠

　　单峰驼生活在北非和阿拉伯地区的沙漠里。在全是沙子、岩石的沙漠中，水是极其缺乏的，而且白天的温度也很高。大部分哺乳动物都无法在这样严苛的环境中生存。但单峰驼能够忍受高温，并在无水的环境中漫行数月，直到它们找到一个绿洲或是水坑时，才能补给水分。

抵挡风沙

骆驼的眼睛和鼻孔很大，因此，它们的视觉和嗅觉很好。在沙漠刮起沙尘暴的时候，骆驼的长睫毛能够阻挡沙子进入眼睛，鼻孔也会相应闭合成一条缝，挡住风沙。

骆驼脚

鼻孔可以闭合，阻挡风沙

粗糙分裂的上唇使骆驼可以吃坚硬多刺的植物

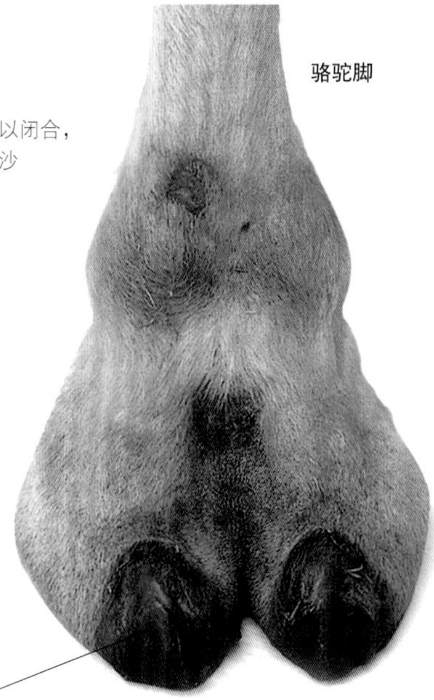

坚硬的脚趾尖

双脚趾

骆驼的脚上有两个带蹄的脚趾，由一块皮肤相连。行走时，脚趾分得很开，可以避免陷入柔软的沙子中。而脚趾下面柔韧的垫子也可以使骆驼轻松地行走在粗糙的全是石块的地面上。

在驼峰间放鞍具，可以承载货物和人

沙漠之舟

骆驼是唯一可以在没有水和食物的情况下背负很重的担子穿越沙漠的动物。有时，它们一天可以行进30多公里的路程。晚上的时候，沙漠的气温降得很低，骆驼的皮毛可以保持它的体温。到了白天，沙漠再次变得很热，骆驼也不会受体温升高的影响。

跪倒时，骆驼会先弯下它的前腿

跪倒的骆驼

后腿弯曲使骆驼能跪到地面上

相关链接

沙漠 68

长颈鹿 187

羊驼和原驼 236

内陆 66

玉带凤蝶毛毛虫

毛毛虫 (Caterpillars)

毛毛虫是蝴蝶和蛾类的幼虫，是它们从卵中孵化出来长成成虫之前、生命过程中的第二个阶段。毛毛虫从外表看来与蝴蝶和蛾类完全没有相像之处。它们的身体是圆润的一长条，分成 13 节。它们大部分时间都在吃和成长。等到成熟的时候，它们会吐出丝线把自己包裹在里面，并依附在植物的枝条或叶子上，做好变成蛹和成虫的准备。

饥饿的贪吃者

毛毛虫是典型的贪吃者，并且长得很快。每种毛毛虫都有特定的自己喜欢吃的植物。随着体型变大，它的皮肤也变得坚硬。它会蜕下塞不下身体的老皮，长出一层柔软的新皮，这样它就有足够的空间继续长大。

有力的颚可以咬穿树叶的边缘

长毒刺的毛毛虫

防御

毛毛虫不会飞，所以它们很容易成为饥饿的鸟类和蜥蜴的腹中餐。有些毛毛虫身上长着尖锐的刺，使捕食者不敢吃掉它们；而另一些则把自己伪装成树枝或树叶的样子，让捕食者不会那么轻易发现它们；或者它们用鲜艳的颜色警告捕食者，它们并不美味。

信息卡

目：鳞翅目
栖息地：沙漠、雨林、山地
分布：除南极、北极以外的世界各地
食物：绿色植物
寿命：毛毛虫的寿命一般为 4 周
尺寸：1.5~10 厘米

比例

腹足

尖锐的毒刺能够吓走饥饿的捕食者

毛毛虫身体后面的抱器，能够提供额外的抓握力

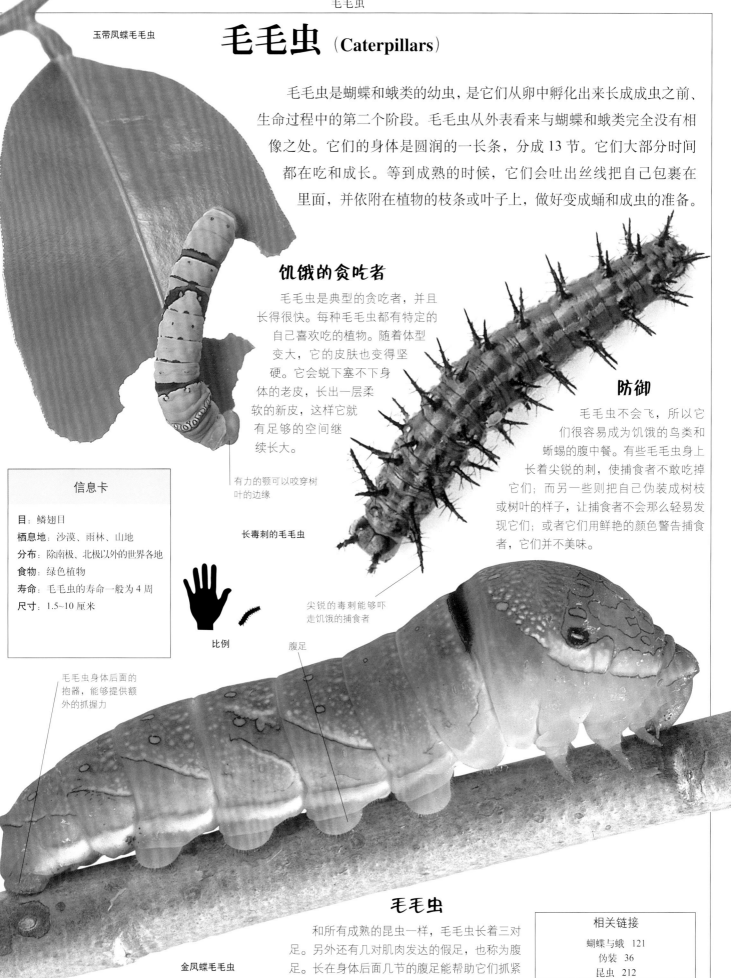

毛毛虫

和所有成熟的昆虫一样，毛毛虫长着三对足。另外还有几对肌肉发达的假足，也称为腹足。长在身体后面几节的腹足能帮助它们抓紧树枝，匍匐前进。

金凤蝶毛毛虫

相关链接

蝴蝶与蛾 121

伪装 36

昆虫 212

猫科动物（Cats）

猫科动物行事独立、优雅又神秘。它们是最厉害的食肉动物，有着可以把肉撕碎的锋利的牙齿和用来捕猎和攀爬的强壮的爪子。猫科动物通常分为两类：大型猫科动物和小型猫科动物（家猫就属此类）。野生的猫科动物生活在森林、草原或树林里，而家猫则在世界范围内被养作宠物。

成年老虎

脚趾的存在使大型猫科动物走路静悄悄的

大型猫科动物

老虎、狮子、美洲虎、豹以及雪豹都属于大型猫科动物，而老虎是其中个头最大的，它们的身长最长可达 3 米。大部分大型猫科动物躺下进食，休息的时候两只爪子放在前面。它们的叫声是咆哮式的，而不是小猫那样的喵喵声。

灵活的肌肉使脖子可以扭转和伸展

粗糙的舌头可以用来梳理皮毛

与众不同

狮子身上的斑纹比较暗淡，不像其他大型猫科动物那样身上有着明显的条纹和斑点。此外，狮子的生活方式也与众不同，因为它们是成群地生活和捕猎的。

雄狮是唯一长着鬃毛的大型雄性猫科动物

雄狮和雌狮

交流

猫科动物通过不同的声音，比如咆哮声、怒吼声、号叫声、喵呜声，进行彼此交流。它们也会通过擦划树干、洒下尿液或者在特定位置遗留粪便来宣示领地，告诫其他动物不要靠近。而它们也会通过彼此的舔舐和摩擦身体来交流。

豹子

尾骨分为很多小节，因此更为灵活

柔韧的身体

灵活的脊骨和松弛的皮肤使猫科动物能够向不同方向任意地弯曲和伸展身体。这对它们捕捉猎物和梳理自己的皮毛非常有用。

黑豹（黑化的美洲豹）

猫科动物

信息卡

科：猫科
栖息地：树林、山地、沙漠、林地、湿地
分布：世界范围、南极除外
食物：大型猫科动物：主要是大型哺乳动物。其他猫科动物：小型哺乳动物，比如鼠、鸟、鱼、甲虫、爬行动物

爪子

除了猎豹之外，所有的猫科动物都能把爪子收回到脚掌的脚垫中，这样可以避免爪子被磨损，而猫科动物也会经常跑来跑去保持爪子的锋利。

渔猫

脚上长有半蹼

水中的猫科动物

有些猫科动物，比如渔猫，生性喜水，同时也是游泳健将。渔猫前脚的脚趾间甚至还有半蹼帮助它们更好地游泳。

敏锐的嗅觉可以追踪猎物的气味

爪子可以收到脚下的脚垫中

虎猫

耳朵可以单独地旋转

感官

猫科动物具有非常灵敏的听觉、视觉和触觉，这使得它们可以在夜里进行捕猎。在黑暗中，猫科动物的瞳孔会放得很大，以接收更多的光线。同时，猫科动物的耳朵也非常灵活，可以转向声音发出的地方。它们敏锐的听觉可以判断出已安营扎寨的啮齿动物在哪里发出吱吱声。

狞猫

触感的胡须帮助狞猫在夜间导航

身上的斑点可以在悄悄追击猎物时伪装自己

捕猎

薮猫在捕食小鸟时能够跳起两倍于它的身体长度的高度。像其他猫科动物一样，它首先嗅一嗅周围，来追踪猎物的气味。接着，薮猫低下身子，悄悄地靠近猎物，这个过程被称为潜行追踪。一旦猎物在它的可捕捉范围内，薮猫就用它强壮的后腿起跳，猛扑向猎物，接着用爪子和锋利的牙齿紧紧地抓住猎物。

薮猫

爪子下面的肉垫使薮猫可以潜行追踪

129

暹罗猫幼崽

小猫崽 3 个星期大的时候能够站立起来

红本色波斯猫

小猫幼崽

　　猫崽是出生不久的小猫，通常情况下是 4 只一窝。刚出生的时候，它们既看不见也听不见。大概 8 个星期之后，小猫们开始能自己照顾自己，但它们依然靠妈妈给它们提供食物，直到它们满 18 个星期。

典型的扁平脸

爪子被一簇簇的长毛覆盖

长毛猫

　　波斯猫，也叫长毛猫，是一种家养的宠物猫，它们因为又厚又长的毛受到人们的喜爱。虽然厚厚的毛可以使猫在野外时保持体温，但长长的毛也很容易纠缠在一起，乱成一团。

任何一根胡须都很容易折断

耳朵上的小细毛

斯芬克斯猫
（加拿大无毛猫）

无毛猫

　　一些家养的猫，比如这只斯芬克斯猫，从被豢养以来身上就是光秃秃的。它们身上只覆盖了一层绒毛。在野外生活的猫靠着身上的毛保持体温，尤其是在寒冷的气候里。当气温回升，猫会舔舐它的毛来降低身体的热度。

生气的时候，瞳孔会缩成一条线

短毛猫

爪子保护着暴露的身体

因为没有毛，斯芬克斯猫经常待在屋内以保暖

警告的信号？

　　家养的猫会卧倒在一侧让人们抚摸它的身体。它们从小猫崽时就学会了这个姿势，那时是猫妈妈每天用舌头舔它们，帮它们梳理毛发。但是，这个姿势也被用来警告敌人跟它们保持距离。当猫感觉暴露在危险中时，它们会背朝下躺下，露出它们的肚子。与此同时，它们会伸直四条腿，弯曲爪子，露出牙齿，随时都会对任何靠近的东西咬上一口。

相关链接

猎豹　136

美洲豹　217

豹　228

狮　231

虎　339

牛（Cattle）

与它的近亲绵羊和羚羊一样，牛也有双趾被蹄包覆的脚，并以草为食。牛是身体健壮的大型哺乳动物，它总是在低头寻找可以吃的草。牛科动物不仅包括农田里常见的家养牲畜牛，也包括了野生的牛，比如牦牛、北美野牛和水牛。公牛和母牛都长着一对犄角，它们用犄角来击退敌人。同时，公牛也用犄角在牛群中进行竞争。牛是最早被人类驯养和使用的动物，大约9 000年前，人类就开始从牛的身上获取牛奶、肉和皮革。

牦牛

毛外套

牦牛是体型最大的牛。它们生活在中亚的高山地区，那里的天气非常寒冷。它们的毛又长又蓬松，下层还有厚厚的绒毛帮助它们抵挡严寒。尽管体型巨大，牦牛的步子却十分稳健，它们可以在崎岖的山路轻松地前行。

犄角在头的两侧向外弯曲

驯化繁殖

所有人类驯化的牛都是原牛的后代。曾经有大批原牛在亚洲和欧洲的平原地带生活。最后一只原牛大约在400年前灭亡。但是也有一些驯养的牛，比如图示的长角牛和它的幼崽，仍然保留着与它们祖先一样蓬松的毛和长长的犄角。

比例

雌性长角牛和它的幼崽

独特的背部隆起和长长的毛使北美野牛看起来要更大一些

强健的腿可以使野牛遇到危险的时候快速地奔跑

北美野牛

两趾被蹄包覆的脚

身体造型

和其他的牛一样，北美野牛也有着结实强壮的身体，犄角从头部两侧长出。北美野牛用它非常灵敏的嗅觉探知敌人，并与所在之处的其他野牛保持联系。它们成群地生活在北美的草原和开阔的林地里。

信息卡

科：牛科
种类：137 种
栖息地：草原、树林、林地、沼泽、山地
分布：北美、非洲、欧洲、亚洲；家养牛：世界范围
食物：草和其他小植物

非洲水牛

在向前冲的时候，非洲水牛最快能达到每小时 57 千米

在吞下前，牛会用臼齿把植物磨碎

食管把咀嚼过的食物带到胃里

分为 4 个腔室的胃

牛的消化系统

咀嚼和反刍

　　牛有一个很大的胃，分为 4 个部分，或者说 4 个室。食物经逆呕从第一个室回到口腔，重新咀嚼。这样的能力使牛彻底地消化掉草和其他植物，从而获得营养物质。

搏斗

　　非洲水牛是一种凶猛可怕、好斗的牛。它巨大的犄角在额头处交汇形成一个"疣突"，像头盔一样包裹着脑袋。非洲水牛是在非洲发现的唯一的野生牛类。它们会多达 500 只一起漫步穿过草原。如果其中的一只受到威胁，整个牛群都会一起来对抗敌人，比如狮子。

小牛和妈妈会一直待在一起，直到它能够自己谋生

雌性印度瘤牛和小牛

抚养小牛

　　和其他的牛一样，这只雌性的瘤牛会在很长一段时间内都照顾它的孩子。小牛在出生几个小时后就能站立和行走了。为了安全起见，小牛需要在很小的年纪就跟着牛群学习如何奔跑。小牛吸吮妈妈的奶，并且不止被妈妈也被整个牛群一起保护着。

娟珊牛和它的宝宝

竞争的公牛

公牛们用犄角与对手进行竞争

在繁殖季节，公牛会加入到母牛和小牛的群中。公牛之间会互相竞争来得到与母牛交配的权利。首先，它们会站定，抬起它们的头，向对手展示它的犄角。接着，它们会大声地喷出鼻息，并用前蹄刨蹭地面。如果这样还不能将对手赶走，公牛们就会用犄角扭打在一起，直到其中一方退出。有时候，这种打斗会造成很严重的伤害。

卡玛格黑公牛

奶牛

与负责产出牛肉的家养牛不同，被驯化的牛中还有非常棒的奶牛，专门负责产奶。娟珊牛，最古老的驯化的奶牛品种，原产于英吉利海峡南端的娟姗岛，但现在已经遍布世界各地。这种奶牛产奶量大，乳脂含量高。

典型的红白相间的颜色和健壮的身体

雄性的海福特牛

牛背上被农民套上犁具

犄角跨度可达 2 米

水牛

最好的牛肉

海福特牛的体型和它们红白相间的花纹使它们非常好辨认。它们以草和粮食为食，因此它们产出的牛肉肉质非常好。同时，因为它们长速快，在寒冷的季节也不需要特别保护，非常受农场的欢迎。

水牛

南亚的水牛是一种被驯化的牛，为人们提供牛奶，同时也被用于拉犁。它们巨大的犄角向后和向上生长。在不被放牧的时候，它们会把自己浸入水中或是在泥中打滚。这样可以帮助水牛降温，同时防止蚊虫的叮咬。

相关链接
骆驼 124
鹿与羚羊 154
瞪羚 183
猪 280

蜈蚣和马陆（Centipedes and Millipedes）

蜈蚣和马陆都是多足的小型动物，它们的身体很长，被分成一节一节的。"centipede"的意思是100条腿，事实上，蜈蚣腿的数量大概在30条，最多能达到350条。而"millipede"的意思是1 000条腿，但是没有一条马陆腿的数量会超过400条。蜈蚣和马陆都喜欢阴暗潮湿的地方，它们生活在地面的落叶和石块下面，或者松散的土壤中。它们白天躲藏起来，晚上出来寻找食物。

马陆身体的每一节都有两对足

坚硬的外壳既可以自我保护又能阻挡外界的潮湿

穿着"盔甲"的马陆

环斑蜈蚣

向前追击

蜈蚣是凶猛、迅速的攻击者。它们会跟在蠕虫、蛞蝓和其他昆虫的后面，用它们带毒的颚咬住猎物。

有毒的尖牙咬住猎物

食物

马陆移动非常缓慢，也不进行捕猎。它们在林地的地面和土壤中穿梭，以落叶和朽木为食。

受到威胁的时候，一些马陆会紧紧地盘成一团。

防御

蜈蚣和马陆体外都有硬质的皮肤，可以防止被捕食者吞食。受到威胁的时候，马陆会释放难闻的气味或是将自己盘起来。

信息卡

纲：蜈蚣：唇足纲；马陆：倍足纲
种类：蜈蚣：超过3 000种；马陆：超过10 000种
栖息地：石头和落叶下面、松散的土壤里
分布：南极洲除外的各大洲
食物：蜈蚣：蠕虫、蛞蝓、蜘蛛、昆虫；马陆：植物残体、朽木
产崽量：50~60只
尺寸：蜈蚣：0.5~30厘米；马陆：0.3~28厘米

相关链接

动物界　16
昆虫　212
运动　28

盘成一团的马陆

运动

当蜈蚣和马陆向前移动时，它们身体两侧的腿会呈波浪状上下运动。马陆每次会运动10~20条腿，它们的腿越少接触到地面，它们就运动得越快。

比例

蜈蚣身体的每一节只有一对足

环斑蜈蚣

变色龙 (Chameleons)

变色龙属于蜥蜴家族，主要生活在非洲大陆和马达加斯加的热带雨林中。它们长有带爪子的脚和长长的能抓住树枝进行攀爬的尾巴，因此，它们非常适应在树上的生活。它们黏糊糊的长舌头能达到身体和尾巴的总长度，用来捕捉昆虫。变色龙大多数时候都是独居。雄性变色龙之间会为了宣告领地在树林里进行长时间激烈的打斗。它们会把身体鼓胀起来，晃动独特的头部，甚至会突然猛冲上去，咬住对方。

马达加斯加变色龙

超长的舌头包裹在嘴巴里

眼睛能分别看向不同的方向

皮肤与周围树叶的颜色相匹配

雄性用角来与对手竞争

杰克森变色龙

黏糊糊的舌头

为了捕捉猎物，变色龙会弹出它黏糊糊的舌头，粘住猎物带进嘴巴。它们舌头弹出的速度非常快，常常在猎物还没注意的时候已经将其带走，根本没有时间逃脱。

足趾可以相对而握

杰克森变色龙

锋利的趾爪能够抠进树枝

超级攀爬者

变色龙会慢慢地沿着树枝攀爬，并可以仅用它们的后腿紧紧握住树枝。每只脚的脚趾都能相对而握，因此它们的脚能环绕地抓住树枝。脚上锋利的爪子也提供了额外的抓力。大部分变色龙同时还有尾巴可以用来抓住树枝，需要的时候，它们的尾巴可以像锚一样盘绕在树枝上。

尾巴盘绕在树枝上能够帮助变色龙保持平衡

棱脊沿背部而下，直到尾部

比例

狡猾的变色

变色龙身体明亮的绿色可以帮助它们隐匿在周围的环境中。而它们树叶形状的身体更提供了多一层的伪装。变色龙的情绪会影响它们的颜色，比如，当它们受到对手的威胁时，它们会因为发怒而把皮肤变为深褐色。变色龙也会为了在伴侣面前更惹眼而改变皮肤颜色。

信息卡

科：避役科
栖息地：热带雨林
分布：马达加斯加、非洲大陆、南亚、欧洲
食物：昆虫、蜘蛛、蝎子、小型的鸟
产卵量：4~40 枚；一些种类会直接产下幼崽
寿命：3~5 年
尺寸：2~28 厘米

相关链接

伪装　36
热带雨林　62
爬行动物　297

猎豹（Cheetahs）

猎豹是猫科家族中速度最快的成员，它们在白天活动，这就意味着，即使它们与狮子和花豹在同一个地区生活也没有冲突，因为后两者是在夜间进行捕猎的。猎豹的速度之所以这么快，秘密就在于它们长而灵活的脊骨。当猎豹飞奔在开阔的草原上时，它们的脊骨尤如伸缩的弹簧。雌性猎豹习惯于独居或带着它们的幼崽一起生活，而雄性猎豹则以小群体的形式生活在一起。猎豹的体型已经大到可以捕捉和杀死瞪羚和羚羊，但与此同时，它们的体型又足够轻巧，可以让它们在很短的时间内达到最快的速度。

成年猎豹

极速冲刺

猎豹是短距离内奔跑速度最快的陆栖动物。它们能以时速 100 多千米的速度在草原上冲刺，但是必须在 20 秒后立马停下，因为这样的速度会让它们的身体变得过热。

幼豹会待在妈妈身边学习生存的技巧

成年猎豹和幼豹

捕杀

猎豹追捕猎物时，它们会首先咬住猎物的喉咙，直到它们停止呼吸。猎豹捕捉到猎物后无法马上享用，因为它们要先调整呼吸，让身体平静下来。准备好以后，猎豹会很快把猎物吃掉，以免被狮子、土狼或秃鹰偷走。

猎豹

鼻子两边各有一条明显的黑色条纹，从眼角处一直延伸到嘴边，如同两条泪痕

信息卡

科：猫科
栖息地：开阔的草原、茂密的灌木丛、半荒漠
分布：非洲、亚洲、中东
食物：瞪羚、黑斑羚、其他小型的羚羊、小型哺乳动物、鸟
孕期：3 个月
寿命：最长达 17 年
尺寸：1.1~1.5 米

捕猎课

猎豹每次能生下 2~5 只幼崽，它们会一直待在妈妈的身边，直到 18 个月大。它们会观察妈妈如何捕猎并学习，然后自己实践。一只带着孩子的雌性猎豹每天都要进行捕猎，以满足整个家族的需要。

比例

斑点能够帮助捕猎的猎豹隐蔽在干枯的草丛中

尾巴上是环纹，而不是斑点

成年猎豹

猎豹的特征

猎豹奔跑的力量来自于它强壮的后腿以及灵活的脊骨两侧的大块发达的肌肉。它们不会中途停下，也不会把爪子收回到脚下，它们抓地就像跑步的钉鞋那样。它们长长的尾巴用来控制方向、保持平衡。

脚上的爪子能抓住地面

相关链接

猫科动物 128
草原 64
豹 228
狮 231
食肉动物 32

开阔的捕猎场地

猎豹与其他食肉动物，如狮子和花豹，一起在草原上进行捕猎。为了避免对食物的争夺，猎豹大多在白天进行捕猎和进食，而其他的捕猎者则会找到有遮蔽的地方躲避阳光。猎豹更倾向于在开阔的场地进行捕猎，然后把捕到的猎物拖到隐蔽的地方，这样，那些竞争对手就不能偷走它的食物了。

鸡（Chickens）

浅黄色的
萨赛克斯鸡的蛋

银灰色的
杜金鸡的蛋

目前，世界上鸡的数量已经超过 80 亿只，这个数量比任何鸟类的数量都要多。人类驯养的鸡最初是从印度和东南亚的野生红原鸡繁殖来的。野生红原鸡生活在雨林的边缘地带，以小昆虫、种子和叶子为食。驯养的火鸡、珍珠鸡、鸭子、鹅，以及家养鸡都被称为家禽。它们被驯养在农田或农场里，以谷物和厨房的剩饭菜为食。人们驯养不同种类的鸡是为了得到它们的蛋或者羽毛。

小鸡

当小鸡从壳中孵化出来时，会紧跟着它们第一眼看到的可移动的物体——通常是母鸡。从壳中出来几个小时之后，它们就能四处跑，自己觅食了。但是，如果小鸡吃了别的成年鸡吃过的东西，就会被大鸡狠狠地啄。

浅黄色的萨赛
克斯小鸡

银灰色的
杜金小鸡

头顶松弛的红色皮
肤称为鸡冠

家养的公鸡和它们的
亲戚野生红原鸡很像

雄性北京矮脚鸡

下蛋

野生鸡会在茂密的灌木丛中筑窝，生了蛋之后会一直坐在窝里，直到把蛋孵化出来。但是驯养的鸡一旦生了蛋，就会立刻被人拿走，这样，这些母鸡就会一直不停地下蛋。

信息卡

科：雉科
栖息地：雨林、田地
分布：世界范围，南极和北极除外
食物：主要以粮食和其他种子为食，也吃果实、叶子、蠕虫、昆虫、厨余垃圾
孵化期：3 周
寿命：3~5 年
尺寸：42~75 厘米

母鸡

雌性的鸡被称为母鸡，母鸡对它们的孩子非常照顾。如果母鸡意识到有危险或是坏天气要来临，它们会用特殊的叫声告诉小鸡们快跑，躲到它的翅膀下面。

雌性芦花鸡

公鸡的羽毛比母鸡更
有光泽，颜色也更多

锋利的爪子可通
过刨地寻找食物

公鸡

雄性的鸡被称为公鸡。每群母鸡都会有一只公鸡守卫着，使它们远离其他公鸡，同时也避开狐狸这样的捕食者。

比例

相关链接

鸟类 115
卵和巢 42
成长 44
雉鸡和松鸡 278

黑猩猩 （Chimpanzees）

黑猩猩智商很高，能发出多种不同的声音，它们在长相和其他方面和人类有很多相似之处。黑猩猩非常聪明，它们甚至能解决问题，以及制造和使用工具。比如，它们会用石头当锤子，也会拿叶子舀水来喝。黑猩猩是群居的动物，每个大群的成员数为 30~70 只。但它们分成小群四处走动，每小群有 4~8 只黑猩猩。每个小群由一只雄性首领带领，首领凭力气在群体中取胜。

高高隆起的眉骨能够保护眼睛

大耳朵能听到其他黑猩猩的叫声

黑猩猩头

两岁大的黑猩猩

粉红的脸上没有毛

脚趾上长着指甲，而不是爪子

比例

敏锐的视觉

和其他的猿类一样，黑猩猩的视觉非常敏锐，并且能辨别颜色。黑猩猩的两只眼睛都是向前的，而不是分在脑袋两侧，这样它们的目光就能集中在一个物体上。

手指和脚趾

黑猩猩的手指和脚趾都很长，这样它们就能捡起东西，摘取树叶和水果，还能抓住树枝挂在上面。同时，它们的拇指和大脚趾可以与其他手指和脚趾对握，这有助于抓取物品。

搭窝

每天晚上，黑猩猩都会在树上搭一个睡觉的窝，在那里会比较安全，不会受到敌人的侵扰。黑猩猩的窝是用小树枝和树叶搭成的，常常在 5 分钟之内就能搭好，它们用带叶子的树枝做枕头。

信息卡

科：人科
栖息地：热带雨林、林地、草原
分布：非洲西部和中部
食物：水果、叶子、坚果、种子、蛋、白蚁、蚂蚁、猴子
产崽量：通常 1 只
寿命：40~45 年
尺寸：70~92 厘米

正在搭窝的幼年黑猩猩

年幼的黑猩猩跟妈妈学习如何搭窝

森林里的居民

一个黑猩猩群通常由 30 只或更多的个体组成。但大群体并不总是一起活动，而是分成 8 只或者更少的小群体进行日常的活动。黑猩猩在树上睡觉和进食，但其他的日常活动都在森林的地面上进行，它们沿着森林里的小路四处穿梭。雄性的黑猩猩要负责守卫整个群体的地盘不受对手侵扰。

头骨很大，用来保护大脑

黑猩猩的骨架

肋骨形成的胸廓可以保护心脏和肺

长长的髋骨（骨盆）

臂骨很长

腿骨很短

拇指用来抓握

正在进行梳理的黑猩猩

梳理毛发

一个小群体里的黑猩猩之间往往很亲密。它们会用手指帮助对方清除掉毛发里的死皮、脏东西和小虫子。通过这种经常性的梳理，黑猩猩保持了身体的健康和卫生。与此同时，这种相互之间的梳理也是一种放松和抚慰的方式，能够在群体成员之间建立良好的友谊和相互信任的关系。

黑猩猩间的梳理是一种向对方表示"我们来做朋友吧"的方式

兴奋或受到惊吓的黑猩猩会张开大嘴，露出它们的牙

能发声的黑猩猩

黑猩猩能发出30多种不同的声音。它们的喉头和舌头不像人类的那样灵活，因此还无法说话。然而，当它们兴奋、生气或受到惊吓时会发出咆哮声、喘息声，以及尖叫声。当它们得到满足时，则会发出咕噜咕噜的声音或者是轻柔的喊叫声。

成年黑猩猩

黑猩猩妈妈正在看着它的孩子学习怎样吃东西

模仿妈妈

黑猩猩妈妈会花6年的时间来照顾它的宝宝。它会教会孩子们吃什么、怎样移动，以及如何在群体中守规矩。如果黑猩猩妈妈在群体中有较高的地位，那它的宝宝也会在群体中得到尊重。

年幼的黑猩猩和它的妈妈

黑猩猩的骨架

黑猩猩的长胳膊从它的骨架上看尤为明显，它们甚至能垂到膝盖以下的地方。黑猩猩的髋骨是成一定角度翘起来的，因此它能够时常以直立的姿态拖着脚步走。虽然黑猩猩经常是四肢并用地行走，但在休息的时候会指关节着地，把两只脚放平。

相关链接

器官 22

猿 97

交流 26

灵猫和獴（Civets and Genets）

作为猫科动物的亲属，灵猫和獴有着修长的身体和短短的腿，皮毛上常有斑纹或者条纹。它们的脸部较长，吻部突出，耳朵或尖或圆，胡须较长，嘴巴很大。灵猫和獴都是独居的动物，大部分时间都在树上活动。它们的攀爬能力很强，常用尖爪抓住树干或树枝，而尾巴则帮助它们保持平衡。它们以小型的动物为食，比如鸟类和哺乳动物，有时也会吃树上的果实。

带斑点的獴

夜间的独居者

椰子狸会吃很多果实，不只是棕榈树，还有其他多种树木的果实。它们的形态似猫，独居在树上或灌木丛中，夜间活动。它们可在树上或地面上进食，在地面上时，它们会捕捉昆虫和小动物。

强壮的脚上生有爪子，能在树上攀爬

普通椰子狸

鬼鬼祟祟的杀手

白天的时候，獴在树枝上或岩石缝隙间休息。到了晚上，它们会秘密地快速在树上和地面上捕猎小型的动物和鸟类。獴有着细长的身体和锋利的能够把肉撕碎的牙齿。它们的眼睛很大，并注视前方，在夜间也能看到猎物，并精确地猛扑上去。

身上的毛又长又蓬松

比例

可以卷握的尾巴

熊狸，也称熊灵猫，有一条非常适于抓握的尾巴。这条尾巴就像是它多出来的一条腿，可以帮助它在树间攀爬，或是在摘取果实的时候保持平衡。熊狸的大部分时间都在密林中活动，慢慢地穿梭于树间，寻找果实和昆虫。

熊狸

信息卡

科：灵猫科
栖息地：森林、草原
分布：非洲、亚洲、欧洲西南部、马达加斯加
食物：昆虫、蛙类、蜥蜴、鸟类和鸟蛋、小型哺乳动物、果实、树根
产崽量：1~4 只
尺寸：33~95 厘米

相关链接

眼镜蛇（Cobras）

眼镜蛇是世界上毒性最大的蛇类之一，其他的毒蛇还包括非洲的树眼镜蛇、美洲的珊瑚蛇，以及澳大利亚的虎蛇。它们生活在热带地区，以鸟类、小动物和其他爬行动物为食。虽然蛇是食肉动物，但是它们的牙齿无法将肉撕碎，所以它们会把猎物整个吞下。眼镜蛇会用它们的毒液把猎物毒昏，同时，毒液也用于防卫捕食它们的动物，比如鳄或是食蛇的鸟类。

红色喷毒眼镜蛇

眼睛周围有带颜色的环斑，就像是戴了单片眼镜

颈部的肋骨更长一些，展开时可以撑起皮肤

眼镜蛇骨架

毒牙

受到威胁的时候，喷毒眼镜蛇会向袭击者的眼中喷射一股毒液。所有眼镜蛇的嘴巴前部都长着一对小小的毒牙。眼镜蛇会用这对可怕的毒牙向猎物身上注入有剧毒的毒液，使它们昏迷，接着就把猎物撕开，更便于消化。

"戴头巾"的蛇

当眼镜蛇惊慌或者生气的时候，它会直立起来，颈部肋骨可扩张，形成兜帽状，头部后面的皮肤也会伸展开，好像头巾一样。这使它看起来更大，也更可怕一些，以便吓走敌人。

颈部展开时有大块的眼镜状斑点

弯曲的身体

观察眼镜蛇的骨骼，在它的脊骨上有400多块小骨头。蛇脊骨的关节间较为松散，这就使它可以把身体朝各个方向弯曲，甚至是盘绕。联结在脊骨上的肋骨也呈弯曲状，保护着体内的器官，同时也支撑着覆盖鳞片的身体。

孟加拉眼镜蛇

信息卡

科：眼镜蛇科
栖息地：林地、草地、田野、灌木丛林地
分布：非洲和亚洲
食物：鸟类、小型哺乳动物、蛇类和其他爬行动物
产卵量：最多40枚
寿命：最长30年
尺寸：最长达5.5米

身体隆起，必要时会发起攻击

相关链接

蟒和蚺 118
防御 34
爬行动物 297
蛇 325

比例

蟑螂（Cockroaches）

德国小蠊

蟑螂是很多人最不喜欢的昆虫，我们把这些不请自来的小东西当作害虫。在野外，蟑螂生活在森林里高高的树上、地面上或者黑暗的洞穴中。像蠕虫一样，蟑螂喜欢潮湿的地方，即使在大楼中也一样。在人类的家中，它们扁平的身体可以躲藏在地板下面靠近水管的地方。蟑螂白天躲避起来，只在晚上出来寻找食物。

它们几乎什么都吃，包括植物、动物的尸体和粪便、纸、书、甚至肥皂。化石显示，300 万年前蟑螂就已经在地球上生存，比恐龙还要早。

带翅膀的昆虫

蟑螂扁平的椭圆形身体使它可以挤进非常狭窄的缝隙中。很多种类的蟑螂都长着两对翅膀，休息的时候，蟑螂比较坚硬的革质前翅折叠起来保护着精致的后翅。大部分蟑螂都能够飞行，但它们主要还是通过长长的腿快速爬行来躲避敌人。

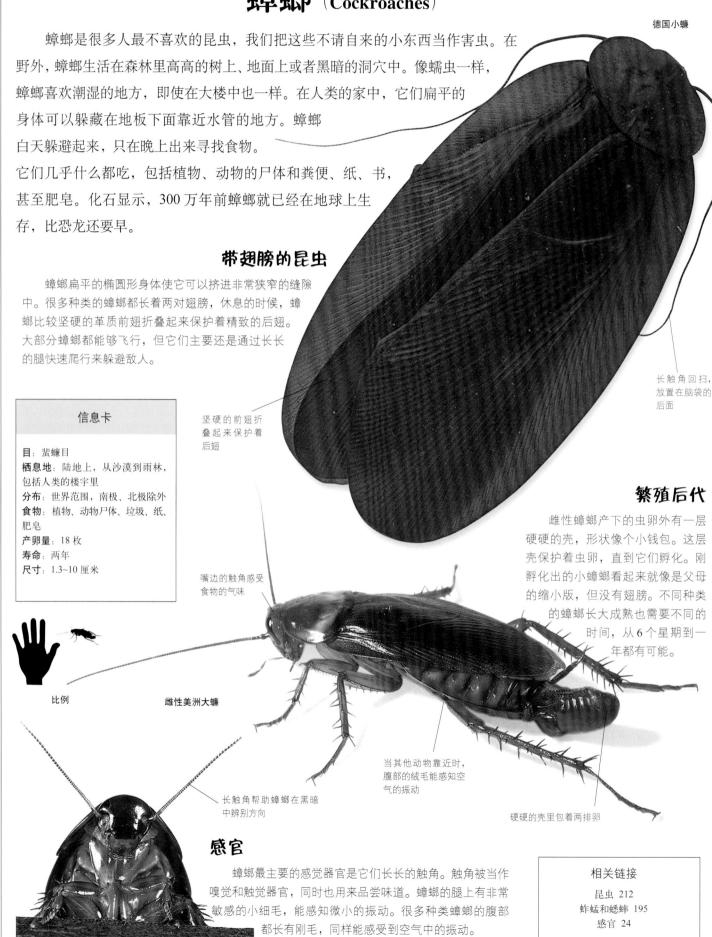

长触角回扫，放置在脑袋的后面

坚硬的前翅折叠起来保护着后翅

信息卡

目：蜚蠊目
栖息地：陆地上，从沙漠到雨林，包括人类的楼宇里
分布：世界范围，南极、北极除外
食物：植物、动物尸体、垃圾、纸、肥皂
产卵量：18 枚
寿命：两年
尺寸：1.3~10 厘米

比例

雌性美洲大蠊

嘴边的触角感受食物的气味

长触角帮助蟑螂在黑暗中辨别方向

繁殖后代

雌性蟑螂产下的虫卵外有一层硬硬的壳，形状像个小钱包。这层壳保护着虫卵，直到它们孵化。刚孵化出的小蟑螂看起来就像是父母的缩小版，但没有翅膀。不同种类的蟑螂长大成熟也需要不同的时间，从 6 个星期到一年都有可能。

当其他动物靠近时，腹部的绒毛能感知空气的振动

硬硬的壳里包着两排卵

感官

蟑螂最主要的感觉器官是它们长长的触角。触角被当作嗅觉和触觉器官，同时也用来品尝味道。蟑螂的腿上有非常敏感的小细毛，能感知微小的振动。很多种类蟑螂的腹部都长有刚毛，同样能感受到空气中的振动。

相关链接

昆虫 212
蚱蜢和蟋蟀 195
感官 24

珊瑚〈Corals〉

蘑菇珊瑚的骨骼

尽管看起来像是奇形怪状的植物或是菌类，但事实上珊瑚是动物。每个独立的珊瑚虫长相和海葵类似。在它中间的嘴巴和胃外环绕着一圈触手，它们组成了珊瑚虫的茎干。大部分珊瑚的珊瑚虫由分泌物彼此连接，形成大型的珊瑚。而石珊瑚由数以百万计的珊瑚虫形成了一个硬质的外壳来保护它们免受伤害和捕食者的袭击。当珊瑚虫死去，它们的外骨骼会逐渐堆积，形成巨大的珊瑚礁。

比例

平行排列的长管

笙珊瑚的骨骼

扇贝躲在褶皱之间

玫瑰珊瑚的骨骼

独自生活

蘑菇珊瑚由单个的体型较大的珊瑚虫形成。它们不像石珊瑚那样附在岩石上，而是松散地依靠在岩石上。它们甚至可以轻微地移动。蘑菇珊瑚能分泌一种含刺细胞的黏液，这些黏液能杀死其他珊瑚的边缘，以保护自己的生存空间。

皱褶的边

玫瑰珊瑚紧缩的壳皱为小海藻和海洋生物提供了一个安全的家。在得到玫瑰珊瑚的庇护和营养物质的同时，小海藻也会给珊瑚传递一些它们的食物。

管状的珊瑚

笙珊瑚是由长长的珊瑚虫一个一个排列而成的，它们的外面有管状的外壳保护。大部分珊瑚虫只在夜间开口，而笙珊瑚会在白天就伸出它们的触手进行捕食。这些巨大的触手会层层相叠，这样它们就能覆盖尽可能大的面积来捕食。

羽状的触手可以抓住经过的猎物

羽毛扇

扇珊瑚用它们羽状的触手捕食。它们精美的枝条会朝着水流的方向生长，如此一来，它们就能捕食任何被水流带过来的微小的海洋生物和植物了。

灵活的骨骼使分支可以弯向水流的方向

橙色的扇珊瑚

信息卡

门：刺胞动物门
栖息地：温暖的浅海，又深又冷的海水中；石珊瑚：温暖干净的浅水区域
分布：印度洋、太平洋、加勒比海
食物：微小的海洋动物、植物
孕期：6个月
寿命：25~30年
尺寸：1厘米

相关链接

保护　82
外骨骼　20
无脊椎动物　215
水母和海葵　219
海洋　74

多彩的世界

　　珊瑚礁生长在海中最富饶的地方，它们对海洋的重要性就像是热带雨林对陆地的重要性一样。它们生长的地方温暖而且无污染。珊瑚礁的存活也要求对生活在珊瑚礁内的海洋生物的严格保护，其中包括复杂的海洋鱼类群体和海百合类。

螃蟹（Crabs）

龙虾、明虾和小虾都是螃蟹的近亲。它们属于甲壳动物，因为它们身体外部以及腿的关节上都覆盖着一层保护性的硬壳。在螃蟹长大的过程中，它会弃掉旧壳，然后长出新的软壳。当软壳逐渐变硬，就又成了能够保护身体的硬壳。螃蟹分布在世界各地，主要生活在海岸的浅水区域，不过也有一些生活在深处的海床或淡水中。大部分螃蟹是食腐动物，以其他海洋生物的遗骸和海底的碎片为食。

巨大的螯

足尖用来在沙地上挖洞

普通黄道蟹

身体部位

所有螃蟹都有 5 对足，其中第一对很大，在前端有螯，其余的 4 对用来爬行。典型的螃蟹都有一层坚硬的外壳保护着里面柔软的身体。

小片的海藻被很小的钩挂在身体上

钝额曲毛蟹

比例

乔装打扮

与其他的螃蟹不同，钝额曲毛蟹通过装扮成别的东西来躲避捕食者。它们会捡起小片的海藻或是其他海洋生物，比如海绵，放置在全身各处，包括腿上。这层长满全身"有生命的"衣服帮助钝额曲毛蟹从捕食者的眼皮下逃脱。

越来越圆

无论是慢走还是快走，螃蟹永远是朝着一边横行。一些螃蟹是游泳高手，以它们的前腿为桨。前腿可能是光溜溜的，也可能长满了绒毛，以增加划水的表面积。

食草蟹

用于爬行的腿

信息卡
纲：软甲纲
栖息地：海洋和海岸水域、淡水、陆地
分布：世界范围
食物：主要是动物尸体
产卵量：一般情况下 150 000 枚
寿命：最长达 60 年
尺寸：最长达 1 米

海岸的居民

虽然大部分螃蟹的全部或大部分时间都是在水中度过，但也有一些主要生活在陆地上。椰子蟹就是典型的陆地蟹，穿梭在印度洋和太平洋海岸的沙滩上。如果浸在水中的时间过长，它们甚至会被淹死。只有雌性的椰子蟹还与水保持了一些联系——它们会返回水中产卵。

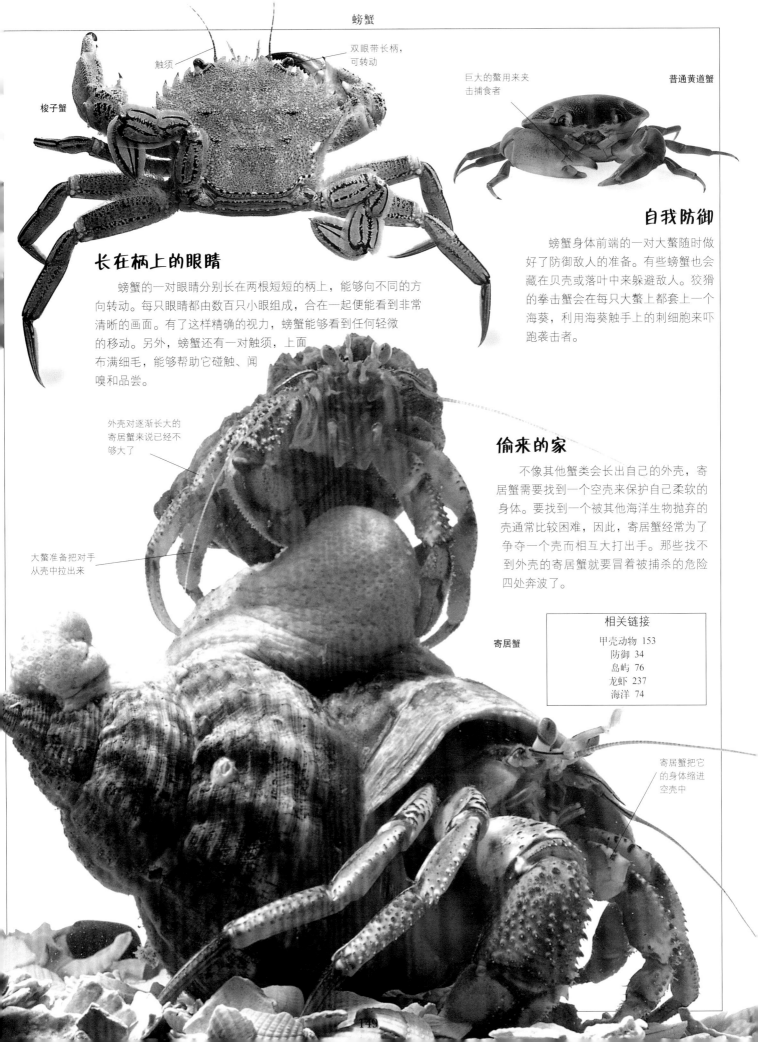

触须

双眼带长柄，
可转动

梭子蟹

巨大的螯用来夹
击捕食者

普通黄道蟹

自我防御

螃蟹身体前端的一对大螯随时做
好了防御敌人的准备。有些螃蟹也会
藏在贝壳或落叶中来躲避敌人。狡猾
的拳击蟹会在每只大螯上都套上一个
海葵，利用海葵触手上的刺细胞来吓
跑袭击者。

长在柄上的眼睛

螃蟹的一对眼睛分别长在两根短短的柄上，能够向不同的方
向转动。每只眼睛都由数百只小眼组成，合在一起便能看到非常
清晰的画面。有了这样精确的视力，螃蟹能够看到任何轻微
的移动。另外，螃蟹还有一对触须，上面
布满细毛，能够帮助它碰触、闻
嗅和品尝。

外壳对逐渐长大的
寄居蟹来说已经不
够大了

大螯准备把对手
从壳中拉出来

偷来的家

不像其他蟹类会长出自己的外壳，寄
居蟹需要找到一个空壳来保护自己柔软的
身体。要找到一个被其他海洋生物抛弃的
壳通常比较困难，因此，寄居蟹经常为了
争夺一个壳而相互大打出手。那些找不
到外壳的寄居蟹就要冒着被捕杀的危险
四处奔波了。

寄居蟹

相关链接
甲壳动物 153
防御 34
岛屿 76
龙虾 237
海洋 74

寄居蟹把它
的身体缩进
空壳中

鳄和短吻鳄 〔Crocodiles and Alligators〕

鳄科的动物包括了鳄、短吻鳄、凯门鳄（与短吻鳄有亲缘关系）、恒河鳄。它们都是凶猛的食肉动物，食物的范围很广，从昆虫、蛙类、鱼、龟到鸟都是它们的盘中餐。短吻鳄和凯门鳄的头部宽阔、扁平，吻部圆润，而鳄和恒河鳄的吻部较尖。所有的鳄科动物都生活在水中，但它们白天会爬出水面晒太阳。雌性的鳄在陆地上产卵，但小鳄一旦孵化出来就会爬回水中。

美洲短吻鳄

鳄牙

巨大的嘴巴

短吻鳄和凯门鳄用它们短而宽的嘴巴来捕食猎物，而鳄和恒河鳄则是用它们长而尖的嘴巴完成捕猎。它们的嘴巴非常有力，嘴巴里成排的像尖刀一样锋利的牙齿能一下咬断猎物的身体。

锥形的牙齿

鳄和短吻鳄都长着圆锥形的牙齿。与哺乳动物一生只有两套牙齿不同，鳄会不断地脱落老的牙齿换上新的。新牙长在老牙的下面，等到老牙完全成熟的时候，新牙就会钻出替代它的位置。

牙齿用来把肉撕碎，因为鳄和短吻鳄无法咀嚼

眼镜凯门鳄

皮肤与骨骼紧紧相连，中间没有肌肉层

强壮的尾巴能够在水中推动凯门鳄前进

后脚上只有4个脚趾

脚上有蹼

鳞片外套

鳄以及短吻鳄，包括凯门鳄和恒河鳄，通过在水中爬进爬出来控制身体的温度。它们身体表面覆盖着一层硬质的鳞片，这些鳞片可使它们免遭日晒和袭击。这些鳞片同时还有防水和防止身体变干的作用。

比例

信息卡

科：恒河鳄：长吻鳄科；鳄：鳄科；短吻鳄/凯门鳄：短吻鳄科
种类：鳄：13种，短吻鳄：2种，凯门鳄：6种，恒河鳄：2种
栖息地：河、湖、沼泽、湿地、海洋、雨林
分布：澳大利亚、亚洲、非洲、热带美洲
食物：肉食动物
产卵量：10~90 枚
寿命：50~75 年
尺寸：鳄、凯门鳄、短吻鳄：1.5~7.5米；恒河鳄 3~5.5米

沼泽地

美洲短吻鳄生活在美国东南部的浅沼泽地带。这片潮湿的环境中有着充足的食物，因此，美洲短吻鳄常常静静等待着鱼这类的食物自己送上门。这里同样还有泥滩和岛屿可以让它们晒太阳或是搭窝。寒冷的冬天，短吻鳄会撤回到它们土中舒适的窝里，一直睡到来年春天。

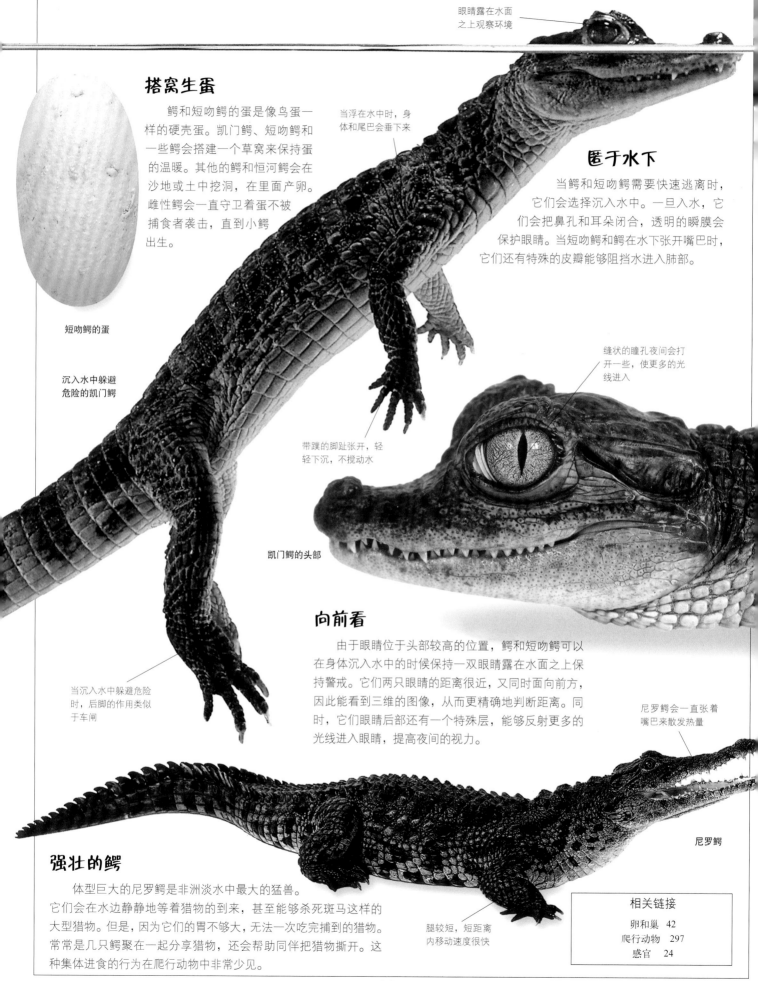

眼睛露在水面之上观察环境

搭窝生蛋

　　鳄和短吻鳄的蛋是像鸟蛋一样的硬壳蛋。凯门鳄、短吻鳄和一些鳄会搭建一个草窝来保持蛋的温暖。其他的鳄和恒河鳄会在沙地或土中挖洞，在里面产卵。雌性鳄会一直守卫着蛋不被捕食者袭击，直到小鳄出生。

短吻鳄的蛋

沉入水中躲避危险的凯门鳄

当浮在水中时，身体和尾巴会垂下来

匿于水下

　　当鳄和短吻鳄需要快速逃离时，它们会选择沉入水中。一旦入水，它们会把鼻孔和耳朵闭合，透明的瞬膜会保护眼睛。当短吻鳄和鳄在水下张开嘴巴时，它们还有特殊的皮瓣能够阻挡水进入肺部。

缝状的瞳孔夜间会打开一些，使更多的光线进入

带蹼的脚趾张开，轻轻下沉，不搅动水

凯门鳄的头部

向前看

　　由于眼睛位于头部较高的位置，鳄和短吻鳄可以在身体沉入水中的时候保持一双眼睛露在水面之上保持警戒。它们两只眼睛的距离很近，又同时面向前方，因此能看到三维的图像，从而更精确地判断距离。同时，它们眼睛后部还有一个特殊层，能够反射更多的光线进入眼睛，提高夜间的视力。

当沉入水中躲避危险时，后脚的作用类似于车闸

尼罗鳄会一直张着嘴巴来散发热量

尼罗鳄

强壮的鳄

　　体型巨大的尼罗鳄是非洲淡水中最大的猛兽。它们会在水边静静地等着猎物的到来，甚至能够杀死斑马这样的大型猎物。但是，因为它们的胃不够大，无法一次吃完捕到的猎物。常常是几只鳄聚在一起分享猎物，还会帮助同伴把猎物撕开。这种集体进食的行为在爬行动物中非常少见。

腿较短，短距离内移动速度很快

相关链接
卵和巢　42
爬行动物　297
感官　24

甲壳动物（Crustaceans）

包括螃蟹、龙虾、小虾、明虾、藤壶和鼠妇在内的甲壳动物超过40 000种。虽然它们的体型差异很大，但它们都有一层坚硬的外骨骼保护着身体。大部分甲壳动物生活在海里或淡水中，但也有少数生活在陆地上，包括一些特别种类的蟹和鼠妇。甲壳动物都是卵生的，大部分会经过一个包含几个步骤的变态发育过程，才能从幼虫长成成虫。

盖子打开进食

长长的触须能够探知猎物的运动

原地不动

虽然大部分甲壳动物都有很好的行动和游水能力，但藤壶一旦发育成熟，就会牢牢地待在一个地方不再移动。藤壶幼虫从卵中孵化出来以后会在海水中漂荡，直到它们发现一个可以停靠下来的地方。它们会吸附在岩石、船只，甚至是鲸的皮肤上，然后长出贝壳一样的外壳。鹅颈藤壶被外壳包裹的身体依靠着长长的肉质杆状物停留在一个地方。

大螯用于抓取、触摸和夹碎猎物

长长的肉质长杆

常见鹅颈藤壶

普通龙虾

短触须，每一对都分为两节

外骨骼分节又彼此相连

复眼

用于呼吸的鳃在腿根部

常见特征

甲壳动物，正如这只常见的龙虾，长着分节的腿。它们柔软的身体被坚硬的外骨骼保护着。随着身体的长大，它们会褪去老旧的外壳，长出新的。它们都有两对触须，用来寻找食物和探知方向。

尾部能够推动龙虾在水中前行

4对分节的爬行腿

陆地居民

鼠妇白天会躲在阴暗潮湿的地方防止身体干燥。它们晚上出来寻找食物，那个时候外面会凉爽和潮湿一些。鼠妇是少数在陆地生活的甲壳动物。

鼠妇以枯死的落叶和树木为食

信息卡

纲：鱼虱：鳃尾亚纲
水虱、丰年虾：鳃足亚纲
桡足动物：桡足亚纲
虾、明虾、鼠妇、砂蚤、龙虾、螃蟹：软甲亚纲
藤壶：蔓足亚纲
栖息地：海洋、海岸、淡水、陆地
分布：世界范围
食物：小型动物、植物、寄生虫

鼠妇

相关链接

螃蟹 147
淡水 70
无脊椎动物 215
龙虾 237
海洋 74

鹿与羚羊 （Deer and Antelope）

鹿科和羚羊科共同属于一个更大的分类——偶蹄类动物，这一类群的动物还包括牛、猪和骆驼。鹿和羚羊都是食草动物，以草原上的青草和树叶为食。鹿和羚羊都很害羞胆小，它们的移动速度很快，出于安全考虑，经常成群地活动。它们都是大型哺乳动物的捕食对象，靠着快速的奔跑逃离敌人。雄鹿（和所有的驯鹿）每年都会长出新的鹿角，而羚羊的角则是伴随一生的。

鹿角停止生长，鹿茸脱落

鹿角在冬天会脱落

鹿角外面覆盖着鹿茸

鹿角的生长变化

鹿角在春天开始生长

春季

夏初

秋天

大眼睛令其具备开阔的视野

红棕色的皮肤可以混入林地的背景中

鹿角

鹿是唯一一种长茸角（长出头顶的骨头）的哺乳动物。雄鹿每年都会长出新的鹿角，它们用鹿角与竞争对手打斗，同时也在求偶季节用鹿角吸引雌性的注意。

雌性红鹿

尾巴很短

皮毛上的斑点可以让它隐藏在林地中不被发现

细长的腿

小鹿

反刍

鹿和羚羊都是食草动物，它们能很快地吞咽食物，然后将食物倒流回口腔内再次咀嚼，以获取食物中最多的营养物质，这种行为被称作"反刍"。

胃分成3个或4个腔室，可以反复消化食物

两趾被蹄包覆的脚

小鹿

很多小鹿的身上都长有斑点，可以帮助它们隐藏起来，不被捕食者看到。最初的几周，小鹿会躲在灌木丛中，等到鹿妈妈出现时去吮吸妈妈的乳汁。

比例

信息卡

科	鹿：鹿科；麝：麝科；羚羊：牛科
种类	鹿：40 种；羚羊：73 种
栖息地	苔原、森林、林地、草原、山脉
分布	南极洲除外的各大洲
食物	草、嫩芽、嫩枝、树叶、花、果实、种子、树皮
产崽量	1~3 只
寿命	最长达 30 年
尺寸	0.4~2.3 米

最小的羚羊

娇小可爱的倭新小羚生活在西非的热带雨林中。比兔子还小的倭新小羚是最小的、长角的有蹄类哺乳动物。它的背部隆起，脖子很短，可以在密集的草木中快速地移动。倭新小羚是胆小害羞的动物，它们白天会躲起来，夜间出来寻找食物。

倭羚

遮风挡雨的林地

　　鹿将它们的家安在林地中。它们吃得很杂——栖息地里树木和灌木上所长的草、叶子、嫩芽、嫩枝以及果实都是它们的食物。林地中的树木能为它们遮风挡雨，同时保护它们的孩子免遭危险。它们褐色或带斑点的皮毛可以帮助它们隐藏在树丛中而躲过捕食者。

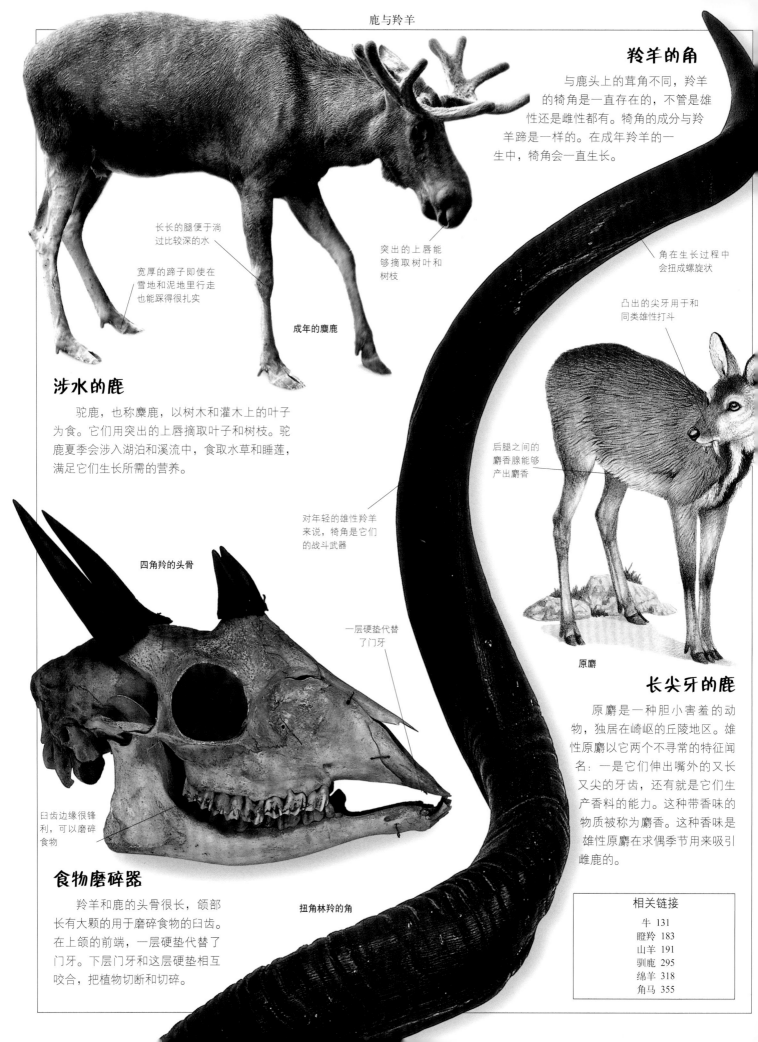

涉水的鹿

驼鹿，也称麋鹿，以树木和灌木上的叶子为食。它们用突出的上唇摘取叶子和树枝。驼鹿夏季会涉入湖泊和溪流中，食取水草和睡莲，满足它们生长所需的营养。

长长的腿便于淌过比较深的水

宽厚的蹄子即使在雪地和泥地里行走也能踩得很扎实

突出的上唇能够摘取树叶和树枝

成年的麋鹿

羚羊的角

与鹿头上的茸角不同，羚羊的犄角是一直存在的，不管是雄性还是雌性都有。犄角的成分与羚羊蹄是一样的。在成年羚羊的一生中，犄角会一直生长。

角在生长过程中会扭成螺旋状

凸出的尖牙用于和同类雄性打斗

后腿之间的麝香腺能够产出麝香

对年轻的雄性羚羊来说，犄角是它们的战斗武器

四角羚的头骨

原麝

长尖牙的鹿

原麝是一种胆小害羞的动物，独居在崎岖的丘陵地区。雄性原麝以它两个不寻常的特征闻名：一是它们伸出嘴外的又长又尖的牙齿，还有就是它们生产香料的能力。这种带香味的物质被称为麝香。这种香味是雄性原麝在求偶季节用来吸引雌鹿的。

一层硬垫代替了门牙

臼齿边缘很锋利，可以磨碎食物

食物磨碎器

羚羊和鹿的头骨很长，颌部长有大颗的用于磨碎食物的臼齿。在上颌的前端，一层硬垫代替了门牙。下层门牙和这层硬垫相互咬合，把植物切断和切碎。

扭角林羚的角

相关链接
牛 131
瞪羚 183
山羊 191
驯鹿 295
绵羊 318
角马 355

犬及其近缘动物（Dogs）

犬科动物包括野生的狼、狐狸、胡狼、郊狼、丛林犬，以及人类驯养的 200 多个品种的狗。野生的犬科动物都有长长的腿，奔跑速度很快，嗅觉灵敏，还有锋利的牙齿可以杀死猎物。一些野生犬科动物无论生活还是捕食都是独来独往，而另一些，比如狼和非洲野犬，则是成群地一起捕食。家犬与狼有亲缘关系，它们把主人当成自己群体中的一员。驯养的狗广义上分为三类：宠物或玩赏犬（比如贵宾犬）、工作犬和猎犬。

集体的力量

生活在非洲草原上的非洲野犬会大群地生活和捕食。它们的猎物包括斑马、瞪羚和角马，通常它们会选择年幼的或是病弱的个体下手。一旦吃到肉，它们就会回到群里，吐出半消化的食物，与群中的幼崽分享。

大而尖的耳朵可以向其他野犬发信号，同时也用来调节体温

尾巴上一簇白色的毛可以向同伴传递信号

犬齿用来咬住和杀死猎物

非洲野犬

前爪有 4 根趾头

狗的祖先

狼是所有犬科动物的祖先。这个头骨展示了狼长长的吻部。强壮的颌部包含了 42 颗牙齿，包括了用于把肉撕碎的犬齿和用于咬碎骨头的臼齿。

比例

狼的头骨

臼齿用来咬碎骨头

门牙用来咬骨头

小而圆的耳朵

一对成年的丛林犬

丛林犬

生活在中南美洲的丛林犬不像大多数犬类那样有着和狼相似的特征。它们长着小小的脑袋和圆圆的耳朵、粗短的腿和尾巴。但它们却是非常能干的猎手，能够撂倒大个头的猎物。它们生活在靠近水域（丛林犬也是游水高手）的开阔场地，会挖洞穴当作窝。

大爪子用来挖洞

胡狼夫妇用它们的尿液标记领地范围

一对亚洲胡狼

家庭成员关系紧密

胡狼以家庭为单位生活在一起，关系紧密。它们共同承担照顾幼崽、为它们寻找食物的责任。当雄性和雌性的亚洲胡狼结为一对，它们会一生对彼此忠诚。胡狼夫妇会用尿液标记领地，并在此范围内巡逻，阻止其他胡狼入侵。

鬃毛能够竖立起来，使它的体型看起来更大

长而灵活的耳朵能够收集声音并传递到鼓膜

成年郊狼

草原猎手

正如它们的名字所示，郊狼或草原狼，生活在北美洲的草原和沙漠地区。它们主要在傍晚和早上气温较低的时候进行捕食。在冬天食物比较缺乏的时候，它们则不分昼夜地捕食。

鬃狼

踩高跷的狼

南美洲的鬃狼得名于它背部厚厚的一层黑色鬃毛。它腿部的下半截也呈黑色，就像穿着一双靴子。它腿的长度超过身体的长度，它有时被称作"高跷狐"就是因为长长的腿和红褐色的皮毛。

长长的腿使鬃狼可以轻松穿过高高的草丛

信息卡

科：犬科
栖息地：草原、森林、苔原、沙漠、城市地区
分布：世界范围，马达加斯加、新西兰、南极洲除外。丛林犬：南美洲；郊狼：北美洲；驯养的狗：各大洲
食物：大部分哺乳动物，也包括鸟类、蜥蜴、腐肉和果实

西伯利亚哈士奇群

团队合作

哈士奇能够经受得住北极严寒的环境，正如它们的祖先北极狼一样，哈士奇很少吠叫，但在一个群体里，它们会一起吼叫。

查理士王小猎犬

玩赏犬

大部分玩赏犬都是小号的驯养犬，比如小猎犬和西班牙猎犬。玩赏犬最早可能由罗马人开始驯养，在中世纪，玩赏犬成为贵族地位的象征。

强壮的颌能产生惊人的咬合力

助手犬

德国牧羊犬、阿尔萨斯犬都是非常聪明的驯养犬，它们经过训练能产生很好的反应能力。由于敏锐的嗅觉和侦查能力，它们经常被用来辅助警察工作，搜查嫌疑人员和大楼。

大声的吠叫能够阻止可能发生的袭击

圣伯纳德犬或阿尔卑斯獒犬

德国牧羊犬

雪山上的救生犬

圣伯纳德犬是体型最大和最重的驯养犬之一，它们是非常知名的救生犬。它们身体强壮又有着卓越的嗅觉，能够在雪中追踪，因此被训练营救那些被雪崩掩埋的人。

长长的白色鬃毛

博德牧羊犬

牧羊犬

一些驯养犬是重要的农田工作者，能够保护和帮助主人放牧农场的动物。做这种工作的狗往往颜色比较亮或是身上有着白色的斑点。这样便于牧羊人在天气不好或是黑暗的光线下轻易地看到它们。

短而蓬松的毛能够对抗寒冷

相关链接	
沙漠	68
狐狸	179
草原	64
食肉动物	32
感官	24
狼	356

海豚和鼠海豚（Dolphins and Porpoises）

　　鲸类动物包括海豚、鼠海豚、虎鲸、伪虎鲸和巨头鲸。大部分海豚和鼠海豚都生活在海洋和沿海水域，游泳的速度非常快。它们是社交型动物，成群或以小团体的形式生活在一起。一个群体里面的成员会相互照顾，比如，当一只海豚生病或受伤，海豚群里的其他成员就会把它推到海面，使它可以呼吸。海豚是所有动物中最聪明的一类，它们有着高度发达的通信系统，可以发出吱吱、呼噜、滴答等多种声音。

常见海豚的头骨

上下颌有多达252颗锋利的锥形牙齿

尾鳍由两片组成（扁平的划桨）

比例

长牙齿的颌

　　海豚长长的颌部形状有点像鸟的喙。上面有成排的锋利的锥形牙齿，可以咬住移动速度快且身体光滑的猎物，比如鱼类和鱿鱼。

每一颗锋利的牙齿都彼此独立

吻部较短

鼠海豚

瓶鼻海豚

像海豚的鼠海豚

　　鼠海豚看起来就像是小号的海豚，但身体丰满，更具流线型。与大部分海豚长长的吻部不同，它们的吻部很短。鼠海豚的大部分时间都在沿海区域或是大型的河流中活动。

丰满的流线型身体

在追逐猎物的时候，背鳍可以用来快速地改变方向

水下雷达

　　海豚能够用头部天生的"雷达系统"精确地探测猎物，并避开障碍物。它们能发出急速的滴答声，这种声音碰到前面的任何物体都会反弹回来。海豚通过接收回声，在大脑中进行分析，可以描绘出精准的图像。

光滑无毛的皮肤使海豚在水中可以毫无阻碍地穿行

信息卡

科：海豚：海豚科；江豚：淡水豚科、亚马孙河豚科、普拉塔河豚科；鼠海豚：鼠海豚科

种类：海豚：33种；江豚：5种；鼠海豚：6种

栖息地：沿海区域、河口、海洋、淡水湖泊、淡水河

分布：世界范围

食物：主要是鱼和鱿鱼

产崽量：1只

寿命：50年

尺寸：1.2~9米

海洋哺乳动物

　　海豚和鼠海豚生活在沿海水域和海洋中。与它们的大块头近亲鲸一样，它们是把家安在水中的哺乳动物。它们在水下睡觉、交配、产崽等。但是和所有的哺乳动物一样，它们用肺呼吸，因此，它们需要常常游到海面上呼吸新鲜的空气。

较低矮的三角形背鳍

小眼睛

亚马孙河豚

宽阔的鳍状肢用于控制方向

只在淡水中生活

目前只在南美洲和中国的淡水河中发现淡水豚的存在。与一些能长到3米长的亲属相比,它们的体型要小一些。它们都长着又大又圆的额头和细长的喙。淡水豚的眼睛很小,视力较弱,因此它们要靠天生的声波定位能力来辨别方向,同时也依靠这种能力在浑浊的河水中追寻猎物。

尾鳍

尾鳍的力量

海豚和鼠海豚的尾部分为划桨似的两部分,称为尾鳍。尾鳍在水中保持水平状态,而不像鱼类的尾鳍是垂直的。海豚通过尾鳍强劲地上下摆动推进身体在水中前行。

海豚的尾鳍

背鳍能够保持海豚在水中的平衡

强壮的肌肉控制尾鳍上下摆动

斑纹海豚的身体两侧有白色的斑纹

海豚通过喷水孔进行呼吸

骑浪而行

和其他种类的海豚一样,斑纹海豚喜欢"搭乘"船只前行所形成的海浪。虽然海豚的游水速度很快,但它只能在很短的时间内保持这样的速度。海豚们通常单独行动或是最多7只成群行动。斑纹海豚生活在环绕南极洲的南冰洋较冷的水域中。

斑纹海豚

斑纹海豚的喙部较短

海豚跃出水面后会在空中停留几秒钟

跃水现象

海豚进入水中

海豚和鼠海豚经常跃出水面,在水面上滑行一段时间后再潜回水中。这种游泳的技巧被称为跃水现象。这种方式能使海豚在保持游泳速度的同时进行呼吸。

普通海豚跃水的步骤分解图

海豚在贴近水面的地方游泳

海豚提高速度,冲出水面

相关链接

哺乳动物 239
海洋 74
感官 24
鲸 353

162

土库曼野驴

直立生长的短鬃毛

驴和野驴〈Donkeys and Asses〉

驴属于马科动物，它们的体型比马小，但脑袋比马大，耳朵也略长一些。像马一样，它们是社会性动物，喜欢群居或是与家庭成员生活在一起。野驴生活在干旱的草原或沙漠地带，以及非洲和亚洲一些地方的山区。全世界范围内都有人类在驯养驴，因为驴承重能力强，能背负沉重的物品行走很长的距离。

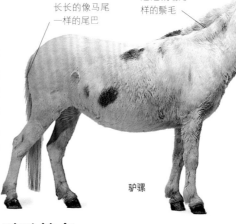

长长的像马尾一样的尾巴

短短的像驴一样的鬃毛

宽而重的脑袋

驴骡

野驴

靠着细长的腿，野驴能够以每小时 48 千米的速度非常稳健地奔跑。它们的耳朵很长，背部有短鬃毛，没有穗状的毛发，尾巴呈小束状。在干旱的季节，它们会穿越平原和沙漠去寻找有新鲜的草和淡水供给的新领地。

锋利的蹄子可以踢打敌人或是竞争对手

跨种繁育

马骡是公驴和母马交配生育的后代。马骡同时具有驴的负重能力和马的气力。如果是公马和母驴交配生育的后代，则被称作"驴骡"。

比例

信息卡	
科：马科	
种类：不超过 35 种	
栖息地：温暖干燥的环境、多岩沙漠	
分布：世界范围，特别是中国、印度、非洲和中南美洲	
食物：主要是青草和干草	
孕期：12 个月	
产崽量：1 头	
寿命：40~50 年	
尺寸：1~1.5 米	

厚重蓬松的毛发

长而圆的耳朵

白色的肚皮

典型的白色口鼻部

普瓦图驴家庭

家驴

普瓦图驴的个头较大，有 142 厘米高，是世界上个头最大的驴。所有的驴都是非洲野驴的后代，非洲野驴能够在粮食和水不足的情况下行进很长的距离。

相关链接
马及其近缘动物 204
犀牛 300
貘 336
斑马 361

蜻蜓和豆娘 〔Dragonflies and Damselflies〕

蜻蜓和豆娘都是个头较大、能够飞行的昆虫，经常能看到它们沿着河岸寻找食物。蜻蜓是昆虫世界里的飞行冠军，飞行速度能达到每小时 95 千米。豆娘与蜻蜓是同一目的近缘动物，但比蜻蜓个头小，飞得也慢一些。蜻蜓和豆娘都是食肉昆虫，它们的猎物是其他类型的飞行昆虫，它们用带刺的腿在空中进行捕猎。飞行时，它们的腿会保持在身体的前端，形成一个小小的"捕捉篮"。

复眼

蓝晏蜓

强壮有力的颚可以很快地吃掉捕获的猎物

成年蜻蜓

蜻蜓在休息时翅膀是展开的（豆娘则是将翅膀叠在一起，立在身体上方）

警觉的眼睛

蜻蜓的眼睛是昆虫中最大的，占据了头的大部分，并且常常贴向背部。它们的眼睛与豆娘的眼睛一样，称为复眼。这样的眼睛非常适于探察正在移动的物体，也正是依靠它们的眼睛，蜻蜓才能够追捕猎物。

透明的、精致的翅膀由细小的网状翅脉撑起来

蓝豆娘

比例

适于飞行的身体

蜻蜓和豆娘的身体可以分为三个部分：头部、胸部（中间连接翅膀的部分），以及腹部（尾部）。细长的腹部非常适合快速和富有技巧的飞行，在飞行时用来保持平衡和控制方向。

正在交配的豆娘会把身体连接在一起，形成一个心形

交配的时候，雄性豆娘会用尾部抱住雌性的颈部

雌性豆娘把身体弓起来以得到雄性的精子

变形

雌性的蜻蜓和豆娘在淡水中产下它们的卵，每颗卵都会孵化出一只没有翅膀的若虫。若虫要在水中生活 5 年，等到完全长成，它会从水中爬出，脱落原来的外皮，长成有翅膀的成虫。

信息卡

目：蜻蜓目
种类：5 000 种
栖息地：温和地域的溪流和湿地
分布：世界范围，特别是热带
食物：昆虫和其他微型动物
寿命：大约 5 年
尺寸：2~20 厘米

相关链接

河边的家

　　蜻蜓一般生活在它们从小发育成长的溪流或湿地。很多蜻蜓都沿着河岸建立一片自己的领地，捕捉飞行的昆虫为食。它们会赶走那些试图入侵它们领地的外来者。到了繁殖季节，这种保卫领地的行为会更加强烈，因为它们要保护自己在水中的卵不被其他的捕食者吃掉。

鸭〔Ducs〕

绿头鸭

和天鹅与鹅这些较近的"亲属"一样，鸭子既是游泳高手，同时也有较强的飞行能力。一些鸭子大部分时间都生活在水中，只在繁殖季节上岸。它们厚厚的翅膀下有一层柔软的绒毛紧贴着皮肤，能够隔离空气，这也是鸭子能在很冷的水中保持体温的秘诀。鸭子的外层羽毛上有一层由身体分泌的油脂，这使它们的羽毛能够防水。大部分的鸭子在靠近水的陆地上搭窝，而且会把窝隐藏在灌木丛中。

成排的突起能够滤出
水中的食物

社会性的鸟

坚硬且尖锐的钩
状喙部尖端能够
抓取食物

尖羽树鸭通常生活在大型的群体中，每群的数量大概在 2 000 只。群居生活能够帮助尖羽树鸭降低受捕食者惊扰的概率，因为大群的鸭子会有很多双眼睛在警觉危险的到来。而且，群居生活也会提高交配季节找到配偶的概率。

典型的隆起
的背部

尖羽树鸭

滤食

绿头鸭和很多其他种类的鸭子一样，在它们喙的边缘长着一排小刺，是一种类似于梳子的脊状物。当它们喝水时，就用这个滤出像种子或小型的水生动物这样的食物。秋沙鸭喙的边缘是坚硬锋利的锯齿状，能够抓住滑溜溜的鱼。

雌性印度跑鸭

典型特征

印度跑鸭有着直立的身体和长长的腿，它们不像其他鸭子那样摇摇摆摆地行走，而是近似于跑着前行。它们是一种非常受欢迎的家禽，因为它们有很高的产卵量，每年最多能产 300 枚蛋。

雄性鸭子用多
彩的羽毛来吸
引雌性

雌性鸭子的羽
毛比较灰暗

翅膀较短

船形的身体可
以让鸭子浮在
水面上

雄性印度跑鸭

长腿使鸭子
跑得更快

蹼状的爪子
可以划水

比例

信息卡

科：鸭科
栖息地：淡水湖泊、外海、池塘、河流、溪流
分布：世界范围，南极洲除外
食物：种子、水生植物、草虫、小型水生动物
产卵量：4~18 枚
寿命：20 年
尺寸：30~100 厘米

相关链接

雕（Eagles）

雕和鹰、鸢、鹞、秃鹫是关系较近的鹰科动物，雕的体型较大，白天捕猎。它们的翅膀长而宽，能够在空中飞行几个小时。雕捕猎的范围很广，从兔子、鸭子、蛇、鹅到小羚羊都可能是它的猎物。雕是非常关爱后代的动物，它会把猎物撕成容易吞咽的小块带给雏鸟。

白头海雕

锋利的爪子穿透鱼的身体

金雕的蛋

超级大的蛋

一些雕的蛋是纯白色的，但也有一些蛋上面有斑点，可以隐蔽在鸟窝中不容易被发现。雕的蛋比鸡蛋更圆润一些，大概是鸡蛋的四倍大。

蛋上锈色的斑点使蛋不容易被发现

捕猎技巧

雕是非常凶猛的猎手。它们会从空中猛冲下来，伸出大而强壮的腿，用剃刀般锋利的爪子抓住猎物。一旦被抓住，猎物一般都直接被它的利爪杀死。接着，雕会用它钩状的喙部把猎物的肉撕成碎片。

金雕得名于它金色的羽毛

锋利的钩状喙部能把猎物撕碎

比例

金雕

信息卡

科：鹰科
栖息地：山地、荒野、草原、沙漠、沼泽、海岸、淡水流域、林地
分布：世界范围，南极和新西兰除外
产卵量：1~4 枚
寿命：60 年
尺寸：45~105 厘米

瞭望台

雕一般会占据高高的山崖或是树顶的枝丫，将其作为寻找猎物的瞭望台。一旦盯上合适的猎物，金雕就会快速地飞近猎物，然后冲到离地面很近的高度追赶猎物，直到猎物筋疲力尽，束手就擒。这就是金雕有名的追击技术。

求偶

在繁殖季节，雕会用它们优雅的飞行吸引异性的注意。雕的配偶是终身的，每年春天，成对的雕会在空中起舞。它们会像过山车那样猛冲，也会成 8 字形飞绕，或者在空中翻来翻去，有时会抓住彼此的爪子。

展开翅膀保持平衡

正在求偶的白头海雕把爪子伸向对方

一对白头海雕

坚硬的外层羽毛提供了飞翔的动力

羽毛

雕的翅膀是由几层不同形状的羽毛组成的。最外层的羽毛最坚硬，也是飞行动力的来源；内层的羽毛能减少空气的阻力，使雕可以比较轻松地滑翔和向高处飞；最里层的羽毛则是用来阻挡冷空气的，可以保持身体的温暖。

内层的羽毛能帮助金雕在空中滑行

朝前看的眼睛

最里层的羽毛能保持身体的温暖

金雕

眼睛

雕的眼睛比成年人类的眼睛大，因此有着非常好的视力。朝前看的眼睛可以准确地判断距离。雕有着望远镜般的视力，也就是说，它们能够在很远的距离就锁定目标，然后出其不意地对猎物下手。

短尾雕

相关链接

有关动物的记录 84
鸟类 115
卵和巢 42
食肉动物 32
秃鹫 347

鳗鱼（Eels）

鳗鱼的种类大概有 600 种，包括生活在浅海多岩海床的康吉鳗和海鳗，以及身体细长、嘴巴像鸟喙一样长的线口鳗，它垂直地游弋在深层海水中。与其他的鱼类不同，鳗鱼身上没有鳞片，身上挂满黏液的它们滑溜溜的。白天的时候，它们在海蚀洞、岩石和裂缝中休息，晚上出来寻找食物。一些种类的鳗鱼，比如康吉鳗和鳗鲕，会到很远的地方去寻找食物。欧洲鳗鲕会从欧洲的淡水流域一直游到大西洋的海水中去寻找食物，最终也死在那里。

通体的斑纹能够警示捕食者它是有毒的

尖尖的尾部

云纹蛇鳝

躲藏起来

云纹蛇鳝通常也被称为"彩鳗"，因为它们身上有鲜亮的斑纹。但是，它们会盘起身子躲在裂缝中，不让猎物注意到自己，这样它们就可以等着猎物自己送上门。花园鳗通过把身体的下半截埋在泥沙里骗过猎物，只露出上半身在水中啄食浮游动物。它们随着海流晃动，摇曳生姿，远远望去就好像长在海床上的水草一般。

流苏似的背鳍一直延伸到尾部

大眼睛非常敏锐，能够锁定目标

康吉鳗

锥形牙齿的齿尖向后长

欧洲鳗鲕

凶猛的捕食者

康吉鳗因其可怕的利齿而凶猛无比。它们强壮有力的嘴中排列着齿尖向后的锋利牙齿，一旦被它们咬住，猎物基本无从逃脱。康吉鳗一般在夜间出来寻找食物，它们会咬住任何在海床上能发现的海洋生物，包括蟹、鱿鱼和章鱼。

在迁徙到海洋前，皮肤变成银色

比例

厚厚的满是肌肉的身体

灵活的身体在游水的时候呈 S 形

细长的像蛇一样的头部

没有鳞片的皮肤上覆盖着黏液

信息卡

纲：硬骨鱼纲
栖息地：海洋或淡水中
分布：世界各地
食物：主要是鱼、鱿鱼、章鱼、蟹，以及其他甲壳动物
产卵量：最多达 800 万枚
寿命：12 年
尺寸：最长到 150 厘米

典型特征

窄长灵活的身体使鳗鱼看起来更像是蛇类而不是鱼类。它们没有尾鳍，只有一个长长的沿着背部生长的背鳍。跟蛇一样，鳗鱼利用身体的易折性做 S 形的运动。它们身体甩出的 S 形可以推动水波向旁边和后面流动，从而推进身体向前游动。鳗鱼还可以通过上述相反的动作使身体向后游动。

相关链接

求偶与交配 38
鱼类 174
淡水 70
运动 28
海洋 74

象〈Elephants〉

世界上有两种象：非洲象和亚洲象。象是食草哺乳动物，它们是智商很高的社会性动物，常常以家庭群组的形式一起生活，每群一般是8~12只雌象带着它们的幼崽。雄象一般独居或是待在雄象群中。象以其庞大的身体和力气免受几乎所有捕食者的伤害，不过人类除外。

非洲象与亚洲象

相比之下，非洲象的个头更大一些，耳朵也较大，背部的中间有凹陷；而亚洲象的耳朵稍小一些，有着半球形的额头，背部平坦或有隆起。非洲象的象鼻顶端有两个手指状的突起，而亚洲象只有一个突起。

比例

柱子一样的腿支撑着身体的重量

非洲象

牙齿和尖牙

一只大象有4颗巨大的臼齿，臼齿的边缘较锋利，可以磨碎坚硬的植物。它前面的牙齿，也就是象牙，主要用来挖掘树根和剥树皮。

象的臼齿

亚洲象鼻子上的环纹比非洲象要少

每个臼齿比砌房子的砖还要重

亚洲象

手一样的象鼻

大象的象鼻其实是鼻子的延伸和上唇的结合。它能够卷起然后弄断带叶的枝条，送进嘴里。象鼻还可以用来将水吸到嘴里或是喷洒到身上降低体温。大象还可以通过象鼻之间的触摸和嗅闻与其他大象进行交流。

信息卡

科：象科
栖息地：草原、森林、沼泽、沙漠
分布：非洲、印度、斯里兰卡、东南亚、马来西亚、印度尼西亚、中国云南
食物：草、果实、叶子、嫩枝、树皮、树根
产崽量：1只
寿命：大概70年
尺寸：3~4米

草原上的踪迹

　　普通非洲象生活在热带稀树草原上，那里有着广袤的草原和稀稀疏疏的树。沿着同样的路，非洲象每年都游走在这片区域里寻找食物和水源。成年的大象还会教小象寻找这些小路。在雨季，大象能吃到刚出芽的新鲜的草；而到了旱季，它们只能以树皮和树上的嫩枝为食。

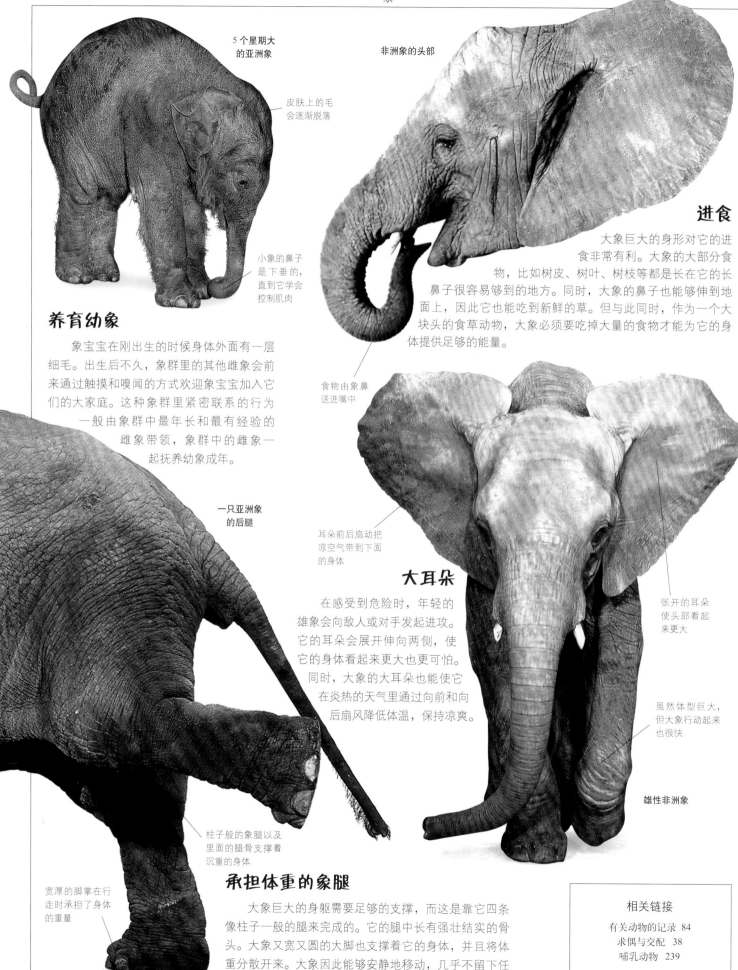

5个星期大
的亚洲象

非洲象的头部

皮肤上的毛
会逐渐脱落

小象的鼻子
是下垂的，
直到它学会
控制肌肉

进食

大象巨大的身形对它的进食非常有利。大象的大部分食物，比如树皮、树叶、树枝等都是长在它的长鼻子很容易够到的地方。同时，大象的鼻子也能够伸到地面上，因此它也能吃到新鲜的草。但与此同时，作为一个大块头的食草动物，大象必须要吃掉大量的食物才能为它的身体提供足够的能量。

养育幼象

象宝宝在刚出生的时候身体外面有一层细毛。出生后不久，象群里的其他雌象会前来通过触摸和嗅闻的方式欢迎象宝宝加入它们的大家庭。这种象群里紧密联系的行为一般由象群中最年长和最有经验的雌象带领，象群中的雌象一起抚养幼象成年。

食物由象鼻
送进嘴中

一只亚洲象
的后腿

耳朵前后扇动把
凉空气带到下面
的身体

大耳朵

在感受到危险时，年轻的雄象会向敌人或对手发起进攻。它的耳朵会展开伸向两侧，使它的身体看起来更大也更可怕。同时，大象的大耳朵也能使它在炎热的天气里通过向前和向后扇风降低体温，保持凉爽。

张开的耳朵
使头部看起
来更大

虽然体型巨大，
但大象行动起来
也很快

柱子般的象腿以及
里面的腿骨支撑着
沉重的身体

雄性非洲象

宽厚的脚掌在行
走时承担了身体
的重量

承担体重的象腿

大象巨大的身躯需要足够的支撑，而这是靠它四条像柱子一般的腿来完成的。它的腿中长有强壮结实的骨头。大象又宽又圆的大脚也支撑着它的身体，并且将体重分散开来。大象因此能够安静地移动，几乎不留下任何踪迹。

相关链接

有关动物的记录 84
求偶与交配 38
哺乳动物 239

白鼬、雪貂和水貂 （Ermines, Polecats, and Mink）

　　白鼬、雪貂和水貂都是敏捷、灵巧的猎手，它们和老虎、狼一样都是食肉的哺乳动物。它们长着细长灵活的身体、短短的腿以及小耳朵。这种体形使它们能够钻进洞中去追捕猎物。它们主要在夜间捕食，通过它们的视觉、听觉以及卓越的嗅觉来追踪猎物。首先，它们会猛扑上去，咬上致命的一口，接着会用它们小却锋利的牙齿将猎物撕成碎片。白鼬、雪貂和水貂通常单独捕食，它们会用气味来标记自己的一块领地，警告近邻们不得入内。水貂可以在水中和陆地上进行捕食。

夏季时，皮毛呈褐色，有着白色的下巴、胸部和腹部

白鼬

白鼬

　　与它的亲属一样，白鼬用后腿站立来观察四周，然后用鼻子嗅来追寻猎物。在北方寒冷的地区，白鼬的皮毛会在冬天变成白色，以便隐藏在白雪茫茫的环境中。这样它们不但能在猎物眼前隐藏起来，同时也不易被猫头鹰这样的捕食者看到。

尾端是黑色的

牙齿锋利，可以杀死猎物

水貂

　　水貂生活在靠近河流和溪流、被浓密的植被覆盖的地方。它们是天生的游泳健将和潜水能手，能够捕捉水中的鱼、蛙类以及小龙虾。在陆地上，它们捕食啮齿类和其他小型动物。水貂在地洞中安家，或是在河岸边的树根之间搭窝，它们也会在那里储存食物。

长长的毛可以令水貂保持温暖

美洲水貂

比例

信息卡

科：鼬科
种类：65 种
栖息地：森林、林地、山地、草原、农田
分布：欧洲、亚洲、北美洲、南美洲
食物：啮齿类动物、兔子、鸟、昆虫、蜥蜴、鱼、蛙类
孕期：35~45 天
产崽量：3~10 只
寿命：1~6 年
尺寸：15~56 厘米

欧洲雪貂

面孔上的白色"面具"

雪貂

　　可以通过白色的花纹以及长长的毛茸茸的尾巴将雪貂轻易地辨别出来。雪貂能吃掉任何它们捕捉到的猎物，从昆虫到比它们体型还大的兔子之类的动物。人类驯养雪貂来追捕兔子。

相关链接

173

鱼类 （Fish）

世界范围内，一共有大约 25 000 种不同种类的鱼。事实上，鱼的种类超过了两栖动物、爬行动物、鸟类以及哺乳动物种类的总和。鱼分布在世界各大洋中，从寒冷的极地海洋到温暖的热带海洋。同时，它们也生活在淡水中，从大江、大河、大型湖泊到小的池塘，甚至是漆黑一片的地下溪流中。鱼的生存需要氧气，但它们不是从空气中吸取氧气，而是从水中获取。它们以水中的植物和动物为食，靠着强有力的尾部和身体上的鳍游弋在水中。

育儿囊承载和保护着受精卵

背鳍保持身体平衡

父爱

和海龙一样，雄性海马腹面有一个育儿囊。在繁殖季节，为了安全，雌性海马会把卵产于雄性的育儿囊中进行孵化。还有一些被称为口育鱼的鱼类，会把受精卵放在嘴里，直到小鱼孵化出来，能照顾自己为止。

年幼的法国神仙鱼

加勒比海海马

尾部能抓住植物和岩石

尾鳍推动鱼向前游

水中带着未溶解的氧气

鱼通过鱼鳃从水中获得氧气

鱼的身体部位

鱼的大小与体形各不相同。一些鱼，比如神仙鱼，有着新月形的扁平身体，而另一些，比如海龙，身体又细又长。所有的鱼都有脊椎，且骨骼生在身体内部。它们通过一对鳃从水中获取氧气。而鱼在水中的运动则是靠鱼鳍进行的。它们身体两边各生有一对胸鳍和腹鳍，用来控制方向，而背上的背鳍则用来保持身体平衡。

身体表面的黏液帮助鱼在水中畅游

胸鳍和腹鳍帮助鱼控制游动的方向，向上向下或是向左向右

信息卡

纲：软骨鱼：软骨鱼纲；硬骨鱼：硬骨鱼纲；无颌鱼：无颌总纲
栖息地：海洋、淡水湖泊、池塘、河流
分布：世界范围
食物：海藻、海草、珊瑚、无脊椎动物、其他鱼类

刺鲀身上带刺的鳞片

鳞片

大部分硬骨鱼的身体外面都覆盖着一层薄而灵活的鳞片。有些鱼的鳞片上带刺，相互覆盖，就像房顶的瓦片。鲨鱼和魟鱼的鳞片非常与众不同，称为盾鳞，像是一粒粒很小的牙齿扎进皮肤深处。

鲨鱼的盾鳞

海洋生命

　　鱼类能够生活在不同的水域，适应不同的生活方式。很多鱼都属于冷血动物，它们不会根据环境来调整自己的体温。一些鱼是生活在热带水域的温顺的食草动物，以海中的海草为食；而另一些则生活在北部河水、湖泊中，它们在寒冷而杂乱的水草丛中活动，是凶猛的食肉动物。

指带海龙

放平身体躲进水草中

深色垂直的条纹能
帮助海龙隐藏在深
色的植物茎干中

指带海龙又细又长的身体上长着一圈一圈深色的条纹，这
些条纹使得水平的指带海龙能够隐藏在垂直生长的水生植物丛
中。很多鱼类都借助身体的颜色或者斑纹来帮助它们伪装，
逃离捕食者的视线。

红色的尾巴对
来犯的敌人是
一种警告

扬起的碎沙粒会落
到鱼的身上把它们
掩盖起来

骨质的剃刀似的
刀片隐藏在尾部
的凹槽中

钻到地下去

鳃斑盔鱼在遇到麻烦时，会钻进海床
的泥沙中。一旦它们感觉到危险的来临，
就会一头扎进海底的泥沙中，同时通过摆
动身体呈S形整个钻入。等到安全地逃过了
捕食者的追捕，它们会在泥沙里好好地睡
上一觉。

刺尾鱼

带刀的鱼

刺尾鱼有一个随身携带的秘密武器用来对付捕食
者。在受到威胁的时候，它们会从靠近尾巴的凹槽中突
然伸出一个骨质的像刀一样的部件，其锋利程度不亚于
一把外科手术刀。很多其他种类的鱼也有用于自卫的方
法，比如有毒的身体、体外覆盖满是尖刺的盔甲，或者
是像气球那样把身体膨胀起来。

身体弯折成S形使
鳃斑盔鱼能更快地
钻进泥沙中

长翅膀的鱼

魟鱼经常被描述为在水中飞而不是在水中游，
这是因为它们长着很宽的鱼鳍，像翅膀一样在水中
摆动。从头部开始泛起的波纹一直传递到
全身，使它的"翅膀"上下地扇动。

"翅膀"上下摆动
使它在水中移动

赤魟

鳃斑盔鱼

在尾巴的末端有一根
长长的带毒的针刺

相关链接

淡水 70
运动 28
海洋 74
脊椎动物 345

跳蚤 （Fleas）

跳蚤是体型微小、没有飞行能力的小昆虫。它们是一种以吸食其他动物的血液为生的寄生虫。它们吸食的血液来自猫、鸟、狗、鼠、兔子，甚至人类。它们把管子一样的口器扎进宿主的皮肤进行吸血。当它们从一个宿主转移到另一个宿主的身上时，可能会把危险的细菌也带过去，引起可怕的疾病。

刚毛能够让跳蚤附着在宿主的皮毛中

普通猫跳蚤

跳跃的能量储存在后腿中

跳蚤的身形

跳蚤的头部很小、身体扁平、没有翅膀，这使得它们很容易在宿主的毛发间滑动。它们的全身都长有细小的刚毛，可以让它们紧紧地附着在宿主身上，就算是宿主动物抓挠想它们耙下来，也不是那么容易。

跳高冠军

因为没有翅膀，跳蚤无法飞行，但它们却有着非凡的跳跃能力。它们跳起的高度能达到自己身体长度的130倍，这也是它们能跳到大型动物身上的原因。当跳蚤做好跳跃的准备，它们胸部的肌肉会放松下来，接着胸部会向外轻微地振动，然后跳蚤就猛地冲向了空中。

触须对运动和声音非常敏感

胸部的肌肉放松

强壮的腿连接在跳蚤的胸部（身体中间的部位）

正在跳跃的猫跳蚤

向后生长的刚毛使跳蚤不会从宿主身上掉下来

当跳蚤向上跳跃的时候，强壮的后腿向下蹬

比例

在跳蚤跳到宿主身上之前，钩状的小爪就做好了抓紧宿主的准备

吸满血后，跳蚤身体的颜色会变暗

进食

跳蚤通过它的触须来探寻宿主。当宿主动物靠近的时候，跳蚤全身敏感的细毛会接收由于运动或声音带来的气流变化。当动物经过时，跳蚤会跳上去着陆，然后用它的口器刺入宿主的皮肤，通过一个小管子来吸食宿主的血液。

用于吸食的口器

信息卡

目：蚤目

栖息地：生活在鸟类或哺乳动物等宿主的身上

分布：陆地上

食物：动物血液

产卵量：无穷量

寿命：25~30 年

尺寸：3~6 毫米

相关链接

卵和巢 42

昆虫 212

运动 28

蚊蝇 （Flies）

寄蝇

Beetle Mimic

食虫虻

丽蝇蛆

蝇是昆虫中最大的一群，共有 90 000 多种。全世界都有它们的存在——沙漠、森林、沼泽和山脉，甚至在几乎没有什么动物生存的冰天雪地的南极洲都有它的身影。蝇主要以植物、动物以及腐败的食物为食。蝇科主要包括蚊子、蚋、蠓、食蚜蝇以及丽蝇。蜻蜓和蝴蝶与蝇是完全不同的动物。大多数昆虫都有四只翅膀，但苍蝇只有一对翅膀，它们的后翅已经退化成了被称为"平衡棒"的器官，这个小器官能够帮助苍蝇在飞行时保持平衡，以一定的速度向前向后飞，甚至是头朝下飞行。

脚能抓在凹凸的表面上

细长的脚

成年家蝇

复眼看得到颜色

触角能够感知到气味和运动

平衡器保证了飞行的平衡

胸部的肌肉给飞行提供了能量

进食

家蝇脚的下面长着小钩和小垫，使它能在墙上爬行，依附在光滑的表面上，甚至是头朝下地搜寻食物。家蝇没有颚，它们无法享用固体食物。它们的口器就像海绵一样，吸食或者舔舐树液或是花蜜这样的液体食物。

比例

大蚊的翅膀看起来很脆弱，实际上非常有力

遍布全身的细绒毛非常敏感，能够探知气流

成年大蚊

生长过程

丽蝇的幼虫（学名为蛆）经过三个星期才会变成丽蝇。没有腿的蛆是从虫卵孵化而来的。虫卵一般在淡水、海水、泥土、粪便、腐败的肉中，甚至是其他动物的体内孵化，那也是它们进食和长大的地方。

信息卡

目：双翅目
种类：90 000 种
栖息地：森林、沙漠、沼泽、冰原、淡水、海水
分布：世界范围
食物：植物、活的动物、腐肉、粪便、垃圾
尺寸：最大达 50 毫米

身体部位

大蚊有着纤细精巧的身体和细长的腿。它是蝇科动物中的基本类型，但又与更高级的蝇类，比如青蝇，看起来很不一样。青蝇看起来更粗短也更强健一些，而且飞得更快。蝇科动物的胸部（中间部分）有着强劲的肌肉组织，可以帮助它们更有力地振动翅膀和行走。翅膀后面的平衡器看起来就像是小鼓槌，能够帮助它们在飞行的时候保持平衡。

长长的口器能够刺入皮肤吸取血液

腹部鼓胀起来储存血液

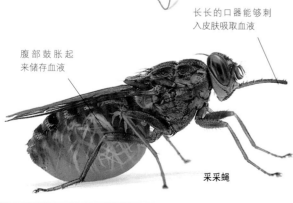
采采蝇

吸血者

采采蝇一次能够吸下多达自己体重三倍的血液。它们大部分吸取的是人类和家畜的血液。血液储存在它们鼓胀起来的腹部（身体的后端），它们常常吸得太饱，以至于撑得脚都离开了地面。

相关链接

狐狸（Foxes）

狐狸和狗、狼一样都是食肉动物。可以通过它们又尖又窄的脸、大大的耳朵以及蓬松的尾巴轻松地分辨出它们。目前已知的21种狐狸栖息在各种环境中，从炎热的沙漠、森林到寒冷的北极都有它们的存在。有一种赤狐，甚至生活在城市中，在夜间出来寻找人类丢弃的垃圾为食。在寻找食物的时候，狐狸能经过长途跋涉而不觉得累。它们像强盗一样，吃掉路上遇到的任何食物，包括果实、昆虫甚至小型哺乳动物。一部分狐狸以家庭为单位生活，但大部分还是独自外出寻找食物。

赤狐

长而蓬松的尾巴帮助赤狐在扑向猎物时保持身体平衡

比例

赤狐

赤狐身体纤瘦但强壮，腿较长。它们厚厚的皮毛能够保持身体的温暖。而皮毛的颜色可以帮助它们隐藏在林地中，既不向猎物暴露自己也不容易被捕食者看到。赤狐有着非常好的视觉、听觉和嗅觉，这源于它们大大的眼睛、耳朵和鼻子。

长长的腿使狐狸能以较快的速度奔跑很长的距离

长大成熟

刚出生的狐狸宝宝眼睛看不见，毫无生存能力，由狐狸妈妈保护和喂养它们。在它们长大的过程中，身形也发生着变化，它们的耳朵、吻部以及腿都越长越长。

目光警觉又好奇，幼崽看似已经长大了

| 新生的幼崽 | 2周大 | 4周大 | 6周大 | 8周大 | 10周大 |

大耳朵

大耳狐生活在气候炎热的地带，比如热带草原或者沙漠。它大而尖的耳朵可以捕捉到来自猎物细小的声音。与其他狐狸不同，大耳狐主要以昆虫为食，它们锋利的牙齿能够咬破昆虫体外坚硬的外壳。

沿着脊骨的长毛形成了天然的分界线

大耳朵可以散发热量保持身体的凉爽

大耳狐

信息卡

科：犬科
栖息地：林地、草原、沙漠
分布：欧洲、非洲、亚洲、北美洲、南美洲
食物：小型哺乳动物、昆虫、鸟、果实和腐肉
产崽量：1~8只
寿命：6年
尺寸：90~150厘米

天生的猎手

　　狐狸能够跃起 1 米的高度，出其不意地扑向猎物。赤狐用特殊的方式来捕食像老鼠这样的啮齿类动物。如果一只狐狸感觉附近有小型动物，它会静静地守候并用大耳朵仔细地听任何的动静或吱吱的叫声，然后精确地判断出猎物的位置，扑上去将其杀死。

赤狐

强壮有肌肉的身体

前爪将会伸开做好落地准备，扑向猎物压住它

变换的毛色

小耳朵减少热量消耗

　　在夏季，北极狐的皮毛较薄，且呈现灰褐色，这与夏天里它们生活环境中的岩地的颜色相近。到了冬季，当四周覆盖上白雪，北极狐的皮毛会变得厚厚的，同时变成白色。这样，北极狐就不会轻易被它的猎物，比如鸟和啮齿类动物注意到，同时也可以躲避它的敌人——北极熊。

夏季的北极狐

强劲的后腿使狐狸可以跃向空中

厚厚的皮毛使北极狐可以在零下 50 摄氏度的环境中生存

狐狸总是很警觉，时刻观察着猎物和危险

爪子上也覆盖着毛，即使行走在冰雪上也不会太冷

赤狐

聪明的猎手

　　狐狸靠着它们的狡猾和机灵来捕捉猎物、躲避敌人，例如狗和人类。它们在夜间通过听满身刚毛的蠕虫在地下穿梭的声音来捕食它们，同时狐狸也能以很快的速度追捕兔子。当受到威胁时，它们会钻进地洞中，躲藏在厚厚的土层下面，或是迅速地逃跑。

爪子之间的毛可以模糊爪印

相关链接

适应 52
北极 54
犬及其近缘动物 157
狼 356

青蛙和蟾蜍 〈Frogs and Toads〉

　　世界上蛙和蟾蜍的种类超过了 4 300 种，它们是两栖动物（同时生活在陆地和水中的动物）中一个很大的族群。它们的栖息地范围很广，不只在湖泊、沼泽和其他潮湿的环境，也包括草原、山地甚至沙漠。青蛙与蟾蜍最大的不同是，青蛙的皮肤较光滑，且生活在靠水的地方，而蟾蜍的皮肤上覆盖着瘤状物，主要生活在陆地。

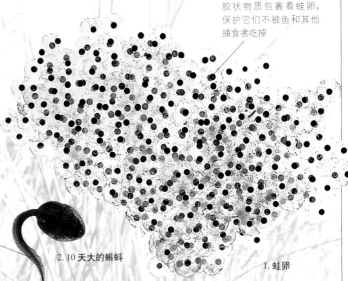

胶状物质包裹着蛙卵，保护它们不被鱼和其他捕食者吃掉

蝌蚪开始捕食和游泳

2.10 天大的蝌蚪

3.9 周大的蝌蚪

1. 蛙卵

耳朵能够侦听到捕食者的靠近

美洲牛蛙

长出第一条后腿

长出前腿

尾巴已经彻底消失

蛙卵

　　大多数青蛙和蟾蜍回到水中完成交配。雌性的青蛙和蟾蜍在水中产下大批的卵子，雄蛙使这些卵受精。一些种类的青蛙和蟾蜍的卵是呈团状的，而另一些则是线状的，像项链一样。受精卵孵化出没有腿的小蝌蚪，接着蝌蚪会慢慢地发育成小号的青蛙或蟾蜍。

听觉

　　许多青蛙和蟾蜍都有着敏锐的听觉，在被逮到之前就能发现敌人。同时，它们也靠听不同的叫声来区分可能的交配对象。大部分青蛙和蟾蜍都有着很明显的圆形耳朵，长在眼睛的后面。

4.12 周大的蝌蚪

身体部位

　　青蛙和蟾蜍的腿较短，依靠四条腿缓慢地爬行或者小幅度跳跃。很多种类的青蛙和蟾蜍有长而强壮的后腿，可以跳得很远。青蛙的身体细长，脚趾间有蹼，它们是很好的游泳健将。

高高的突出的眼睛可以让它在身体其他部分都在水中时依然能看到水面上的情况

5.16 周大的普通青蛙

比例

南非牛蛙

树蛙的脚

脚趾的吸盘上覆有厚厚的黏液，这可以帮助树蛙牢牢地抓在树干或树枝上

这种蛙类的名字源于它们的身体形状和颜色都像番茄一样

牢牢地抓住

树蛙能够紧紧地吸附在光滑物体的表面。这种能力的秘密在于它的脚趾末端长着小吸盘。

亚洲树蟾

马达加斯加番茄蛙

通常情况下皮肤光滑

多彩的皮肤

很多青蛙和蟾蜍有着与众不同的皮肤特征和颜色。雄性的青蛙和蟾蜍在寻找交配对象的时候，常常以身体明亮鲜艳的颜色来警告竞争者远离它的领地。而独特的特征也能对捕食者起到警告的作用，宣告眼前的猎物可能是有毒的。

信息卡

目： 无尾目
种类： 4 350 种
栖息地： 池塘、沼泽、湖泊、森林、草原、沙漠
分布： 南极洲除外的各大洲
食物： 成年是食肉动物，蝌蚪以水草为食
产卵量： 最高达 20 000 枚
尺寸： 3~40 厘米

皮肤光滑的蟾蜍

尽管作为普通蟾蜍家族的一员，亚洲树蟾还是有一些与众不同的特征。它的皮肤是光滑的，而不是干燥有瘤状物的。它的脚趾上也有吸盘，使其能够趴在树上。

游泳高手

青蛙一出生就具备游泳的能力。当它们还是蝌蚪的时候，就靠着身体呈S形摆动在水中四处游荡。等到四肢长出来之后，它们用强壮的后腿推动身体在水中前行。它们先蹬出后腿，推动身体前行，然后收回后腿，重复上述动作。

前腿张开

后腿蹬出

膝关节收向身体

前腿保持在身体两侧

东方铃蟾

相关链接

两栖动物 92

热带雨林 62

鲵和蝾螈 305

沼泽 72

瞪羚（Gazelles）

瞪羚是一种敏捷又优雅的哺乳动物，生活在非洲和亚洲广阔的平原或沙漠中。这种小羚羊与偶蹄动物，如羚羊和牛，有较近的亲缘关系。瞪羚以较大数目群居在一起，这样它们就能照顾彼此的安全。瞪羚能以很快的速度奔跑来避开猎豹、胡狼和鬣狗这样的捕食者，在受到惊吓时，它们会四条腿直直地向下伸来高高跃起，这种被称为腾跃的动作用来警告其他瞪羚有危险来临，同时也能起到迷惑敌人的作用。

瞪羚的身体特征

吃草的时候，鹅喉羚会把一块地方的草吃干净好让新的草芽能够长出来。像其他大多数羚羊一样，它们有着长长的脖子和腿，细长的身体上覆盖着浅黄褐色的皮毛，而肚子上的皮毛却是白色的。犄角上有一圈一圈的环状突起沿着犄角生长。

膝盖部位有毛保护着

鹅喉羚

雄性印度羚的犄角

信息卡	
科：牛科	
栖息地：草原、灌木丛、沙漠	
分布：非洲、中东、印度、中国	
食物：草、草本植物、木本植物	
产崽量：1 只	
寿命：最长达 12 年	
尺寸：38~172 厘米	

比例

长颈羚

犄角扭成螺旋形，表面有突起

一直生长的犄角

不管是雄性还是雌性的瞪羚，头上都生有先向前生长再向后弯曲的螺旋形犄角。雌性瞪羚用犄角来捍卫它们的食物，特别是在旱季或是冬天。而雄性瞪羚则在交配季节依靠犄角来与竞争对手进行决斗。瞪羚头上的犄角是一直生长的，而不像鹿的茸角那样，每年脱落再长出新的。

绿色的才是最好的

长颈羚能够用两条后腿站立来吃食。这样的姿势使它们有足够的高度能够伸长脖子够到金合欢树上最嫩的树叶。瞪羚是食草动物，以青草、小型绿色植物和木本植物上的树叶和嫩枝为食。通常情况下，它们会挑植物上最绿的部分来吃。

雄性的决斗

在繁殖季节，雄性瞪羚会划定自己的领地来和雌性进行交配。胜利者往往是由一场搏斗或是两只雄性瞪羚之间犄角的拼斗产生的。一旦失败，输的那一方往往会离开去寻找新的领地。

决斗的双方都试图用犄角将对方向后推

雄性汤氏瞪羚

相关链接
牛 131
鹿与羚羊 154
草原 64
哺乳动物 239

雁 (Geese)

雁属于水禽类，但与鸭子和天鹅这些近缘动物相比，它待在陆地上的时间要更多一些。不过，雁船形的身体和带蹼的脚掌使它在需要的时候也是游泳的高手。雁大量群居在一起，它们会集体长途跋涉去寻找食物和暖和的地方。它们集体发出的吵闹的鸣叫声和激烈的嘶嘶声已经为它们赢得了"最佳警卫"的赞誉。人类驯养雁来保护财产，当然，也会收集它们所下的蛋。

鹅掌

前面的三根脚趾之间长有很宽的蹼

带蹼的脚

雁长长的脚趾之间有蹼。宽宽的脚蹼和强壮的腿共同为雁在水中的前进提供了动力。

坚硬的喙部可以咬碎较硬的植物

生有刚毛的舌头可以粘住食物

长长的脖颈可以使雁低头伸到地面上去够食物

加拿大雁

伸直的脖子使身体在飞行中呈流线型

长而宽的翅膀使它能够在很高的空中长距离地飞行

迁徙

在春季，一些生活在欧洲、亚洲和北美洲的雁会进行迁徙（飞到较为暖和的地方）。它们会飞往北极地区，那里的日照时间较长，并且有充足的食物供应，为雁的繁殖提供了最佳的条件。

幼雁

雁的宝宝被称为幼雁，在从蛋壳中孵化出几个小时之后，幼雁就能行走、游泳和自己找食物吃了。

厚厚的绒毛层能帮助幼雁维持体温，直到成年羽毛长出来

幼雁

宽宽的船形身体使雁在游水时能够浮在水上

比例

雁（白羽）

大声警告

雁总是处于一种警觉的状态。当它们察觉到有敌人入侵它们的领地时，就会发出吵闹的叫声来警告。它们白天的大部分时候都在吃青草。它们宽扁的喙能够抓起和咬碎青草，喙边缘的一个硬硬的像钉子一样的部位可以咬断较硬的植物茎秆。

后脚趾很小

信息卡

科：鸭科
栖息地：北极苔原、灌木丛、开阔的林地、河口、沼泽、农田
分布：北半球
食物：草、沼泽植物、粮食、土豆
产卵量：1~11 枚
尺寸：0.5~1 米

相关链接

鸟类 115
鸭 166
迁徙 78
食草动物 30
天鹅 334

长臂猿 （Gibbons）

长臂猿是体型最小的猿科动物，它们终生生活在东南亚热带雨林的树顶上。它们在树枝间快速地荡来荡去寻找果实和树叶来吃。长臂猿是唯一一种成对生活且终生只有一个固定伴侣的猿科动物。长臂猿通常以家庭为单位生活在一起，每个家庭一般由母亲、父亲以及两到三只幼崽组成。

超级长的胳膊交替抓住树枝

长长的指头能够紧紧抓住树枝

林间的杂技演员

长臂猿用它超长的手臂以惊人的速度在树林的树梢之间摆荡。人类采用同样的方式交替移动左腿和右腿来行走，而长臂猿则是交替它的双臂来抓住树枝，从一棵树荡到另一棵树。事实上，因为它们的手臂比腿长，长臂猿是无法同时用四肢行走的。

长臂猿在林间摆荡的分解步骤图

成年长臂猿

长臂猿在晚间坐直身体睡觉

比例

腕关节能够旋转，保证摆荡时一直抓住树枝

长臂猿宝宝紧紧地依偎在妈妈身上寻求温暖和保护

合趾猿

喉部的气囊能像气球那样撑大，使发出的喊叫声更洪亮

歌唱的长臂猿

长臂猿素来以它们洪亮的喊叫声闻名，它们常常在黎明和黄昏时分发出这种声音。合趾猿是长臂猿中叫声最大的，因为它们的喉部长着一个特殊的气囊，能发出较大的声音。每一个长臂猿家庭都有属于自己的领地，一旦有入侵者来犯，它们便会发出喊叫声来警告对方。

自带坐垫

长臂猿在夜间不是睡在窝中的，而是坐在树杈之间。它们的屁股上长有一层厚实的皮肤，就像一块耐磨的坐垫。所有的长臂猿都没有尾巴，它们的手臂很长，在树枝之间摆荡时腕关节能够旋转。

白掌长臂猿妈妈和它的宝宝

照顾幼崽

每只雌性长臂猿通常每两到三年才会生下一只幼崽。刚出生的时候，长臂猿幼崽身上是光溜溜的，只有头顶上有一块皮毛。在第一年，长臂猿幼崽会依偎在妈妈的身上寻求温暖，并以妈妈的乳汁为食。6~8 岁之前幼崽会一直待在父母的身边。

信息卡
科：长臂猿科
栖息地：热带雨林、季雨林
分布：东南亚
食物：果实、树叶、昆虫
孕期：7~8 个月
寿命：最长达 30 年
尺寸：45~90 厘米

相关链接
猿 97
狒狒 100
黑猩猩 139
交流 26
大猩猩 192

生活在森林高处

　　长臂猿栖息在东南亚热带雨林的高处树枝上，这样的高度使它们基本上能够避开任何潜在的捕食者。长臂猿的一生基本上都在这些树上度过。它们用长长的手臂在树与树之间摆荡，甚至能够沿着较大的树枝向上跑。居住在林冠意味着非常靠近它们最爱的食物，比如果实、花朵、树叶、昆虫、幼鸟以及鸟蛋。

长颈鹿 〔Giraffes〕

作为牛和羚羊的近缘动物，长颈鹿也是有蹄类的哺乳动物，它们以小群体的形式生活在一起。它们是生活在陆地上最高的动物。它们的身高使它们可以吃到其他食草动物无法企及的树顶上的树叶和嫩枝。尽管体型巨大，长颈鹿却是动作优雅的动物，它们在行进的时候每次都是同一侧的腿一起移动。它们的疾驰速度最高能达到每小时48千米。

绒毛覆盖的犄角

大大的眼睛提供了良好的视野

成年长颈鹿

在小长颈鹿成长的过程中，有时会在前额长出第三个犄角

昂首观察

在四无遮蔽的草原上进食的时候，长颈鹿会时刻观察周围的动静，防范敌害的来临。多亏了长长的脖子，它们对周围的环境一览无余。雄性和雌性的长颈鹿头上都长着成对的犄角，上面覆盖着长有绒毛的外皮。雄性会用犄角进行打斗来获取雌性的欢心。

比例

幼年长颈鹿需要弯下前腿来吮吸母乳

尾巴上的长毛用来赶走苍蝇

踢向敌人

小长颈鹿在出生的时候就已经有了和成年长颈鹿一样独特的身形和斑纹。它们的脖子很长，由较短的身体、倾斜的背部以及长长的腿支撑着。在遇到狮子和其他敌害时，长颈鹿会踢出它碟子般大的蹄子来保护自己和幼崽。

成年长颈鹿和幼年长颈鹿

脖子中仅有七块颈骨来支撑

马赛长颈鹿

网纹长颈鹿

赞比亚长颈鹿

长有斑纹的皮肤

长颈鹿皮肤上的斑纹就像人类的指纹一样，没有两块斑纹是完全一样的。八种不同种类的长颈鹿可以通过它们的斑纹来逐一辨别。有一些种类，比如网纹长颈鹿，斑点的形状比较均衡。另一些，比如马赛长颈鹿，它们的斑纹毫无规则，且斑纹的边缘呈锯齿状。赞比亚长颈鹿的斑纹则是规则与不规则的混合。

信息卡

科：长颈鹿科
种类：9 种
栖息地：树木繁茂的草原；
獾㹢狓：浓密的热带雨林
分布：非洲
食物：叶子、嫩芽、嫩枝、果实、草
产崽量：1 只
寿命：25 年；
獾㹢狓：15 年
尺寸：3.9~5.3 米；
獾㹢狓：1.3~1.7 米

热带草原上的长颈鹿

长颈鹿把家安在非洲草原或是热带草原上。热带草原上气候炎热，分为旱季和雨季。很多食草动物在热带草原上啃食青草，但在旱季就要被迫迁徙到其他地方去寻找食物。只有长颈鹿和大象能在这里找到全年供应的食物。因为它们能够吃到草原上树木高处的叶子和嫩枝。

长颈鹿在树林中的亲戚

獾㹢狓是长颈鹿科中唯——
个很特别的成员，它们没有长颈
鹿那样的长脖子，身体的后部长
着黑白相间的条纹，独居在茂密
的热带森林中。像其他的长颈鹿
一样，它们用长长的黑色的舌头
卷取灌木和树上的树叶来吃。

獾㹢狓

由于视力很差，獾㹢
狓会用良好的听力来
探测危险

成年长颈鹿

由于眼睛离地面
很高，长颈鹿能
够看到非常远的
距离

厚而有弹性的嘴唇
保护长颈鹿不被尖
刺伤害

进食

长颈鹿以金合欢树或其他带刺的灌木和树木上的叶子
和嫩枝为食。它们用灵活、最长能达 46 厘米的舌头来卷取
植物，用带有凹槽的牙齿把树叶剥进嘴里。雄性长颈鹿伸
长脖子吃掉最顶端的叶子，而雌性则吃掉比较靠下的枝条。
这种方式避免了它们之间的竞争。

身上斑纹的颜
色随着年纪变
大而变深

一个群里的长颈鹿
能够辨别出彼此身
上的斑纹

前腿比后腿长

长颈鹿群

群居生活

雌性长颈鹿会带着它们的幼
崽群居在一起，每群最多 12 只。群居生活能够
为小长颈鹿提供抵御捕食者的保护。年轻的雄
性长颈鹿也会小群地生活在一起，但随着年纪
的增大，它们会越来越倾向于独居的生活。

相关链接

牛 131
鹿与羚羊 154
草原 64

蜜袋鼯

皮肤的褶皱完全打开后像降落伞一样

袋鼯（Gliding Marsupials）

有一些种类完全不同的动物，包括飞鱼、黑蹼树蛙、飞蜥、飞蛇以及飞鼠都可以算得上是专业滑翔员。它们展开翅膀、翼膜，或是身体的其他部位，在空中优雅地滑翔。袋鼯生活在澳大利亚、巴布亚新几内亚以及周围岛屿的林地或是森林中。它们趴在林间的树上，需要的时候飞冲出去，然后滑翔并降落到另一棵树的树干上。

滑翔

蜜袋鼯其实并不是真正的松鼠，它从高高的树枝上跃下，展开四肢与身体两侧之间的皮肤，好像一个降落伞一样滑翔下来。它在树枝之间滑翔，用尾巴作为舵来控制方向。

环尾负鼠

小小的球形身体蜷缩在满是干枯落叶的树洞中

高山侏儒负鼠

日出而休

袋鼯，比如这只高山侏儒负鼠，通常只在夜间活动。白天，它们在填满了干枯落叶的树洞中休息。它们以家庭为单位生活在一起，在寒冷的冬天，常常会蜷缩在一起寻求温暖。

信息卡

科：蜜袋鼯及其他小型飞鼠：袋鼯科；倭袋鼯：树袋貂科；大袋鼯：环尾袋貂科

栖息地：林地和森林

分布：澳大利亚、巴布亚新几内亚及其附近岛屿

食物：树液、树胶、植物的花和花蜜、昆虫、蜘蛛、小型脊椎动物

进化

大部分的袋鼯都与环尾负鼠有亲缘关系。这种有袋类动物有着非常强壮的尾部，可以当作第五条腿，帮助它们在树上爬行或是在林间跳跃。几百万年的历史进程中，一些环尾负鼠发育出了大片的皮肤褶皱，可以展开来在林间滑翔而不再只是跳跃。

有力的指头可以使负鼠牢牢抓住树枝

相关链接

有袋类动物 243
运动 28
热带雨林 62
林地 60

山羊（Goats）

与绵羊是近缘动物的山羊，既有野生的也有家养的，都属于牛科动物。在野外，山羊以小群的形式主要生活在寒冷多山的地区。山羊是有蹄类、食草类哺乳动物。很多山羊被人工繁殖是因为其具备某些特点，比如长有长长的羊毛，或令人印象深刻的、具有装饰效果的羊角。

努比亚山羊和羊羔

妈妈的关爱

刚出生的小羊称作羊羔。羊羔出生不久就能站立起来。无论羊妈妈走到哪里它们都会跟着，羊妈妈会保护它们并为它们哺乳。

羊羔以妈妈的乳汁为食

雄性安哥拉山羊

长长的向后生长的羊角

典型的山羊胡须

辛勤付出的山羊

瑞士产的萨能奶山羊是一种经过驯养的奶山羊品种，它们每年能出产大约 3 000 升的羊奶。山羊能为人类提供羊奶、羊肉，有时还有羊毛。

萨能奶山羊

长而卷曲的羊毛每年被修剪两次

蹄的顶端分成两趾

锋利的羊角用于与竞争对手搏斗

高山上的山羊

除了下巴上的胡须，雪羊的喉部和胸部还有长长的鬃毛。它能够轻松地穿越崎岖多岩的地面，这多亏了它分叉的蹄子，为它在不平坦的地面上提供了较强的抓握力。

长毛的山羊

安哥拉山羊有着厚重的、柔滑的长毛，其称为马海毛。安哥拉山羊被人类繁育养殖，专门取毛，纺成纱线或布料。

厚而蓬松的羊毛保持身体的温暖

雪羊

比例

信息框

科：牛科
栖息地：山脉、高山牧场、林地、干旱的草原
分布：世界范围，南极洲除外
食物：草、灌木或其他植物
产惠量：1~2 只
寿命：8 年
尺寸：65~109 厘米

相关链接

鹿与羚羊 154
哺乳动物 239
山脉 58
绵羊 318

大猩猩〔Gorillas〕

大猩猩通常被称为"猩猩之王"，它是人科动物家族中的一员，其他的人科动物还包括黑猩猩、猩猩以及倭黑猩猩。它们是一种生性温和的动物，大部分时间都在森林中休息和进食。雌性大猩猩和它们的幼崽会成群地生活在一起，由一只块头较大的雄性大猩猩带领，这只雄性大猩猩通常称为银背大猩猩。银背大猩猩体型是雌性大猩猩的两倍，它将决定大猩猩群去哪里寻找食物、什么时候停下来休整过夜。当有危险来袭时，银背大猩猩将用它雄壮的身姿和强大的力量来保护它的家庭。

山地大猩猩

温暖的皮毛

山地大猩猩生活的地方比起低地大猩猩来更寒冷一些，因此它们的毛更厚也更长一些，用于更好地保暖。虽然这身皮毛可以抵御寒冷，但却没有防水的功能。

筑窝

大猩猩通常搭建两个窝而不是一个窝来作为它们休息或睡觉的场所。每一只年龄超过4岁的大猩猩都要用干草和落叶搭建一个属于自己的窝，用于过夜。在白天，它会搭一个小一点儿的窝，专门用来在进食后歇息或是避雨。

在3岁之前，幼年大猩猩都长着一根白色的小短尾巴，这根小尾巴在深色的皮毛中特别显眼，能够帮助大猩猩妈妈追踪它们在森林中玩耍的孩子。

雄性西部低地大猩猩

成年的雄性大猩猩有一大块银色的皮毛

窝中铺着干草

短尾巴

白色的短尾巴

幼年大猩猩

幼年大猩猩骑在妈妈宽阔的臀部

四处游走

大猩猩大部分的时间都在地面上活动，四肢并用地四处游走。它们的脚掌是平放在地面上的，而手指是弯曲起来的，这样它们的指关节就能够帮助分担身体的重量。当它们在展示或抓着什么东西的时候，大猩猩也能够只靠两只脚行走较短的距离。

雌性西部低地大猩猩

鼓起的肚子显示它肚子里存满了食物

下颌向前突出

指关节背面的皮肤比较厚

比例

信息卡

科：人科	
栖息地：低地雨林、山地森林	
分布：中非	
食物：植物叶子、嫩芽、树根、树皮、莓类果实、菌类	
产崽量：1只	
寿命：最长达35年	
尺寸：最高达1.8米	

热带雨林

　　大猩猩只生活在树木繁茂、潮湿的西非和中非地区。这些地方生长着各种植物，可供大猩猩全年食用，同时也为它们提供了休息和睡觉的地方。低地大猩猩生活的森林温暖、具有热带风貌，而山地大猩猩生活在比较寒冷的森林中，到了晚上，山地的气温甚至会降到冰点以下。

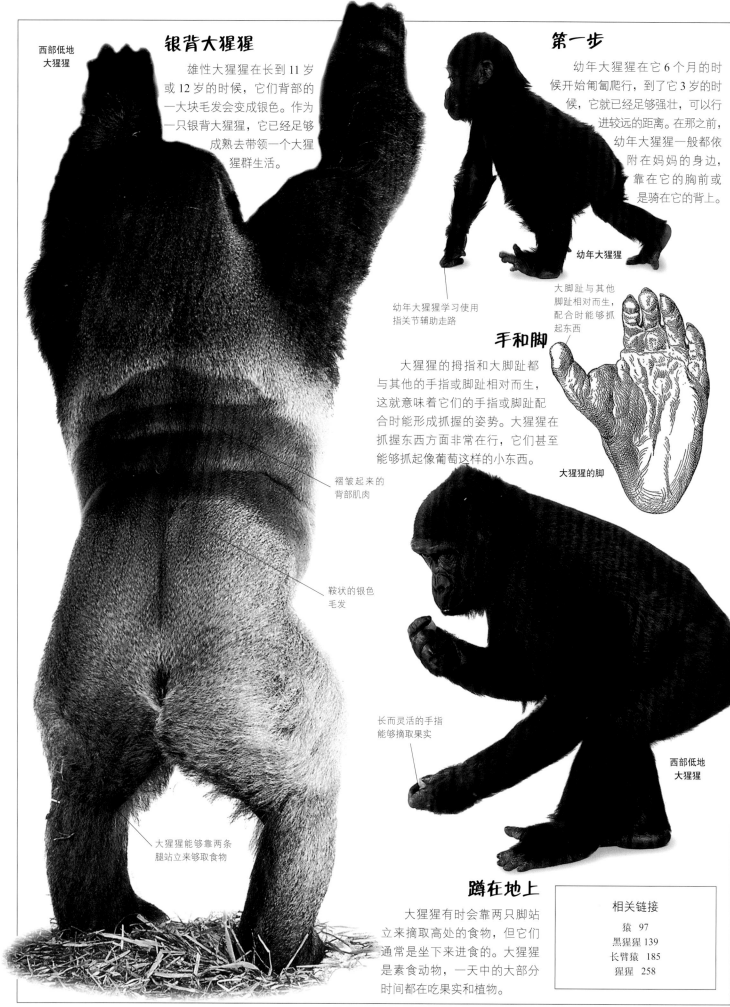

西部低地大猩猩

银背大猩猩

雄性大猩猩在长到 11 岁或 12 岁的时候，它们背部的一大块毛发会变成银色。作为一只银背大猩猩，它已经足够成熟去带领一个大猩猩群生活。

第一步

幼年大猩猩在它 6 个月的时候开始匍匐爬行，到了它 3 岁的时候，它就已经足够强壮，可以行进较远的距离。在那之前，幼年大猩猩一般都依附在妈妈的身边，靠在它的胸前或是骑在它的背上。

幼年大猩猩

幼年大猩猩学习使用指关节辅助走路

大脚趾与其他脚趾相对而生，配合时能够抓起东西

手和脚

大猩猩的拇指和大脚趾都与其他的手指或脚趾相对而生，这就意味着它们的手指或脚趾配合时能形成抓握的姿势。大猩猩在抓握东西方面非常在行，它们甚至能够抓起像葡萄这样的小东西。

大猩猩的脚

褶皱起来的背部肌肉

鞍状的银色毛发

长而灵活的手指能够摘取果实

西部低地大猩猩

大猩猩能够靠两条腿站立来够取食物

蹲在地上

大猩猩有时会靠两只脚站立来摘取高处的食物，但它们通常是坐下来进食的。大猩猩是素食动物，一天中的大部分时间都在吃果实和植物。

相关链接

猿　97
黑猩猩 139
长臂猿 185
猩猩　258

蚱蜢和蟋蟀〔Grasshoppers and Crickets〕

蚱蜢和蟋蟀可以说是世界上最吵闹的昆虫成员，我们常常只闻其声、不见其踪。它们在夏季发出大声的鸣叫是为了吸引异性前来交配。它们都属于直翅目的昆虫，这是一个种类庞大的昆虫类属，总数超过 20 000 种，另一个常见的成员是蝗虫。除了特别寒冷和冰雪覆盖的地方，蚱蜢和蟋蟀在全世界都有分布。它们生活在沙漠、草原、森林甚至是高山之上，也有一些生活在地下。这些昆虫主要是食草性的，也有一些蟋蟀会吃动物的尸体，还有很少的种类会捕食活的猎物。它们的后腿很强壮，能够跳起来躲避敌害。

鸣叫

雄性的蚱蜢和蟋蟀会在繁殖季节大声地鸣叫来吸引雌性的注意，同时警告其他的雄性竞争者。它们通过摩擦翅膀上粗糙的斑点，或是用后腿摩擦翅膀来发出声响。不同种类的昆虫会发出不同种类的叫声，这样雌性的昆虫就能仔细地聆听来追踪到正确的交配对象。

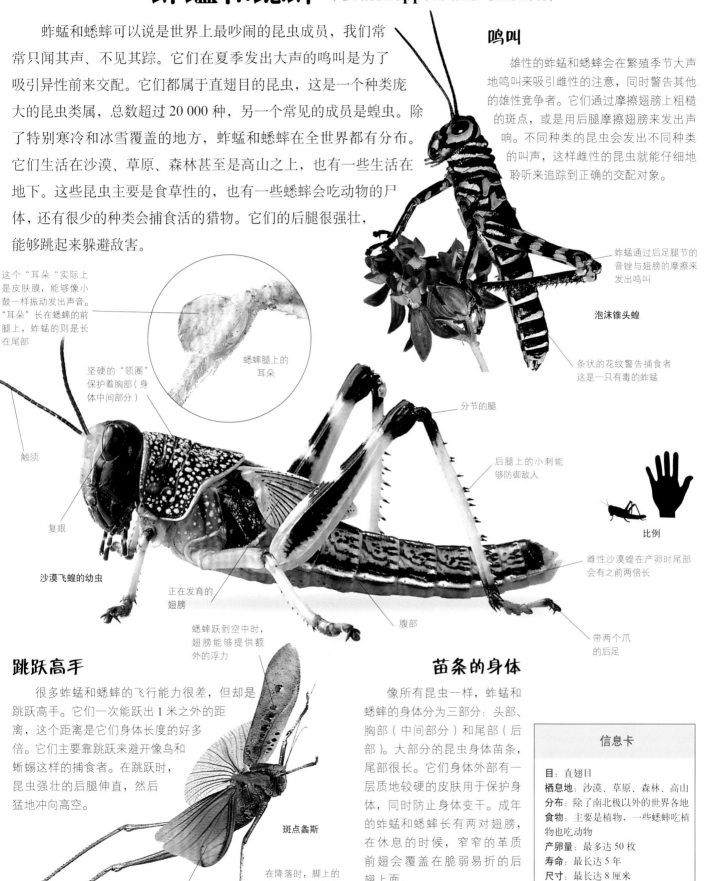

这个"耳朵"实际上是皮肤膜，能够像小鼓一样振动发出声音。"耳朵"长在蟋蟀的前腿上，蚱蜢的则是长在尾部

坚硬的"领圈"保护着胸部（身体中间部分）

蟋蟀腿上的耳朵

触须

复眼

沙漠飞蝗的幼虫

正在发育的翅膀

蚱蜢通过后足腿节的音锉与翅膀的摩擦来发出鸣叫

泡沫锥头蝗

条状的花纹警告捕食者这是一只有毒的蚱蜢

分节的腿

后腿上的小刺能够防御敌人

比例

雌性沙漠蝗在产卵时尾部会有之前两倍长

带两个爪的后足

腹部

跳跃高手

很多蚱蜢和蟋蟀的飞行能力很差，但却是跳跃高手。它们一次能跃出 1 米之外的距离，这个距离是它们身体长度的好多倍。它们主要靠跳跃来避开像鸟和蜥蜴这样的捕食者。在跳跃时，昆虫强壮的后腿伸直，然后猛地冲向高空。

蟋蟀跃到空中时，翅膀能够提供额外的浮力

斑点螽斯

在降落时，脚上的小爪可以抓住植物或是岩石

当它跳跃时，翅膀会打开

苗条的身体

像所有昆虫一样，蚱蜢和蟋蟀的身体分为三部分：头部、胸部（中间部分）和尾部（后部）。大部分的昆虫身体苗条，尾部很长。它们身体外部有一层质地较硬的皮肤用于保护身体，同时防止身体变干。成年的蚱蜢和蟋蟀长有两对翅膀，在休息的时候，窄窄的革质前翅会覆盖在脆弱易折的后翅上面。

信息卡

目： 直翅目
栖息地： 沙漠、草原、森林、高山
分布： 除了南北极以外的世界各地
食物： 主要是植物，一些蟋蟀吃植物也吃动物
产卵量： 最多达 50 枚
寿命： 最长达 5 年
尺寸： 最长达 8 厘米

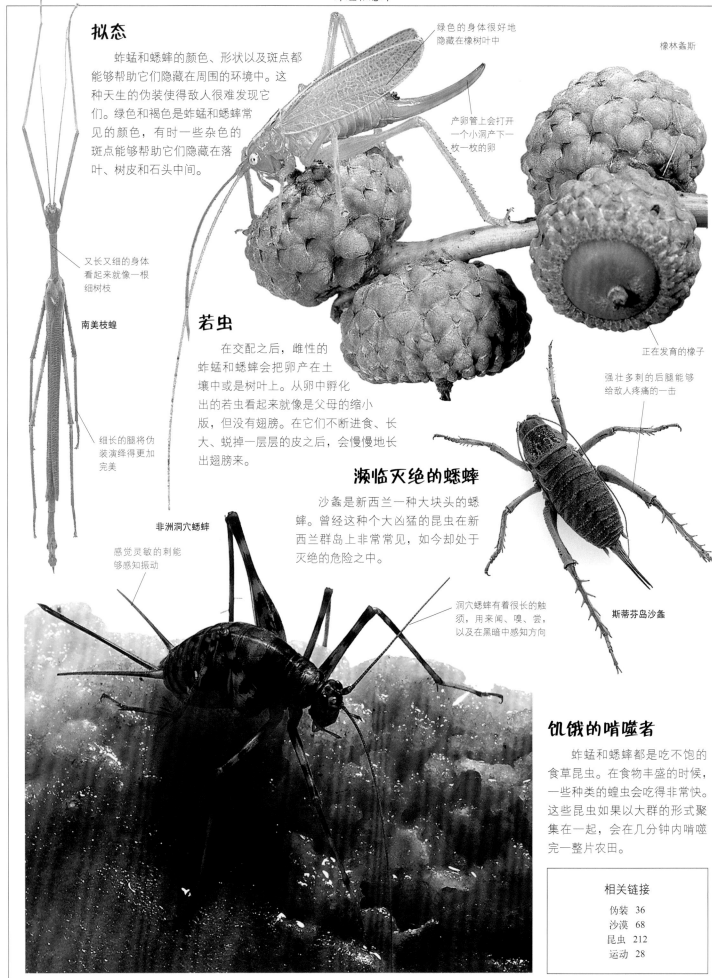

拟态

　　蚱蜢和蟋蟀的颜色、形状以及斑点都能够帮助它们隐藏在周围的环境中。这种天生的伪装使得敌人很难发现它们。绿色和褐色是蚱蜢和蟋蟀常见的颜色，有时一些杂色的斑点能够帮助它们隐藏在落叶、树皮和石头中间。

绿色的身体很好地隐藏在橡树叶中

橡林螽斯

产卵管上会打开一个小洞产下一枚一枚的卵

又长又细的身体看起来就像一根细树枝

南美枝蝗

细长的腿将伪装演绎得更加完美

若虫

　　在交配之后，雌性的蚱蜢和蟋蟀会把卵产在土壤中或是树叶上。从卵中孵化出的若虫看起来就像是父母的缩小版，但没有翅膀。在它们不断进食、长大、蜕掉一层层的皮之后，会慢慢地长出翅膀来。

正在发育的橡子

强壮多刺的后腿能够给敌人疼痛的一击

非洲洞穴蟋蟀

濒临灭绝的蟋蟀

　　沙螽是新西兰一种大块头的蟋蟀。曾经这种个大凶猛的昆虫在新西兰群岛上非常常见，如今却处于灭绝的危险之中。

感觉灵敏的刺能够感知振动

洞穴蟋蟀有着很长的触须，用来闻、嗅、尝，以及在黑暗中感知方向

斯蒂芬岛沙螽

饥饿的啃噬者

　　蚱蜢和蟋蟀都是吃不饱的食草昆虫。在食物丰盛的时候，一些种类的蝗虫会吃得非常快。这些昆虫如果以大群的形式聚集在一起，会在几分钟内啃噬完一整片农田。

相关链接

伪装　36

沙漠　68

昆虫　212

运动　28

天竺鼠〔Guinea Pigs〕

逆毛天竺鼠

毛发混合了多种颜色

天竺鼠是一种经过驯养的哺乳动物，属于啮齿类动物。啮齿类动物还包括老鼠和松鼠等。天竺鼠在世界范围内都被当作宠物被人类饲养。它们在野外生活的近缘动物被称为豚鼠。豚鼠生活在南美洲没有树木的草原上。多达 40 只的豚鼠会集体生活在由其他小型哺乳动物挖掘却废弃的洞穴中，躲避捕食者，同时也将其作为寒冷季节的庇护所。

天竺鼠妈妈和宝宝

天竺鼠宝宝正在吸食母乳

多彩的皮毛

豚鼠只有褐色或灰色的皮毛，而作为宠物的天竺鼠却已繁育出多种不同的颜色。它们的毛或长或短，有的光滑，有的粗糙。

大大的警觉的眼睛

成年天竺鼠

抚育幼崽

天竺鼠出生时就长有一身的毛，它们在出生的 21 天内吸食妈妈的乳汁，不过其实它们在出生后一周就可以吃固体食物了。

比例

身体形状

天竺鼠和豚鼠都长着矮胖的身体和短短的腿，没有尾巴。没有毛的耳朵长在大大的脑袋上。它们的前腿很强壮，上面有四根脚趾，脚趾上有锋利的爪子用于挖洞。

锋利的爪子用来挖洞和抓东西

信息卡

科：豚鼠科
栖息地：野外；草原、森林、岩石地区
分布：南美洲
食物：草和其他小型植物
孕期：58~72 天
产崽量：1~13 只
寿命：天竺鼠：最长达 8 年；豚鼠：3~4 年
尺寸：25 厘米

在野外，豚鼠以家庭为单位生活在一起

豚鼠家庭

社交生活

天竺鼠是社会性动物。生活在野外的豚鼠以家庭为单位生活在一起，每个家庭最多 10 个成员。它们通过叽叽喳喳的叫声来彼此交流，或者使用婴儿般的嘟囔声来表现兴奋的状态或危险的到来。

鸥（Gulls）

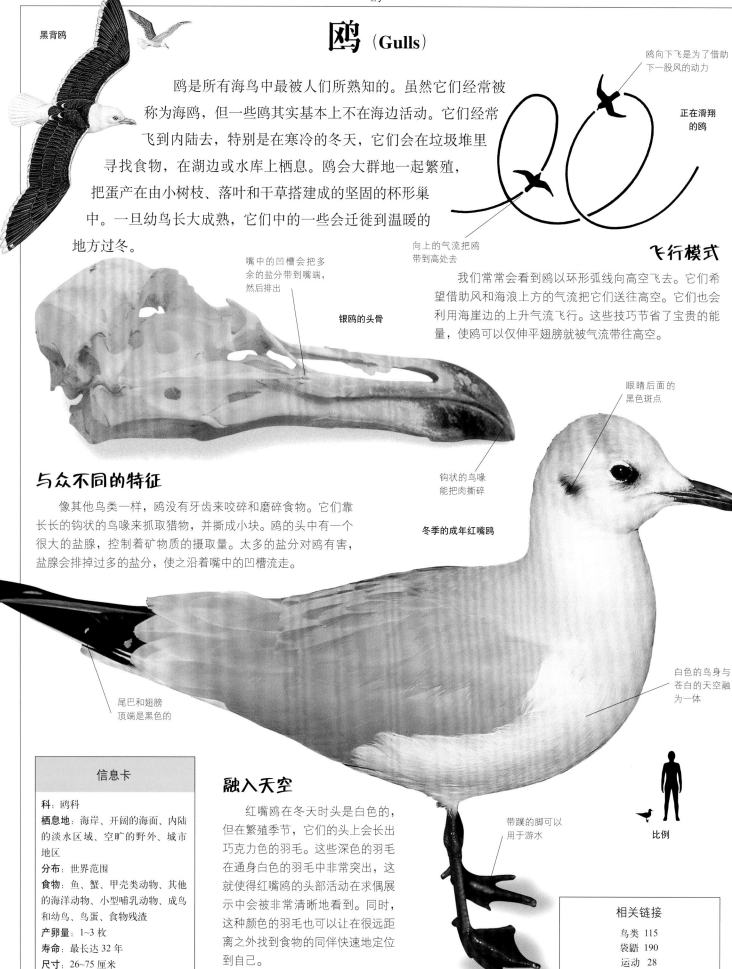

黑背鸥

鸥是所有海鸟中最被人们所熟知的。虽然它们经常被称为海鸥，但一些鸥其实基本上不在海边活动。它们经常飞到内陆去，特别是在寒冷的冬天，它们会在垃圾堆里寻找食物，在湖边或水库上栖息。鸥会大群地一起繁殖，把蛋产在由小树枝、落叶和干草搭建成的坚固的杯形巢中。一旦幼鸟长大成熟，它们中的一些会迁徙到温暖的地方过冬。

鸥向下飞是为了借助下一股风的动力

正在滑翔的鸥

向上的气流把鸥带到高处去

飞行模式

我们常常会看到鸥以环形弧线向高空飞去。它们希望借助风和海浪上方的气流把它们送往高空。它们也会利用海崖边的上升气流飞行。这些技巧节省了宝贵的能量，使鸥可以仅伸平翅膀就被气流带往高空。

嘴中的凹槽会把多余的盐分带到嘴端，然后排出

银鸥的头骨

与众不同的特征

像其他鸟类一样，鸥没有牙齿来咬碎和磨碎食物。它们靠长长的钩状的鸟喙来抓取猎物，并撕成小块。鸥的头中有一个很大的盐腺，控制着矿物质的摄取量。太多的盐分对鸥有害，盐腺会排掉过多的盐分，使之沿着嘴中的凹槽流走。

眼睛后面的黑色斑点

钩状的鸟喙能把肉撕碎

冬季的成年红嘴鸥

白色的鸟身与苍白的天空融为一体

尾巴和翅膀顶端是黑色的

带蹼的脚可以用于游水

比例

融入天空

红嘴鸥在冬天时头是白色的，但在繁殖季节，它们的头上会长出巧克力色的羽毛。这些深色的羽毛在通身白色的羽毛中非常突出，这就使得红嘴鸥的头部活动在求偶展示中会被非常清晰地看到。同时，这种颜色的羽毛也可以让它在很远距离之外找到食物的同伴快速地定位到自己。

信息卡

科：鸥科
栖息地：海岸、开阔的海面、内陆的淡水区域、空旷的野外、城市地区
分布：世界范围
食物：鱼、蟹、甲壳类动物、其他的海洋动物、小型哺乳动物、成鸟和幼鸟、鸟蛋、食物残渣
产卵量：1~3 枚
寿命：最长达 32 年
尺寸：26~75 厘米

相关链接

鸟类 115
袋鼯 190
运动 28

仓鼠和沙鼠 （**Hamsters and Gerbils**）

金丝仓鼠和蒙古沙鼠是人类熟知的宠物，实际上，它们只是生活在世界范围内的仓鼠和沙鼠中的两种。这两种小动物都属于啮齿类动物。啮齿类是哺乳动物中的一个类群，还包括大鼠和小鼠。仓鼠和沙鼠都在夜间活动，它们在地上挖洞，然后把窝搭在里面。它们以种子和其他植物的果实为食，它们会将这些食物收集起来储存在洞穴中。在洞穴中，它们可以安全地享用食物或是继续增加储存量。

尾巴

沙鼠

大耳朵

金色的皮毛可以帮助沙鼠隐藏在周围的沙地环境中

运送食物的颊囊

仓鼠有着圆溜溜的身体和粗短的尾巴。它们上下颌的两侧长着松弛的皮肤褶皱，被称为颊囊。它们会将食物填满颊囊，然后带进洞穴中。

在吃东西时，前爪能像手一样握住食物

敏捷的沙鼠

和仓鼠一样，沙鼠长着大眼睛和大耳朵，它们的尾巴也很长，还有长长的后腿和脚用于跳跃。沙鼠能够生活在很干旱的地方，因为它们不用怎么喝水，它们会在沙上挖洞来躲避阳光的暴晒。

搭窝

野生的沙鼠会在洞穴中的窝里躲避高温、严寒和危险。无论是野生还是作为宠物的沙鼠，都会收集植物和其他碎片来搭窝。

侏儒仓鼠

比例

沙鼠

在寒冷的季节，厚厚的皮毛能够为沙鼠保暖

信息卡

科：鼠科

种类：仓鼠：18 种；沙鼠：87 种

栖息地：干旱的草原、沙漠、山地斜坡

分布：欧洲、中东、非洲、亚洲

食物：种子、嫩枝、树叶

产崽量：仓鼠：2~16 只；沙鼠：1~12 只

孕期：仓鼠：16 天；沙鼠：30 天

寿命：大约 3 年

尺寸：10~18 厘米

没有毛的仓鼠宝宝

出生的前两天，仓鼠宝宝还没有睁开眼睛，毫无防御能力，身上也没有毛。如果有危险，仓鼠妈妈会把它的宝宝们放进它的颊囊中。

仓鼠妈妈和宝宝

相关链接

卵和巢 42

哺乳动物 239

小鼠 246

大鼠 291

啮齿动物 303

刺猬（Hedgehogs）

刺猬属于哺乳动物中的食虫动物（以昆虫为食），这个族群还包括鼩鼱和鼹鼠。它们都是小型的夜间活动的独居动物。刺猬的背部和头部长了一层防御性的尖刺。刺猬宝宝在刚出生时眼睛是看不见的，身上光溜溜的，只有浅红色的皮肤。出生后的三四个星期，当刺猬离开洞穴的时候，它们就披上了能够保护自己的带有 3 000 根刺的"外套"。

自我防御

当受到捕食者的威胁时，刺猬会把身上针一样的尖刺竖立起来，然后身体缩成一个大刺球，这种姿态使得任何捕食者都无法碰触它们的身体，因为会被尖刺扎伤。

长耳朵的沙漠刺猬

长长的耳朵帮助刺猬保持凉爽

缩成一团的刺猬

在沙漠打洞

沙漠刺猬在白天炎热的时候躲在凉爽的地洞中休息。它长长的耳朵能够散发热量，帮助在沙漠的酷热中降低体温。到了晚上，它外出捕猎食物。和其他所有的刺猬一样，沙漠刺猬的视力很差，靠着灵敏的嗅觉和听觉在黑暗中寻找食物。

收集干燥的植物材料为搭窝作准备

信息卡

科：猬科
栖息地：草原、热带草原、沙漠、农田、林地
分布：欧洲、亚洲、非洲
食物：甲壳虫、蚯蚓、蛞蝓、鸟蛋、小型哺乳动物
产崽量：4~5 只
寿命：最长达 7 年
尺寸：15~35 厘米

相关链接

食蚁兽 95
求偶与交配 38
防御 34
草原 64
哺乳动物 239
树懒 321

比例

在冬天休息

在秋天来临时，欧洲刺猬就开始为冬眠（睡觉度过整个冬天）作准备了。它会用草、树枝和树叶为自己搭建一个温暖的窝，然后尽量地多吃来储存脂肪。这能够帮助它度过没有活动的长长的"假期"。

欧洲刺猬

河马〔Hippopotamuses〕

除了普通河马之外，还有一种侏儒河马也生性喜水，它们生活在森林中。普通河马体型巨大，是笨重的食草动物。它们一天中的 18 个小时都浸泡在湖水或河水中，在水中它们能够休息，节省体能，躲避非洲阳光的暴晒。它们几乎无毛的身体会分泌一种粉色的油脂，这种物质能够起到防晒的作用，同时也能防止脏水对皮肤造成伤害。河马群在晚间进食，它们从水中出来，沿着早已形成的路线去到它们最喜欢的进食处。

成年河马

浸入水中

河马的眼睛、耳朵和鼻孔都长在头部靠上的地方，这就意味着当它们为了防止皮肤被烈日晒干而不得不将整个身体浸入水中的时候，依然可以对水面上的危险保持警戒，同时也能顺畅地呼吸。

潜水高手

在水下，河马可以沿着河床行走或是奔跑。一旦进入到水下，它们的耳朵和鼻孔就会闭合，防止水流进入。这种浸入水中的行为最长可以持续 5 分钟。河马是潜水和游泳的高手。河马的脚趾间长着蹼，能够像船桨一样划水，这使它们光滑的身体能够在水中任意穿行。

在水下的河马

信息卡

科: 河马科
栖息地: 草原上的河与湖中; 侏儒河马: 热带雨林、沼泽
分布: 非洲
食物: 草; 侏儒河马: 叶子、树枝、果实、根
寿命: 45 年; 侏儒河马: 最长达 35 年
尺寸: 3~5 米; 侏儒河马: 1.5~1.75 米

比例

大块头

河马的体型庞大，身体像桶一样，头部巨大，四条腿粗短。它们长着巨大的犬齿，被称作獠牙，用于打斗。它们同时还有大颗的臼齿，用于把草磨碎。

皮肤上的伤痕来自与其他河马的打斗

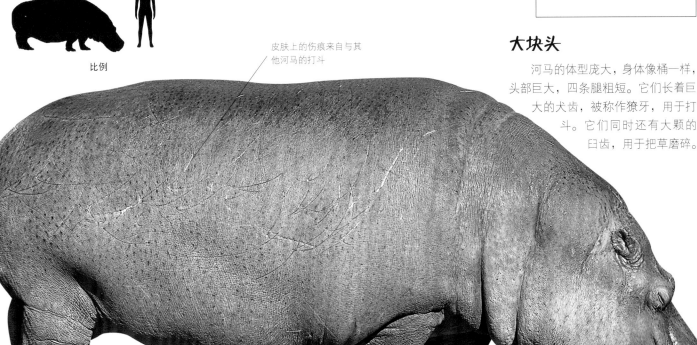

成年河马

带蹼的脚趾像桨一样在水下划动

厚厚的嘴唇能摘取青草

在水边

河马生活在非洲草原的河边或是湖边。它们从不远离水边。白天，它们在水边休憩，当有危险来袭或是太热的时候，它们会进入水中。到了晚上，气温降下来，河马群会沿着老路回到觅食地，在那里进食直到太阳升起来，然后它们会再次回到水边。

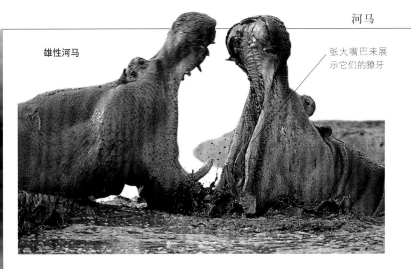

雄性河马

张大嘴巴来展示它们的獠牙

侏儒河马妈妈和它的孩子

沼泽中的生活

侏儒河马以独居或小群体的形式生活在森林里的沼泽中。不像它们大个头的近缘动物河马,侏儒河马在水中的时间很少。但是,一旦受到威胁,它们会穿过浓密的灌木丛,沿着小路,躲进溪流或是河水中。

竞争

雄性河马之间的竞争通常通过张大嘴巴展示大颗的獠牙来恐吓对方。如果这种威胁还不能阻止竞争,接下来它们就要用獠牙来进行打斗了。雄性河马非常好斗,尤其在保卫自己的领地和雌性河马时会非常勇猛。

锋利的獠牙用来威胁对手和打斗

成年河马

防御

尽管体型巨大,河马却能在陆地上以惊人的速度奔跑,来保护自己和幼崽。虽然白天的时候它们待在水中,但是会在夜间到陆地的草原上吃草。

粗短的腿

河马群会紧紧地靠在一起,防止敌人来犯

群居很安全

河马通常以 10~20 头的数量生活在一个小群体中,有时群体中的个体数量也会增加。它们依靠鼻子发出的哼声和大声的吼叫来进行沟通。河马群中大部分是雌性河马和它们的孩子,河马宝宝通常趴在妈妈的背上寻求安全。群居生活能够帮助河马防御诸如鳄这样的敌害,保护彼此的安全。

河马群

相关链接

求偶与交配 38
草原 64
哺乳动物 239

马及其近缘动物〔Horses〕

马科动物所有成员的脚上都只有一趾（蹄子），这也正是它们被称为奇蹄目动物的原因。马和矮种马都是健壮聪明的动物，以群体的形式生活在一起。野马生活在开阔的野外，以草和植物为食，它们常常长途跋涉到很远的地方去寻找新的食物源地。公马（雄性）为了保卫自己的领地和母马（雌性）会用前蹄攻击对手。任何太过靠近的对手都可能遭到公马重重的一击。

宽阔的肩膀和身体提供了牵力

佩尔什马

达特穆尔小型马

厚实强健的脖子和长长的鬃毛

蹄子由强壮的角质物构成

比例

强壮的重型马

在马科动物中，有一类被称为"重型马"，其中包括佩尔什马、布拉班特马、希尔马以及萨福克矮马。这些身强体壮的大个头儿被用作农田用具的"引擎"已经有好几百年的历史了。事实上，现代的引擎更是采用了"马力"这个词作为功率单位。

凶猛的小型马

小型马是一种体形较小、矮壮结实的马科动物，它们生活在野外，像是沼泽或是山地这样阴凉、荒芜的地方，它们能够在这种食物匮乏的环境中生存下来。它们以擅长走山路而闻名，它们可以步伐矫健地行走于崎岖不平的道路上。

马群中的马会用鼻子摩擦或是梳理同伴的马鬃

放归野外

被人类驯养的马现在很多会被放归野外，重新成为野马。它们群居在一起，以开阔草原上的草为食。

放归的野马群

背部有深色的条纹

带斑纹的皮毛

很多野马身上都长着花纹，那能够帮助它们伪装自己，特别是在它们奔跑起来的时候。在花斑矮马栗色的身上有大块大块的白色斑纹，这种大块的黑白相间的图案就叫作花斑或杂色。

大块的白色斑纹点缀在矮马侧面的皮毛中

花斑矮马

土库曼野驴

每个种都有自己独特的斑纹

普通斑马

驴

亚洲野驴，比如土库曼野驴、波斯野驴和西藏野驴，经常被称作"半驴"，它们与非洲野驴（或者叫"真正的驴"）有近缘关系。野驴比起矮种马，体形要更小一些，背部有条纹、短鬃毛。在冬季，中亚野驴会长出厚厚的皮毛来抵御冰冷的寒风。

耳朵能够转向声源的方向

信息卡

科：马科
栖息地：草原、半荒漠、山地高原、荒野、驯养马：封闭的田地
分布：世界范围，南极洲除外；斑马：非洲
食物：主要以野草、带刺灌木、灌木为食；驯养马：草、干草和粮食

马蹄

马蹄起保护足骨的作用，它由角质蛋白组成，这种物质也是构成指甲的成分。在受到惊吓或是紧张的时候，马会用蹄子摩擦地面。

勇敢的斑马群

斑马是唯一一种全身长有条纹的马科动物。它们生活在非洲草原上，常常成群地在草原上进食。当它们的后代受到狮子或是鬣狗的威胁时，斑马群从不躲藏，而是勇猛地站在一起予以回击。

眼睛长在头部较高的位置

优雅的马头

沙加·阿拉伯马

抬高的尾巴是阿拉伯马典型的特点

阿拉伯血统的马

大多数被人类驯养的马的起源可以追溯至北非和阿拉伯地区对马匹的繁殖。阿拉伯血统的马以它们的快速、勇敢、温顺以及耐力而闻名。

大而开阔的鼻孔用来吸进更多的空气

细长的马腿奔跑起来速度很快

头部特征

马具有良好的全视角视野，这要多亏了它们长在细长头部两侧较高位置的眼睛。它们的耳朵通常向前立起，但在生气或害怕时，马的耳朵会耷拉下来。马又大又开阔的鼻孔使它能够在奔跑时吸入足够的空气。

威尔士柯柏马

威尔士柯柏马

轻型挽马，比如坚韧勇敢的威尔士柯柏马，被人类驯养和繁殖用来拉货车和车厢。因其吃苦耐劳的特性，威尔士柯柏马一直广受赞誉。

为了工作时的安全考虑，尾巴被切除

长长的鬃毛和穗子（前额的毛发）

夏尔马

强健的拱形脖子

不同尺寸的马

被人类驯养的马和矮种马共有150多种。当大块头的夏尔马和设得兰矮种马站在一起时就能显示出驯养马在尺寸大小上的巨大差异。但这两种马都因为它们力气大而被认为非常珍贵。实际上，唯一比夏尔马更强壮的动物只有大象。

设得兰矮种马

满是肌肉的强壮的腿

相关链接

驴和野驴 163
草原 64
食草动物 30
貘 336
斑马 361

人类〔Humans〕

　　人类是地球上最有智慧的生物，属于灵长目动物，这是哺乳动物中的一大类，还包括猴科和猿科的动物。像其他灵长目的动物一样，人类的手脚上长有五根手指或是脚趾，指端或是趾端生有指甲。人类的眼睛平视向前，能够准确地判断距离。与相近的物种猿一样，人类没有尾巴，但与猿不同的是，体表没有长的体毛，但人类通过穿衣服来保暖，这使得人类可以生活在地球上的大多数地方。年幼的孩子会和父母一起生活 14~18 年，在这段时间，他们学习很多技能为以后在人类社会中独立生存作准备。

脑的力量

　　就大小来说，人类的脑比其他哺乳动物的脑要大很多，也更复杂。特别是大脑的存在，它是人类思考、创造、记忆、学习能力的来源。同时，大脑也负责个人的人格、情感以及视觉、听觉、味觉、嗅觉、感觉这些感官功能。虽然大脑只占到人类体重的 2%，但它消耗的能量却高达 20%。

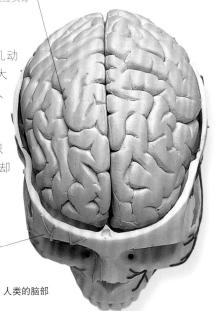

大脑层叠起来以适应头骨

头骨起到保护大脑的作用

人类的脑部

手臂用来抓握和拿取物品

成年男性

信息卡

科: 人科
栖息地: 陆地上的大部分栖息环境，住在房子或其他的庇护所里
分布: 世界范围
食物: 动物、植物以及它们的产出物
生育孩子的数量: 1~2 个
寿命: 长达 100 年
尺寸: 1.5~2 米

人类的身体

　　人类是直立行走的，整个身体由长而强壮的腿部和大大的脚部支撑。人类的头部有较为平坦的面部和向前注视的眼睛。人类的胳膊和手配合起来可以提、抓和握各种物品。大部分人类的身体上覆盖着短短的小细毛。只有头部以及男人的面部和胸部有较粗糙的毛发生长。

交流

　　人类是社会性动物，通过多种方式来进行交流。比如，面部的表情可以表达多种情绪，诸如高兴、焦虑、生气等。人类是唯一一种把说话和书写作为一种沟通形式的动物。说话和书写使人类能够传播知识、发展文明。

笑容表示高兴

面部肌肉控制皮肤做出发愁的表情

脚支撑着身体，在走路或跑步时，依靠脚来蹬离地面

小女孩在笑

小女孩在皱眉

学习平衡

一旦一个孩子开始学习用双脚保持平衡,那么他马上就能开始直立行走而不再向前跌倒,再接下来就能学会跑、跳和踢。走路只是人类在幼年时期需要学会的众多技能之一。在 9 个月大的时候,婴儿就开始用手和膝盖向前爬行。12 月大的时候,他们能够站立起来,并在握有辅助物品的情况下开始行走。

小男孩

摆动胳膊以保持身体平衡

腿和脚向前踢出

14 岁的小女孩

成年女性和婴儿

婴儿通过味道来辨认出自己的妈妈

成年女性

青春期时身体的生长速度非常快

妈妈和婴儿

人类在婴儿时期是没有任何生存能力的,完全需要父母来为他们提供食物、温暖和保护。怀抱或搂抱能让婴儿感觉到温暖和安全,同时他们能够辨别出妈妈熟悉的气味。婴儿通过笑或是发出咯咯的声音来给予回应。像其他哺乳动物一样,人类在婴儿时期也是以母亲的乳汁为食。当他们饥饿或是不舒服的时候会用哭声来吸引大人对他们的注意。

成长

人类的成长过程会持续很多年。在生命最初的一年,成长非常快速;在幼儿时期,因为要学习很多的技能,成长会一直持续稳定地进行;4 岁大的孩子能够说话、走路、跑步、画出简单的图画,以及认出周围的环境;在 11~16 岁这段被称为青春期的阶段,身体的生长速度会非常快,外形开始从孩子向成人过渡;大约 20 岁的时候,成长基本停止,也就达到了成人的状态。

4 岁的小女孩

蜂鸟（**Hummingbirds**）

分布在美洲大陆的蜂鸟是世界上最小也是颜色最明亮多彩的鸟类。从最小的吸蜜蜂鸟到巨蜂鸟，世界上一共有 330 多种不同种类的蜂鸟。蜂鸟的名字来源于它振动翅膀时发出就像蜜蜂一样的嗡嗡声。它们用细长的喙吸食花蜜或是啄食昆虫。在冬季，一些生活在北美洲的蜂鸟会迁徙到墨西哥，那里气候温暖，也有充足的食物供应。

细长的喙能够啄食很小的昆虫

鼻孔闭合起来能够阻挡花粉随空气进入鼻孔

棕煌蜂鸟

比例

飞行

快速振动翅膀能够使蜂鸟在同一个地方盘旋，或是向前、向两侧甚至是向后移动。小小的蜂鸟振动翅膀的频率能达到每秒 70~80 下。在进行求偶展示或是追逐竞争对手时，它们振动翅膀的速度甚至能高达每秒 200 下。

吸食花蜜

蜂鸟以花朵内含糖的花蜜为食。当它们在花朵前方盘旋时，它们把细长的喙伸进花朵里吸食花蜜。这种食物能够为它们快速振动翅膀提供所需的能量。

强壮有力、高度灵活的翅膀使蜂鸟可以在一个地方盘旋

正在空中盘旋的蜂鸟

有光泽的羽毛在不同的光线下呈现出不同的颜色

羽毛合拢能够推动空气产生气流

一对像豌豆一样大的蛋

信息卡

科：蜂鸟科
栖息地：山地、林地、雨林、草原
分布：北美、中美和南美洲，加勒比地区
食物：主要是花蜜，也吃花粉、昆虫和蜘蛛
产卵量：2 枚
尺寸：5~35 厘米

鸟巢

蜂鸟将其小而圆的鸟蛋被放在杯形的鸟巢中以保证安全。蜂鸟的巢是由苔藓、树皮和树叶搭成的。所有的材料通过蛛丝粘连在一起，然后再与周围的环境相联结，这样就能保护蜂鸟蛋的安全了。

蜂鸟的窝和蛋

相关链接

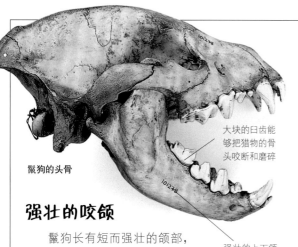

鬣狗的头骨

大块的臼齿能够把猎物的骨头咬断和磨碎

强壮的上下颌可以进行强有力的撕咬

强壮的咬颌

鬣狗长有短而强壮的颌部，以及牢固坚硬的牙齿。这使它们能够咬碎和吞咽大块的骨头，它们也能咬碎其他食肉动物留下的坚硬的遗骸。它们会将无法消化的部位，比如犄角、蹄子或是毛发，形成丸状物再反刍吐出。

鬣狗（**Hyenas**）

鬣狗一共有三种：斑点鬣狗（三种中体型最大的）、条纹鬣狗以及棕鬣狗。鬣狗是食肉动物，在夜间猎食或是吃腐肉（死去动物腐烂的肉）。白天，它们在洞穴或地洞中休息。鬣狗有一些共同的外部特征：强壮的前腿和肩膀、大大的头部，以及沿着倾斜的背部生长的浓密的鬣毛。

通过气味和叫声交流

斑点鬣狗通过在领地留下气味标记来与同伴进行沟通联络。同时，它们也因通过听起来很像笑声的叫声来交流而闻名。

斑点鬣狗

深色的鬣毛能竖起来使鬣狗看起来块头更大

大而蓬松的尾巴

与众不同的倾斜的肩部

条纹鬣狗

良好的嗅觉

后腿比前腿略短

食腐动物

条纹鬣狗和棕鬣狗不像斑点鬣狗那样吵闹和好斗。它们常以腐肉为食，但是也会吃活的昆虫和小型哺乳动物，以及蛋和果实。它们的幼崽会吸食妈妈的乳汁直到12个月大，同时也有成年的鬣狗会把食物带回到群体中给它们吃。

四根带爪子的脚趾

比例

信息卡

科：鬣狗科
栖息地：干旱开阔的草原、灌木丛、多石的沙漠
分布：印度、土耳其、中东，以及非洲和俄罗斯的部分地区
食物：大型哺乳动物、腐肉
孕期：3~4 个月
寿命：25~30 年
尺寸：70~90 厘米

相关链接

草原竞技场

　　鬣狗生活在干旱开阔的热带草原，那里生活着多种食草动物可供它们捕食。它们通常白天在地洞或是草丛、岩石堆中睡觉，到了黄昏时分开始活动。鬣狗喜欢吃腐肉，但是它们也进行捕食的活动，特别是斑点鬣狗。通过集体性捕食，它们可以捕食像斑马这样的大型食草动物。

昆虫（Insects）

在陆地上，平均每 3 平方千米上存在的昆虫比人类还要多。它们生活在各种各样的栖息地中，并分布于世界各地。蝴蝶、蜂、甲虫、蚂蚁、蝇以及蚱蜢都是人们熟知的昆虫，跳蚤、虱子、蠼螋、蟑螂以及白蚁也都属于昆虫，但蝎子、蜘蛛和蜈蚣不在昆虫之列。通过数腿的个数，能够把昆虫从其他的小型动物中辨别出来——成年昆虫都有 6 条腿。大多数昆虫都有翅膀，能够飞行。

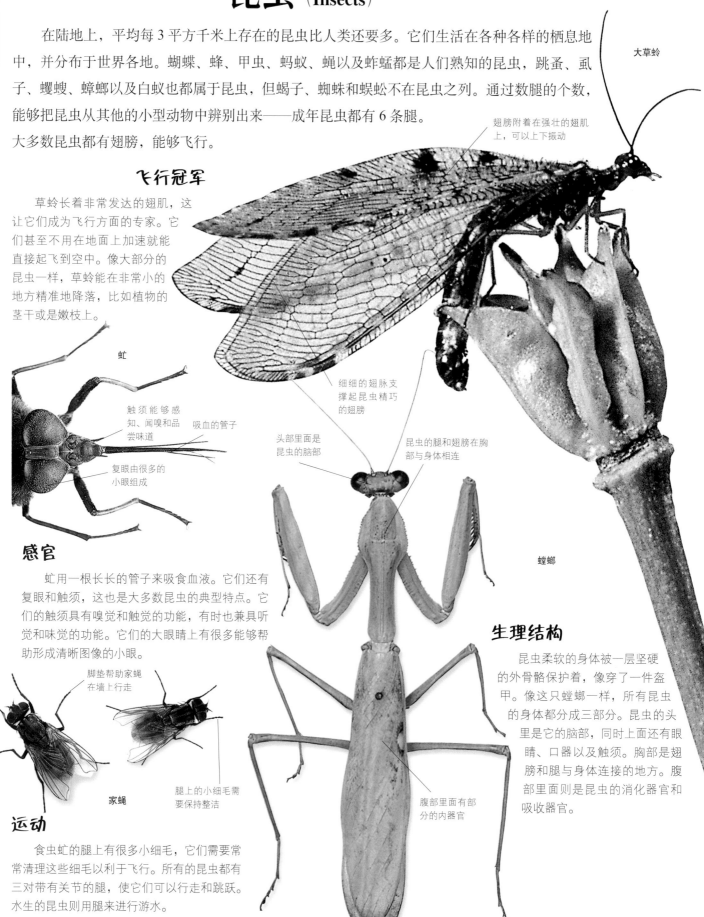

大草蛉

翅膀附着在强壮的翅肌上，可以上下振动

飞行冠军

草蛉长着非常发达的翅肌，这让它们成为飞行方面的专家。它们甚至不用在地面上加速就能直接起飞到空中。像大部分的昆虫一样，草蛉能在非常小的地方精准地降落，比如植物的茎干或是嫩枝上。

虻

触须能够感知、闻嗅和品尝味道

吸血的管子

复眼由很多的小眼组成

细细的翅脉支撑起昆虫精巧的翅膀

头部里面是昆虫的脑部

昆虫的腿和翅膀在胸部与身体相连

螳螂

感官

虻用一根长长的管子来吸食血液。它们还有复眼和触须，这也是大多数昆虫的典型特点。它们的触须具有嗅觉和触觉的功能，有时也兼具听觉和味觉的功能。它们的大眼睛上有很多能够帮助形成清晰图像的小眼。

脚垫帮助家蝇在墙上行走

腿上的小细毛需要保持整洁

家蝇

生理结构

昆虫柔软的身体被一层坚硬的外骨骼保护着，像穿了一件盔甲。像这只螳螂一样，所有昆虫的身体都分成三部分。昆虫的头里是它的脑部，同时上面还有眼睛、口器以及触须。胸部是翅膀和腿与身体连接的地方。腹部里面则是昆虫的消化器官和吸收器官。

腹部里面有部分的内器官

运动

食虫虻的腿上有很多小细毛，它们需要常常清理这些细毛以利于飞行。所有的昆虫都有三对带有关节的腿，使它们可以行走和跳跃。水生的昆虫则用腿来进行游水。

正在交配的一对墨西哥豆瓢虫

食蚜虻

带条纹的身体看起来就跟胡蜂一样

繁殖

豆瓢虫会通过它们绚丽的颜色和图案来找到适合的交配对象。还有一些昆虫会通过特殊的气味或声音来吸引交配对象。大多数雄性昆虫必须在雌性昆虫产卵前与之交配，这样才能产下它们的下一代。

外表相似的昆虫

食蚜虻身上的条纹和颜色看起来和胡蜂一模一样，以至于敌人会误以为它是胡蜂而放过它。像胡蜂、蜜蜂和瓢虫这一类的昆虫，它们的颜色都很鲜明，并带有条纹或斑点。这些图案能够警告那些捕食者，它们是有毒的昆虫或并不美味，或者是身上武装了致痛的毒刺。

信息卡

纲：昆虫纲
种类：超过 100 万种
栖息地：陆地和淡水的各种栖息地，有一些生活在海水中
分布：所有的大洲和大洋
食物：各种食物类型，包括植物、活着或死去的动物、血液、粪便、动物胶

胡蜂的刺刺入了象鼻虫的身体并使它麻痹

有用的刺

胡蜂的身上有一根刺，用来防御捕食者的攻击。此外，它们还会用这根刺来杀死或麻痹猎物，比如蜘蛛、象鼻虫，甚至是年幼的胡蜂。有一些雌性胡蜂在抓到猎物之后，不是吃掉它们，而是把它们带到一个隐秘处，在它们的体内产卵。这样就能够保证当胡蜂幼虫破卵而出的时候有足够的食物可以吃。

象鼻虫将为出生的胡蜂幼虫提供新鲜的肉食用

正在捕食象鼻虫的胡蜂

兰花螳螂

前腿收起来做好捕食的准备

把口器插入皮肤吸食血液

产卵管

蚊子

长在腿上像花瓣一样的步肢

进食

兰花螳螂捕食活的小型动物。它之所以能成功突袭猎物是因为它身体的颜色使它能够隐藏在兰花之中。它会趴在一朵兰花上，静待着猎物爬上植物。螳螂用它的前腿将猎物抓住，然后吃掉。其他一些昆虫以植物的各个部分为食，包括叶子、茎部、根部、木质部或者花蜜，还有一些昆虫食用粪便、死掉的动物、布、羽毛和纸。

吸血昆虫

雌性蚊子以活着的动物或者人类的鲜血为食。它们把长长的口器插进吸食对象的皮肤中，然后吸食血液。这为繁殖期的它们提供了充足的蛋白质，以满足产卵的需要。

卵　　刚孵化出的幼虫　　　　成熟的幼虫

四个阶段的生命周期

蜜蜂、甲虫、蚂蚁和蛾子，它们的生命都要经历四个阶段。它们最先从卵孵化成没有腿的毛毛虫或是幼虫，然后不断地进食和长大。当它们停止生长，就到了蛹的阶段。在一个保护性的外壳中，它们的身体经历了完全的重塑，然后就破茧而出长成了成虫。这样的过程被称为"完全变态"。

雄性的蛹

若虫看起来就像是小号的成虫，但是没有翅膀

蜉蝣幼虫用它们身体两侧羽毛形状的腮在水下进行呼吸

三个阶段的生命周期

蜉蝣、蚱蜢以及臭虫的生命过程要经历三个阶段。它们从卵孵化成被称为若虫的幼虫，若虫看起来和成虫很像，不过没有翅膀。随着不断的进食和长大，它们的外皮开始变得紧绷，然后脱落，翅膀也慢慢地发育出来，最终它们完全地发育成成虫。这种逐渐变化的过程被称为"不完全变态"。

蜉蝣若虫

无脊椎动物（Invertebrates）

　　动物界被分为两大类：体内有脊椎骨的被称为脊椎动物，体内没有脊椎骨的被称为无脊椎动物。大约有90%的动物都没有脊椎，大约有33个不同类群（门）的动物都属于此列，其中昆虫是最大的一类。无脊椎动物的亲缘关系较远，每一种都和其他种类非常不同。很多无脊椎动物生活在海洋中，那些生活在陆地上的都非常常见，在世界范围内都有分布。

蜘蛛蟹

坚硬、带着钉状突起的外壳保护着内部的器官

体外滑滑的黏液能够防止身体变干，同时能帮助它滑动

蠕虫

　　很多无脊椎动物的身体都被分为不同的体节。比如蚯蚓，每一个体节上都有独立的肌肉组织。这使得它能够通过改变身体的形状和同时移动身体的每一个体节在土壤中蠕动。

节肢动物

　　昆虫和甲壳动物，比如螃蟹和虾，是节肢动物门五纲中的两纲。节肢动物的身体分节，同时身体外面有一层硬质的外骨骼保护。所有的节肢动物都有成对的分节的肢，其中一些动物的肢还能完成一些特殊的任务，比如挖洞或是捕食猎物。

分节的肢更容易弯折

信息卡

门：无脊椎动物下包括了33个主要类别（门）的动物
栖息地：海洋、河流、湖泊、草原、山地、密林和沙漠
分布：世界范围
食物：植物和其他动物、腐肉、血液和体液

头部有很小的嘴巴用于进食

触手能够使猎物昏迷

海葵

刺胞动物

　　海葵、水母和珊瑚都属于无脊椎动物中的刺胞动物。这些动物都长着带刺的触手用来捕食小型动物。大部分刺胞动物都有柔软、类似胶状物的身体，其实大部分是由胃组成的。

普通蚯蚓

带刺的海星

皮肤外覆盖着一层带刺的骨骼

从中间分开时身体两边完全对称

眼睛长在较长触角的顶端

普通蜗牛的底部

两对柔软、敏感的触角能够探知运动或是寻找食物

对称的身体

几乎所有的无脊椎动物都有着对称的身体。棘皮动物（皮肤上布满小刺的动物），比如海星，身体成辐射形对称。也就是说，不管从任何方向都能把它们的身体从中间分成完全对称的两部分。蠕虫、昆虫和蜗牛则属于两侧对称的，它们的头部和尾部并不相同，因此只能将它们纵向地分成对称的两部分。

长长的圆柱形身体外有一层弹性皮肤

蛔虫

光滑的腹足从表面划过

蛔虫

线虫类（身体呈线状的动物），比如蛔虫，分布在各种栖息地，从最深的海床到高山的山巅都有它们的身影。它们中的很多种都是寄生虫，从其他动物或植物身上吸取营养物质。

身体不对称

海绵

柔软的身体能够缩进壳中

海绵

与大部分无脊椎动物不同，海绵的身体不对称，它们看起来更像是一棵奇怪的植物，而不是动物。它们固定在一个地方生长，没有眼睛、耳朵、大脑、神经、心脏，甚至血液。它们靠挤出进入身体的水流、振动细小的鞭毛、滤出食物残渣来进食。几乎所有品种都生活在海洋中。

蜗牛

蜗牛的身体外有一个坚硬的壳来保护里面柔软的身体。它属于无脊椎动物中的软体动物门，这一类别还包括蛞蝓、海蛞蝓、章鱼和鱿鱼。与昆虫不同，软体动物没有分节的肢。蜗牛和其他大部分软体动物靠身体下面一大块被称为腹足的平滑部位来转动。

相关链接

动物分类 14
甲壳动物 153
昆虫 212
水母和海葵 219
软体动物 249
脊椎动物 345

美洲豹 (Jaguars)

美洲豹是生活在南美洲体型最大的猫科动物，同时也是美洲地区所发现的唯一一种大型猫科动物。美洲豹和花豹看起来很像，但体重要更重一些，动作也没有花豹那么优雅和敏捷。美洲豹主要在夜间活动，它们在亚马孙森林中独自狩猎，悄悄地追踪和伏击貘、刺鼠和鹿这一类的猎物。另外，它们也非常善于捕捉鱼、龟和蛙类。成年的美洲豹只在交配的时候才与同类相见。一旦到了两岁，美洲豹就会离开母豹，开始独立生活。

皮毛上有美洲豹的气味

斑纹外套

美洲豹带有斑纹的皮毛分为两层。内层由细小柔软的绒毛构成，外面又覆盖了一层粗糙的较长的毛，斑纹也是在这一层上。这两层毛不仅保证了美洲豹身体的温暖，同时还能使它在捕食时隐藏在树林或是草原中。

脸部的斑纹较小

美洲豹

感官和能力

美洲豹凭借它们敏锐的视力和听力在夜间进行捕食。在昏暗的光线中，它们放大瞳孔，尽可能地让更多的光线进入眼中。白天，当美洲豹休息的时候，它们的瞳孔又会缩小，防止强烈的阳光刺伤眼睛。善于游泳的技能扩大了美洲豹捕食的范围，这种大型猫科动物甚至知道如何杀死一只鳄。

信息卡

科: 猫科
栖息地: 热带雨林、沼泽、草原
分布: 从巴西到阿根廷北部
食物: 小型和大型的哺乳动物、鸟、龟、鱼
孕期: 3~4 个月
寿命: 最长达 20 年
尺寸: 最长达 1.8 米

比例

森林美洲豹

玫瑰斑纹中有一个圆点

强壮的脖子能够在伏击的时候让脑袋趴得很低

成年美洲豹

独身捕食者

与多数大型猫科动物不同，美洲豹的四肢短而粗壮，因此它们更善于蛰伏突袭，而不是追击猎物。美洲豹还是攀爬高手，能够爬到树上去捕食像猴子一类的动物。

短而粗壮的腿

带斑纹的猎手

　　美洲豹生活在中南美洲浓密的森林或是湿地中。虽然它们善于攀爬和游泳，但却不能奔跑太长的距离。也就是说，它们要很靠近猎物才能成功地捕食。通常情况下，它们是在地面上悄悄地靠近猎物，但有时也会从低低的树干上进行追踪。一旦填饱了肚子，美洲豹就会开始非常悠闲地休息。

水母和海葵 （Jellyfish and Anemones）

虽然外观很不同，但水母和海葵却是同一科的动物，这一科中还有珊瑚。它们都是生活在海洋中的动物，身体柔软、没有骨头、长着带刺的触手。水母的形状像一个钟罩或一把伞，长有长长的摺边和细长的触手，它们是自由游动的海中生物，也被称为海蜇。海葵管状身体上长有随水流漂动的触手，生活在贝壳和岩石的表面。

蛇颈海葵

底部吸附在岩石上

口部隐藏在一团触手中

捕捉猎物

水母和海葵都是食肉动物。它们用长着刺细胞的触手捕捉海洋中的小型动物。刺细胞能够释放毒素麻痹猎物，然后触手就把猎物拉进嘴里。一些水母能够产生致命的毒素，但是海葵对人类是无害的。

外层皮肤

在被碰到的时候，触手上的刺细胞会释放毒素

身体构造

水母的身体由两层细胞膜构成，两层细胞膜之间是胶状物质。其口部位于钟形身体的下面。海葵和与之有近缘关系的珊瑚虫都是矮胖的管状动物。管子的一端就是底部，紧紧地吸附在岩石上，口部在另一端，周围环绕着触手。

口部在钟形身体的下面

内层皮肤

普通水母

小型猎物会被触手抓住

信息卡

纲：水母：钵水母纲；海葵：珊瑚纲
种类：9 000 种
栖息地：水母：海水或淡水中；海葵：海水
分布：水母：大海、大洋、内陆湖泊；海葵：多岩石的海床或潮水潭
食物：小型海洋动物
繁殖：水母：受精卵发育成水螅体，再发育成水母；海葵：产下卵、芽体或是直接分裂
寿命：大约 5 年
尺寸：水母：最大可达 2.4 米；海葵：最大可达 90 厘米

喷水推进

水母通过喷水推进的方式在水中游动。圆形的伞状体收缩，把体内的水压缩出来，推动水母向前移动。而当伞状体的肌肉放松，水会再次注入体内。有一些水母只是简单地漂浮在海面上，随着海潮漂动。海葵的身体下面有黏腻的盘状物，使它能够沿着岩石滑动。

钟形的身体

狮鬃水母展开后直径能达到 2.4 米

狮鬃水母

触手在身体后面漂荡

相关链接

珊瑚 145

运动 28

海洋 74

比例

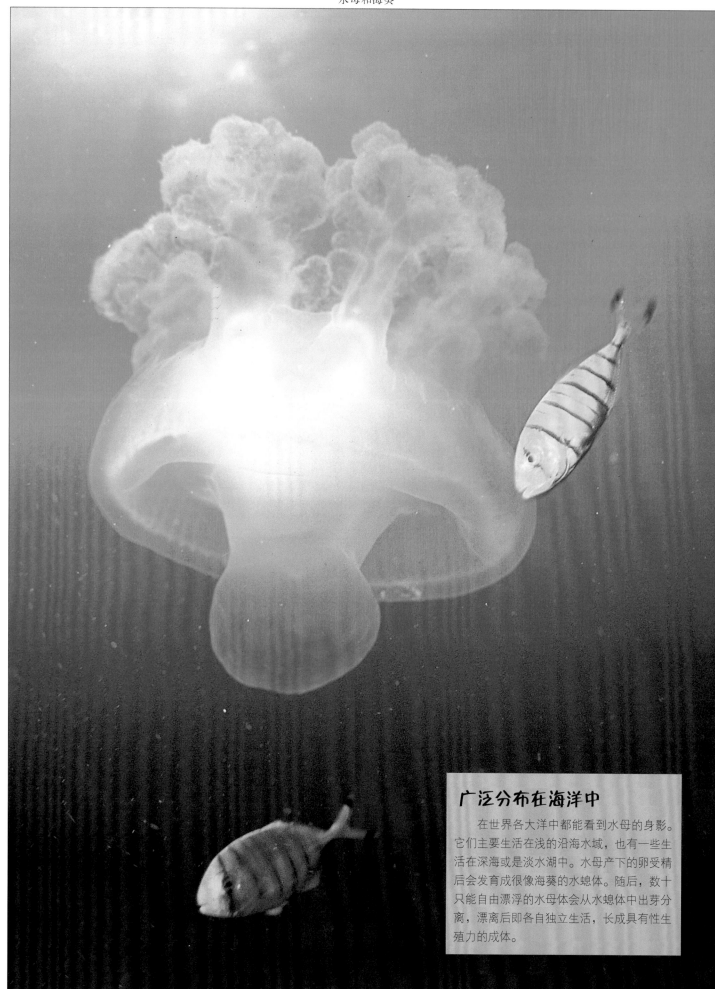

广泛分布在海洋中

在世界各大洋中都能看到水母的身影。它们主要生活在浅的沿海水域，也有一些生活在深海或是淡水湖中。水母产下的卵受精后会发育成很像海葵的水螅体。随后，数十只能自由漂浮的水母体会从水螅体中出芽分离，漂离后即各自独立生活，长成具有性生殖力的成体。

袋鼠和沙袋鼠〔Kangaroos and Wallabies〕

和很多生活在澳大利亚的哺乳动物一样，袋鼠和沙袋鼠也是有袋类动物，也就是身上长着育儿袋的哺乳动物。袋鼠宝宝是在妈妈身体前面的袋状皮肤层中成长和发育的。大部分的袋鼠和沙袋鼠生活在干旱的地方，它们在白天最炎热的时候休息，在夜间出来食草。袋鼠是有袋类动物中个头儿最大的。

外形

袋鼠和沙袋鼠的身体直立向上，后腿长而发达，前腿较短。它们又粗又长的尾巴就像是第五条腿，能够帮助支撑身体。

红大袋鼠

尾巴用来保持平衡

后腿向前伸来落地

跳跃的分解步骤图

跳跃

袋鼠和沙袋鼠依靠它们强壮的后腿运动。在跳跃的时候，它们长长的脚掌从地面同时蹬起，这样的动力足够让身体向前跃进。跳跃使这些动物能够穿越遥远的距离去寻找食物。如果全力以赴，袋鼠的速度能够达到每小时48千米。

在进食时，袋鼠会靠着两只较长的后腿休息

长长的后脚非常利于袋鼠在跳跃时向前跃进

抚育幼崽

一只沙袋鼠宝宝出生的时候个头儿很小，而且没有毛。在妈妈的育儿袋中经历几个月的快速成长后，小沙袋鼠能够短时间地外出。小袋鼠会回到育儿袋中吃奶和睡觉，或者在危险来临时，回到育儿袋中寻求安全。到了9个月大的时候，小袋鼠已经太大了，以致塞不进妈妈的育儿袋，但它仍会把头伸进去吃奶。

比例

红颈沙袋鼠妈妈和宝宝

4个月大的袋鼠宝宝回到育儿袋中吸食母乳

育儿袋用来装幼崽

信息卡

科：袋鼠科
种类：46种
栖息地：干旱的草原；树袋鼠：热带雨林
分布：澳大利亚、巴布亚新几内亚、塔斯马尼亚岛
食物：以草为主；树袋鼠：叶子和果实
孕期：30天
产崽量：1只
寿命：最长达20年
高度：61~183厘米；赤褐袋鼠：41~51厘米

在广阔的平原上

　　东部灰大袋鼠生活在澳大利亚干旱的平原和林地中。在白天炎热的时候，东部灰大袋鼠会在大块的岩石间或树丛中寻找阴凉的地方休息。它们在晚上会出来寻找和进食草和其他植物。水源在这一地区非常短缺，但是袋鼠却有很长时间不喝水也能生存的本领。

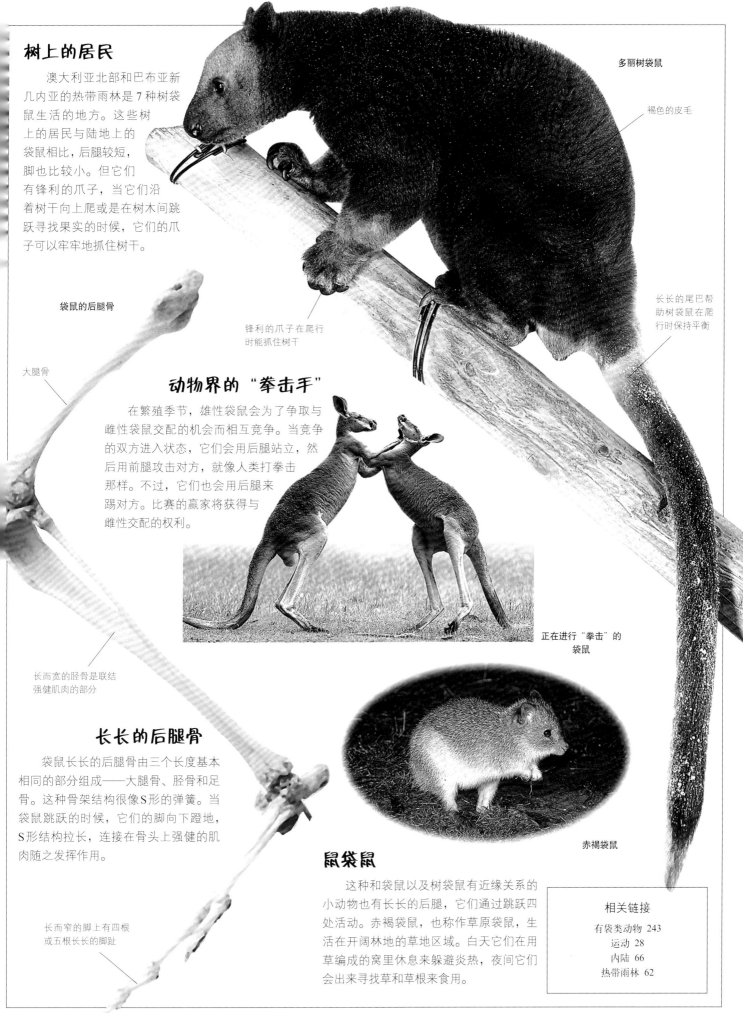

树上的居民

　　澳大利亚北部和巴布亚新几内亚的热带雨林是 7 种树袋鼠生活的地方。这些树上的居民与陆地上的袋鼠相比，后腿较短，脚也比较小。但它们有锋利的爪子，当它们沿着树干向上爬或是在树木间跳跃寻找果实的时候，它们的爪子可以牢牢地抓住树干。

多丽树袋鼠

褐色的皮毛

长长的尾巴帮助树袋鼠在爬行时保持平衡

袋鼠的后腿骨

大腿骨

锋利的爪子在爬行时能抓住树干

动物界的"拳击手"

　　在繁殖季节，雄性袋鼠会为了争取与雌性袋鼠交配的机会而相互竞争。当竞争的双方进入状态，它们会用后腿站立，然后用前腿攻击对方，就像人类打拳击那样。不过，它们也会用后腿来踢对方。比赛的赢家将获得与雌性交配的权利。

正在进行"拳击"的袋鼠

长而宽的胫骨是联结强健肌肉的部分

长长的后腿骨

　　袋鼠长长的后腿骨由三个长度基本相同的部分组成——大腿骨、胫骨和足骨。这种骨架结构很像S形的弹簧。当袋鼠跳跃的时候，它们的脚向下蹬地，S形结构拉长，连接在骨头上强健的肌肉随之发挥作用。

赤褐袋鼠

鼠袋鼠

　　这种和袋鼠以及树袋鼠有近缘关系的小动物也有长长的后腿，它们通过跳跃四处活动。赤褐袋鼠，也称作草原袋鼠，生活在开阔林地的草地区域。白天它们在用草编成的窝里休息来躲避炎热，夜间它们会出来寻找草和草根来食用。

长而窄的脚上有四根或五根长长的脚趾

相关链接

有袋类动物 243

运动 28

内陆 66

热带雨林 62

红隼 〔Kestrels〕

红隼是属于隼科的一种小型捕猎型鸟类。它们生活在开阔的郊区，主要以小型哺乳动物和昆虫为食。生活在城市区域的红隼则多以麻雀这样的小型鸟类为食。红隼不会搭建自己的窝，它们常常把一窝蛋产在树洞中，或是悬崖边的岩脊上，或是其他大型鸟类弃用的窝中。

普通红隼

捕食

在半空中盘旋的红隼常常是为了捕食。依靠着快速扇动的翅膀，红隼能在空中盘旋，它们往往会在这时盯准猎物，然后猛扑下去。

小而急速扇动的翅膀能帮助红隼在半空中盘旋

外部特征

与大部分捕猎型鸟类不同，很多雄性和雌性红隼的羽毛很不同。雄性普通红隼呈明亮的红褐色，头部和尾巴呈蓝灰色。而雌性红隼的体型要比雄性略大，它们通体呈褐色，尾巴上的羽毛较为暗淡。

雌性红隼的尾羽

大大的眼睛能看到带颜色的图像

像扇子一样突出的尾羽能保持身体的平衡

钩子一样的喙

信息卡

科：隼科
栖息地：开阔的郊区、城市地区、森林
分布：世界范围，南极洲除外
食物：小型哺乳动物、鸟、爬行动物、昆虫
产卵量：1~7 枚
寿命：最长达 16 年
尺寸：15~39 厘米

比例

典型特点

红隼具有非常敏锐的视觉，能够精准地定位猎物。它们窄而尖锐的翅膀能够快速地飞行，长长的尾羽能够准确地控制方向。此外，红隼还有坚硬的像针一样锋利的爪子，能够抓住猎物并带回栖息地，然后用喙把肉撕裂食用。

普通红隼

相关链接

鸟类 115
雕 167
运动 28
感官 24
秃鹫 347

翠鸟〔Kingfishers〕

世界上共有 80 多种不同种类的翠鸟，它们的尺寸从很小的棕背三趾翠鸟跨越到生活在非洲的大鱼狗以及澳大利亚的笑翠鸟。虽然一些翠鸟会捕食鱼类，但大部分翠鸟生活在远离水域的地方，以其他猎物为食。翠鸟矮壮结实，大部分有又大又长、尖端锋利的喙以及很短的尾羽。在我们看到翠鸟之前常常会先听到它们的叫声，因为它们会发出很大声的嘎嘎声、哨声或是尖叫声。笑翠鸟因其又长又大声的、像人类狂笑的叫声而闻名。

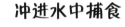

不停扇动的翅膀使翠鸟可以盘旋在半空中

带鱼狗

大大的喙能够抓住猎物

白胸翡翠

栖息在栖木上捕食

大部分翠鸟会在栖木上巡视猎物，栖木通常是一根光秃秃的露出河面的或是森林中的木棍。当翠鸟瞄准了水中的一条鱼或是地面上的昆虫或蜥蜴，它会猛冲过去用喙捉住猎物。翠鸟的脚非常适合站立在栖木上，它们的三根脚趾向前、一根脚趾向后，可以牢牢地抓在栖木上。

比例

冲进水中捕食

一些翠鸟，比如大带鱼狗，捕食时不需要借助栖木。它们常常扇动着翅膀在开阔的水面上盘旋，不断地变换位置，直到锁定一个水中的目标，然后它们会猛冲进水中抓捕猎物。

翠鸟的翅膀

绚丽的翅膀

很多翠鸟都有着明亮的像宝石一样的翅膀（羽毛），金属蓝、绿色、栗色以及白色这些颜色形成了翠鸟身上的花纹。这些羽毛大部分都是彩虹色的，在阳光的照射下会呈现出多种色彩并闪耀着光泽。

翅膀在阳光的照射下呈现多种色彩并富有光泽

翅膀快速平稳地扇动

飞行模式

翠鸟的飞行路线是直线型的，而不是在高空中翱翔。当它们从一根栖木冲向另一根栖木去寻找食物的时候，高速扇动的翅膀会发出呼呼的声音。

信息卡

科：绿翠鸟和大鱼狗：鱼狗科；蓝翠鸟和褐翠鸟：翠鸟科；笑翠鸟及其近缘动物：笑翠鸟科

栖息地：沿着水边，或是林地、灌木丛地

分布：世界范围

食物：鱼、昆虫、爬行动物

产卵量：2~7 枚

尺寸：10~45 厘米

相关链接

鸟类 115

淡水 70

林地 60

树袋熊（**Koalas**）

与袋鼠和大多数生活在澳大利亚的动物一样，树袋熊也是有袋类动物。这就意味着它们刚出生的宝宝就像蜜蜂那样大，一直在妈妈肚子前面的育儿袋中成长和发育。树袋熊是爬树的高手，它们进食、睡觉甚至繁殖都是在桉树枝上完成的，它们只在需要换到一棵新树上时才会从树上爬下来。虽然它们每天晚上会吃掉多达一千克的桉树叶，但树袋熊白天的大部分时间都在休息，因为这些树叶并不能给它们提供多少能量。

树袋熊的头部

大大的头上长有颊囊

树袋熊

比例

颊囊

树袋熊长有颊囊，用来储存桉树叶。一旦颊囊被塞满，树袋熊会慢慢地用它扁平的臼齿把这些树叶磨碎。

信息卡

科：树袋熊科
栖息地：桉树树林
分布：澳大利亚东部
食物：桉树的树叶和嫩枝
产崽量：1 只
寿命：13~18 年
尺寸：60~85 厘米

树袋熊的前臂

树袋熊用手把树叶和嫩枝送到嘴中

树袋熊在爬树的时候，前臂紧紧地抱住树干

后腿通过跳跃向上移动

牢牢抓住树干

当树袋熊在爬树或进食的时候，它们会用强壮的手臂、大大的手掌以及长长的爪子牢牢地抱住树干。

锋利的爪子能够牢牢地抓住树皮

爬树高手

树袋熊在爬树的时候会有一系列的跳跃动作。它们先用前臂抱住树干，然后两条后腿一起向上跳。随后，它们将双臂向树干上方移动，然后后腿重复跳跃的动作，这样它们就完成了向上的移动。

相关链接

岛屿 76
有袋类动物 243
食草动物 30

狐猴〔Lemurs〕

外表与猴子相似的狐猴只分布在非洲东部的马达加斯加岛。在马达加斯加的森林中，狐猴过着跟亚洲和非洲的猴子相同的生活。狐猴的手指和脚趾能够帮助它们牢牢地抓住树枝，它们的眼睛向前平视，当它们在树间攀爬或跳跃时能帮助它们判断距离。它们与猴子不同的地方在于，它们长着像狗一样的吻部，并且有出众的嗅觉。这使它们能够通过气味了解其他狐猴留下的信息。年幼的狐猴在夜间活动，而成年狐猴在白天活动。

跳跃的维氏冕狐猴

跳跃的狐猴

维氏冕狐猴用它们长长的后腿在林间跳来跳去。白天小群的狐猴在森林高处寻找食物、晒太阳以及休息。在仅有几次的地面旅行时，狐猴会用强壮的后腿在地面上向前跳跃，并把前臂举过头顶来保持身体平衡。

长长的带条纹的尾巴就像是一面随时散发臭味的旗帜，可以帮狐猴将对手驱赶走

警告的信号

环尾狐猴以小群的形式生活在一起，每群最多达 30 只，相比较其他的狐猴，它们在地面上的时间更多一些。它们用长长的带有环状条纹的尾巴在猴群中与其他成员进行交流。当它们在开阔的区域中寻找食物的时候，高举的尾巴能够帮助它们看到彼此。除此之外，当遇到敌人时，它们会用尾巴摩擦腋下的臭腺，然后不停甩动尾巴，将臭味扇向敌人来警告对方不要踏入它们的领地。

可以通过像狗一样的吻部和平视前方的眼睛来辨别狐猴

日光浴

在经历了寒冷的一夜之后，环尾狐猴通常用日光浴来开始它们新的一天。在晒日光浴时，它们会坐在地上或是一个较低的树枝上，面朝初升的太阳，展开双臂。正午时，如果非常热，环尾狐猴会在树下或者较高的树枝间找到一片阴凉的地方。

环尾狐猴

比例

晒日光浴时展开双臂

环尾狐猴

脚上长有抓握力强的脚趾

信息卡

科：狐猴：狐猴科；维氏冕狐猴：大狐猴科
栖息地：森林或是长着树木的岩区
分布：马达加斯加
食物：果实、树叶、花、树皮，有一些也吃昆虫和蛋类
尺寸：头和身体：30~55 厘米；尾巴：25~65 厘米

相关链接

岛屿 76

哺乳动物 239

猴 252

热带雨林 62

豹（Leopards）

豹是兼具优雅和力量的大型独居猫科动物。它们用粗粝、刺耳的叫声来宣告自己生活和捕食的领地。事实上，它们的咆哮声听起来有点像人类伐木时发出的声音。在它们追踪猎物的时候，它们带斑纹的皮毛可以很好地帮助它们伪装。在树林中，它们皮毛的颜色会变暗，斑纹也会变多，可以方便它们藏在暗处。豹常常在岩石的背阴面或高高的树枝上休息，特别是那些猴子出没的地方，在那里豹可以轻松地抓住它们。豹也会捕食珍珠鸡、野兔、疣猪和小型羚羊。

雪豹

大片像云朵一样的斑纹显现在浅色的皮毛上

黑豹

有一些豹生下来就是一身黑色的皮毛，它们被称为黑豹。如果在近处观察，会发现在它们暗色的皮毛上仍然可以隐约看见斑纹。黑豹的兄弟姐妹有正常的金色的皮毛和清晰的斑纹。

黑豹

粗短的腿上有较宽的爪子

树上的猫科动物

云豹大部分时间都待在树上。它们在夜间捕食，匍匐在树干上等待时机扑向下面的兔子或是年幼的水牛。它们长达 65 厘米的尾巴可以维持身体平衡。

长长的尾巴可以保持身体平衡

豹

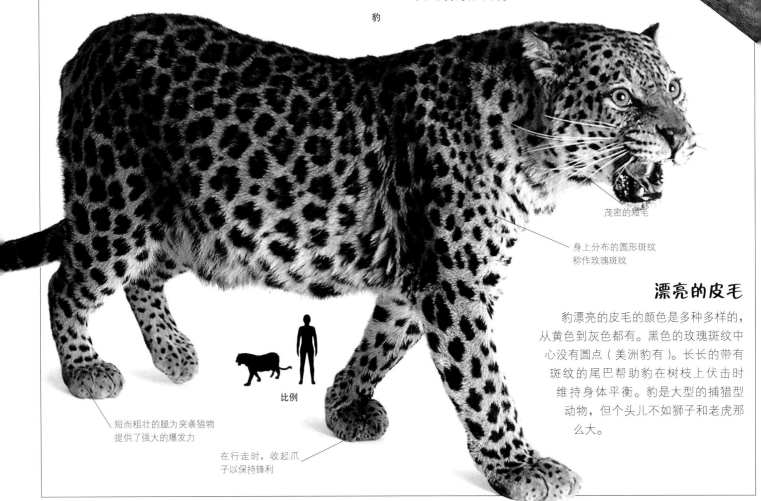

比例

茂密的短毛

身上分布的圆形斑纹称作玫瑰斑纹

漂亮的皮毛

豹漂亮的皮毛的颜色是多种多样的，从黄色到灰色都有。黑色的玫瑰斑纹中心没有圆点（美洲豹有）。长长的带有斑纹的尾巴帮助豹在树枝上伏击时维持身体平衡。豹是大型的捕猎型动物，但个头儿不如狮子和老虎那么大。

短而粗壮的腿为突袭猎物提供了强大的爆发力

在行走时，收起爪子以保持锋利

雪豹

雪豹潜伏在白雪覆盖的高山草甸或是喜马拉雅山脉的森林中，雪豹在这样的环境中是顶级的捕食者。它会高高地跳起，越过沟壑，或是爬上光秃秃的岩石来追捕绵羊、山羊、野山羊、捻角山羊以及其他猎物。在冬天，雪豹会尾随自己的猎物下山到森林——它的庇护地中。

出于安全和纳凉的考虑，豹在树枝上打瞌睡

豹

幼豹

幼豹皮毛的颜色较暗，上面的斑纹模糊

爬树高手

豹在爬树方面算是顶级高手。它们用强壮的腿和锋利的爪子爬上树。白天它们常常趴在树枝上睡觉休息，同时它们也会把食物存在那里以防被其他动物偷走。豹非常强壮，它们甚至能拖着一只动物的尸体爬到树上。

照顾幼崽

母豹通常情况下一次能生下 3 只幼崽。幼豹刚出生时看不到东西，它们会被母豹藏起来，直到大约 6~8 个星期大的时候它们才会跟着母豹四处走动。母豹会一直独自喂养和照顾它们的幼崽，直到幼豹长到 18 个月到两岁大。幼豹之后会离开母豹，开始在自己的捕食区内捕食。

雪豹

长而灵敏的胡须能够在黑暗中探路

满身斑纹的杀手

豹是比狮子更安静也更狡猾的猎手。它们在夜间捕食，会从树上伏击猎物。豹杀死猎物的手法是咬破喉咙或者扭断脖子。它们会花费好几天的时间来吃完一只较大的猎物。

冰天雪地的生活

雪豹的皮毛在冬天会变得非常厚重，这为生活在喜马拉雅山冰天雪地中的它提供了温暖。同时，雪豹还有宽大的爪子，上面覆盖着皮毛，能够防止身体陷入雪中。到了夏天，当天气变得不那么恶劣，雪豹的皮毛也会变得薄一些。那时，它会到海拔 3 600 米的高山上去。

相关链接

伪装 36
猫科动物 128
猎豹 136
美洲豹 217
林地 60

狮（Lions）

与其他大型猫科动物不同，狮子是集体捕食的，它们分享彼此的猎物，同时也帮忙照顾对方的幼崽。它们生活的群体被称为"狮群"，通常由3~15只母狮和它们的幼崽以及两三只公狮组成。一个狮群中的母狮常常有亲缘关系，可能是祖母、母亲、姐妹、表姐妹或是阿姨的关系。母狮在狮群中负责为所有成员捕猎食物，公狮则负责保护狮群不被竞争对手或是鬣狗侵犯。通过这样的连结关系，狮子们能够维护同伴的安全，守卫自己的家园和食物，同时还能共同狩猎像水牛和角马这样的大型猎物。捕食时，单独的一只狮子是敌不过一群鬣狗的。

母狮咬住猎物

爱护幼崽的母狮

母狮大约每两年会生下5只小狮子。在出生时，小狮子非常小，重量只是母狮的一小部分。虽然小狮子在3个月大的时候就会吃肉了，但狮妈妈和狮群中其他母狮会一起照顾小狮子直到它们6个月大。

公狮

鬃毛使公狮看起来体型更大，也更能威慑敌人

鬃毛能够在搏斗时保护公狮的脖子和背部不被咬伤

凶猛的母狮

母狮主要负责捕食。当它们成群地捕食时，它们能杀死像斑马和角马这样比它们体型大得多的动物。在捕杀猎物时，母狮会一口咬住猎物的喉咙，使它窒息。

比例

大块头使公狮能够挤进一场搏斗中，并且从母狮那偷来食物

雄壮的公狮

公狮与母狮看起来不太一样，因为它们长着华丽的、茂密的鬃毛。所有其他的猫科动物，雄性和雌性都长得一样。公狮会在狮群外围踱步，以防其他狮子进入它们的群体，公狮还会用尿液标记领地的树木和岩石。公狮的行动比母狮要慢，很容易被它们的捕食者盯上。因此，它们把捕食的任务交给母狮，享受现成的食物，而母狮也会让公狮最先享用猎物。

信息卡

科：猫科
栖息地：草原、沙漠
分布：非洲、撒哈拉南部、印度西北部
食物：羚羊、斑马、长颈鹿、鳄、鸟
孕期：3.5~4.25个月
寿命：大约15年
尺寸：身体：1.4~2米；尾巴：67~100厘米

狮群

    狮子金褐色的皮毛使它们能够很好地隐藏在非洲热带草原的草丛中，从而可以不被猎物发现而悄悄地追踪它们。狮子捕食热带草原上的食草动物群体，例如瞪羚、羚羊和斑马。通过集体捕食，狮子能够杀死体型很大的动物，比如水牛和长颈鹿。相比草原上的其他食肉动物，狮子更倾向于捕食健康的成年猎物。

狮子的头骨

强壮的颌部
肌肉长在骨骼上

强壮的骨骼

　　狮子的骨骼非常匹配它们捕
杀和吃掉动物的天性。它们的颌部短而
有力，同时还有尖锐锋利的犬齿和坚硬的能够
咬断猎物骨头的臼齿。眼窝和耳孔很大，因此
狮子有非常敏锐的视觉和听觉来帮助它们追踪
猎物。

犬齿能够咬住
和撕碎猎物

狮群中的幼狮

　　当狮群的成年狮子外出捕食时，小狮子们会面临很多危
险，这些危险可能来自其他的食肉动物，比如鬣狗和其他的
狮子。4/5 的小狮子会在它们一岁之前死去。如果一只公狮接
管了狮群，它会杀死其他的小狮子，只抚育自己的幼崽，而
不是其他狮子的后代。小狮子们也不擅长竞争食物，因此也
有可能死于饥饿。

照顾幼崽

　　和家养的猫一样，母狮会用嘴巴咬
住小狮子的脖颈来带走它。这完全不
会弄疼小狮子，小狮子会毫不挣扎
地软绵绵地吊在那儿。虽然每次
只能带走一只，但母狮能够通
过这种方式轻松又快速地把
小狮子们带到安全的地方。

小狮子在妈妈的
嘴里非常安全

小狮子们长出斑
纹来伪装自己

相关链接

猫科动物　128
猎豹　136
美洲豹　217
狐猴　227
虎　339

蜥蜴类（Lyzards）

从庞大的科摩多巨蜥到很小的壁虎，蜥蜴类是当今数量最多、分布最广泛的两栖动物群体。这些长着可怕皮肤的动物，全世界共有超过 4 000 个不同的品种。大部分蜥蜴都长着细长的身体、大大的头部、四条一样长的腿和长长的尾巴。蜥蜴常常在热带地区被发现，在那里它们会花很长的时间来晒太阳以保持身体的温暖。它们主要捕食昆虫和其他小型动物，它们用尖尖的牙齿咬碎猎物。多数蜥蜴产卵繁殖，不过也有一些直接产下幼蜥。

绿变色蜥

红色警告

雄性绿变色蜥会运用粉红色喉囊来警告情敌或吸引潜在的交配对象。两只大小相同的蜥蜴会用炫耀喉囊来进行长达数小时的竞争。但是小蜥蜴会在大蜥蜴胀大喉囊的当下就投降认输。

壁虎的眼睑不能动

壁虎

旧皮下面是新生的鲜艳的新皮

旧皮正在脱落

更换皮肤

蜥蜴会不时蜕下旧皮，换上新皮。这个过程被称作蜕皮。这使蜥蜴能够换下过紧的皮肤，以便继续生长。旧皮常常成片地脱落，整个蜕皮过程要经历好几天才能彻底完成。一些蜥蜴会用嘴巴扯掉旧皮，然后吃下去。

张大嘴巴来展开颈盾

颈盾由软骨撑起皮瓣构成，平常会折叠披在肩上

颈盾通常是身体的 4 倍宽

比例

伞蜥

可怕的颈盾

当受到捕食者的威胁时，澳大利亚的伞蜥会展开它脖子上巨大的颈盾，同时发出嘶嘶的声音，使它看起来要比实际更大也更可怕一些。还有一些蜥蜴会让身体膨胀起来使自己看起来太大而不易吞下，但大部分蜥蜴通过伪装来躲避捕食者。

有鳞的皮肤

所有的蜥蜴都有一层坚硬的长有鳞片的皮肤。这层鳞片形成了一个防水层，能够防止蜥蜴身体变干。鳞片层层重叠，形成了一个保护层，就像骑士们身上穿的盔甲。穴居的蜥蜴鳞片比较光滑，有助于它们在泥土中穿梭。

胡须蜥

强壮的腿和爪子很适合挖洞

皮肤能够改变颜色来伪装，同时也利于吸收更多的阳光

长刺的蜥蜴

为了吓走捕食者，澳大利亚的胡须蜥会扩张下巴下面的"胡须"，使自己看起来更可怕。这种蜥蜴身上还有锋利的刺，能够保护它们不被捕食者吞食。

松果蜥生活在干燥的地方，它们用尾巴来储存脂肪

松果蜥

不可思议的脚

大部分蜥蜴动作迅速而敏捷，很多蜥蜴有很特别的脚和爪子来帮助它们移动。又长又尖的爪子在蜥蜴爬行时能够提供额外的抓握力。壁虎的脚上长有吸盘，使它们能够头朝下地在天花板上行走。巨蜥和盾甲蜥强壮的爪子可以用来挖洞。

普通蜥蜴

多种功用的尾巴

蜥蜴的尾巴有多种功用。澳大利亚松果蜥和毒蜥长着粗短的尾巴，能够储存脂肪和水分。生活在树上的变色龙的尾巴长而蜷曲，当它们在爬树的时候，能够用尾巴紧紧地抓住树枝。有一些蜥蜴在被攻击时甚至会故意断掉自己的尾巴来吸引捕食者的注意，从而迷惑捕食者以便逃跑。它们的尾巴会在不久之后再长出来。

头部和尾部的形状相似，能够迷惑捕食者，把它们的注意力从真正的头部转移开

相关链接

防御　34

沙漠　68

热带雨林　62

爬行动物　297

羊驼和原驼 （Llamas and Guanacos）

羊驼

羊驼、原驼、小羊驼和骆马生活在南美洲安第斯山脉环境恶劣的丘陵上。它们有厚厚的皮毛用于保暖，因此完全可以适应这种野生环境。由于蹄子具有良好的抓握能力，这些动物能够毫不费力地攀登上陡峭的山坡。这四种动物都属于同一科——骆驼科。羊驼和小羊驼已经被人类驯养用来驮运货物，同时也像家养的奶牛和山羊一样，从它们身上获取奶、毛、肉以及其他副产品。骆马和原驼还生活在野外，以家庭为单位生活在一起。

驮运重物的羊驼

几千年前，羊驼就已经被生活在安第斯山脉的人类驯养，用来驮运像玉米捆这样的重物。在古印加帝国时期，羊驼是至关重要的交通运输工具，即使在今天，羊驼依旧帮助生活在严苛环境中的人们驮运物品。

难以驯服的原驼

作为羊驼生活在野外的近缘动物，原驼只需要一点水就能生存，并且能漫步在海拔高达 4 250 米的高山上。一只强壮的雄性原驼会带领它的家庭成员在干旱的草地或灌木丛中寻找食物。当受到威胁时，领头的原驼会通过咩咩的叫声来警告家人。年幼的原驼会在一岁大的时候被赶出群体，开始独立生活。

雄性原驼为争夺领地而打斗

保卫家园

雄性原驼和骆马用牙齿和蹄子进行打斗，还会向对方吐口水来守卫自己的领地（它们和家庭成员共同生活的区域）。每块领地都由两部分组成，一块是白天用来进食的地方，另一块较小的一般位于较高的地方，用作晚上休息。

信息卡
科：骆驼科
栖息地：山地草原、灌丛带；小羊驼也会生活在湿地；原驼生活在森林中
分布：安第斯山脉
食物：草和叶子
孕期：11~12 个月
寿命：15~24 年
尺寸：4 种不同动物的尺寸从 91~114 厘米不等

相关链接
骆驼 124
牛 131
鹿与羚羊 154
山脉 58

比例

原驼

又厚又蓬松的皮毛为在山地生活的原驼提供温暖

龙虾 〈Lobsters〉

普通龙虾

龙虾看起来有点像伸出大螯和尾巴的螃蟹。与螃蟹一样，龙虾的身体前端也有一对强有力的大螯。很多种龙虾的两只大螯，有一只较大，用作粉碎食物，另一只较小，用作切食物。白天龙虾会躲在海底岩石的裂缝或泥洞中，只露出它们的爪子和触须。它们在夜间出来捕食。龙虾会被腐败的鱼这类诱饵所吸引进入捕虾篓中而被渔民捕获。龙虾是很多人喜欢吃的食物，因此遭到大量捕获，这也使得龙虾的数量在很多地方都急剧减少。

比例

在海床上行走

龙虾会用它们的四对足沿着海床慢慢地行走。但是一旦受到饥饿的海豹或鲨鱼的惊吓，它们会通过拍打身体后端和尾部，以闪电般的速度倒退。

克氏原螯虾

克氏原螯虾

克氏原螯虾又称为小龙虾。它们粗壮的覆盖盔甲的身体和腿上都长有尖刺，能够帮助它们有效防御捕食者。小龙虾会成队地在海床上行走，数量最多能达到 50 只。

东方扁虾

信息卡

科：龙虾属于甲壳亚门动物，这一类别还包括螃蟹。
栖息地：主要是海床、船只的残骸，也有一些品种，例如小龙虾，生活在淡水中
分布：世界范围
食物：残羹剩饭或是从其他海洋生物那偷来的食物，也包括甲壳动物和蠕虫这样活的猎物
巢穴：无，卵附着在雌性的后腿上
尺寸：10~106 厘米

相关链接

螃蟹 147
甲壳动物 153
海洋 74

东方扁虾的大螯、腿以及身体边缘都覆盖着锋利的刺

触须能帮助龙虾探路

攻击与防御

龙虾用它们令人印象深刻的大螯攻击和夹碎猎物，同时也用来自我防御，对抗包括人类在内的所有敌人。它们会给对手非常疼痛的夹击。大部分龙虾在海床上到处行走，用它们的大螯来夹取食物或是夹碎其他动物的外壳取肉食用。

懒猴和婴猴〔Lorises and Bushbabies〕

体型小小的、满脸长毛的懒猴和婴猴都是夜行动物，它们的眼睛非常大，能够在微弱的光线下看清事物。这些住在树上的小动物也长着非常灵敏的鼻子，能够嗅出猎物和捕食者的所在。和它们的大型哺乳动物亲属，比如猴子、猿和人类一样，懒猴和婴猴也有非常灵巧的手指和脚趾，上面长着指甲而不是爪子。懒猴生活在密林中，行动缓慢地穿行于树枝间。婴猴同样也生活在树林或是灌木丛中，与懒猴不同的是，婴猴非常机敏，行动速度很快。

行动慢而隐秘的懒猴

通过用手和脚抓住树枝，懒猴非常缓慢地穿行在树叶和树枝之间。夜幕降临的时候，懒猴变得非常活跃，它会非常隐秘地四处寻找食物。当一只懒猴看到或是闻到猎物的所在，它会悄悄地跟上去并偷袭猎物。与婴猴不同，懒猴没有尾巴，也很少跳跃。白天的时候，它们缩成一团睡觉，它能够躲藏在树叶中待上好几个小时。

瘠懒猴

夜幕降临时，大眼睛能在微弱的光线下看清事物

脚趾抓住树枝作为支撑

信息卡

科：懒猴科（懒猴）；婴猴科（婴猴）
种类：懒猴：5 种；婴猴：9 种
栖息地：树林或长树木的草原
分布：非洲、南亚和东南亚
食物：昆虫、小型动物、果实、树叶、嫩枝、树胶
孕期：110~193 天
寿命：10~15 年
尺寸：10~46 厘米；尾巴：18~52 厘米

比例

手和脚

当懒猴和婴猴在树间或灌木丛中活动时，它们用抓握能力极强的手和脚吊挂在树枝上。这些小动物同样还会用手摘取果实和叶片放进嘴巴中，或是用手抓住昆虫或是小型蜥蜴来吃。

婴猴

长尾巴的跳高运动员

婴猴可以称得上是专业跳高运动员。它们用强壮的后腿在树枝间跳来跳去，长长的尾巴在跳跃时能维持身体平衡。而大大的目视前方的眼睛也帮助它们在黑暗中跳跃时判断距离。婴猴会突然袭击猎物，然后用手抓住猎物。婴猴还会用大耳朵来探听飞行昆虫的位置，然后突然伸手抓住它们。

长长的尾巴在跳跃的时候能够维持身体平衡

相关链接

猿 97
黑猩猩 139
大猩猩 192
热带雨林 62

哺乳动物〔Mammals〕

黑猩猩群

土豚、蝙蝠、鲸、狮子和人类，所有这些动物都不相同，但它们却有一个共同特点：它们都是哺乳动物。哺乳动物的种类超过 4 000 种，分布在世界各处，它们可能是水中游的、地上跑的、天上飞的，可能住在地下，也可能住在高高的树上。哺乳动物是温血动物，皮肤外面有一层毛发或是皮毛帮助保持热量。雌性的哺乳动物是动物中唯一能够分泌母乳的，母乳是一种液态食物，能够帮助新生的哺乳动物快速成长。哺乳动物会在后代生命的早期阶段照顾它们，也就是受到捕食者威胁的高危阶段，并且教会它们生存的技能。

吻部非常灵敏，能够嗅出食物的所在

短吻针鼹

和家庭成员在一起

有一些哺乳动物，比如黑猩猩，以家庭为单位生活在一起。因为有了众多的眼睛和耳朵来警惕四周的危险，也就相当于为群体提供了多一层的保护来对抗来自捕食者的袭击。家庭或群体的成员还会帮忙照顾彼此的幼崽，或是一起寻找食物。黑猩猩是非常聪明的哺乳动物，通过声音、表情和肢体动作来表达感受。

产卵的哺乳动物

只有三种哺乳动物产卵繁殖，针鼹鼠就是其中之一。雌性针鼹鼠会在育儿袋中产下一枚软壳的卵，经过 10 天的孵化，小针鼹鼠就出生了，它会吮吸从妈妈皮肤上渗出来的乳汁。这种浑身长刺的动物会用吻部来寻找蚂蚁和白蚁吃。

乳汁供应

刚出生的小猫会爬到母猫身边来吸食乳汁。因为看不到，小猫们全凭感觉来找到乳头。它们会咬住乳头不停地吮吸，这样才能吃到由母猫皮肤下一种特别的腺体分泌的乳汁。这种分泌乳汁的腺体叫作乳腺，这也是哺乳动物名字的来源。乳汁中含有幼体成长所需要的全部营养物质，与此同时，乳汁中还含有一些抗生素，可以提高幼体的抵抗力。

家养的母猫和小猫

乳头排列在母猫的肚皮上

银杏齿中喙鲸通过头顶上的喷水孔来呼吸

喙鲸只有下颌上长有一对牙齿

银杏齿中喙鲸

海洋哺乳动物

鲸是终生生活在海洋中的哺乳动物，同时也在海中繁衍后代。与其他鲸一样，银杏齿中喙鲸很好地适应了海洋中的生活。它们没有毛发的流线型身体能够毫无阻碍地在海水中穿梭，扇子一样的尾鳍拍打水来推动身体向前游动。它们的前肢已经进化为鳍状肢，用来控制方向。在回到水面上呼吸之前，银杏齿中喙鲸能够长时间地待在水下捕食鱿鱼和鱼类。

强壮的前腿能够拆毁昆虫的巢穴

穿山甲

层层覆盖的鳞片就像屋顶的瓦片一样

覆盖鳞片

穿山甲是生活在非洲和亚洲的身体覆盖盔甲的哺乳动物。它们的皮肤上覆盖着层层相叠的鳞片，鳞片的边缘锋利，形成了一个保护层，可以保护穿山甲免受捕食者的侵扰。一旦受到威胁，这些像坦克一样的动物会紧紧地缩成一团，把头和脚都隐蔽在里面。穿山甲会用布满黏液的舌头来捕食蚂蚁和白蚁。

信息卡

纲：哺乳动物纲共有4 000多种动物
栖息地：所有类型
分布：世界范围
食物：食草动物（以植物为食）、食肉动物（以肉为食）、食虫动物（以昆虫为食）、杂食动物（既吃植物也吃动物）
尺寸：从33毫米（泰国猪鼻蝙蝠）到24米（蓝鲸）不等
寿命：从1年（姬鼩鼱）到100年（人类）不等

最快的哺乳动物

猎豹在追捕像瞪羚这类快速奔跑的猎物时，短距离内速度最快能达到每小时100千米。它之所以能达到这样的速度得益于满是肌肉的身体、长长的腿和步幅。猎豹脚掌上的爪子就像跑鞋下面的钉子一样，能为猎豹在奔跑时提供很大的抓地力。

在突然转弯的时候，尾巴起到保持身体平衡的作用

非常灵活的后背让它拥有较大的步幅

猎豹

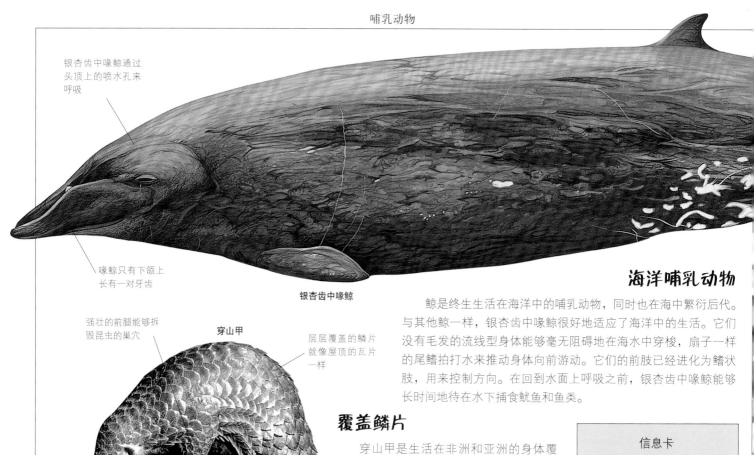

和大胡蜂差
不多大

泰国猪鼻蝙蝠

象牙用来防御、挖
取食物和喝水

象鼻是鼻子和上
嘴唇延长的部分

非洲象

最小的哺乳动物

在 1973 年发现于泰国的泰国猪鼻蝙蝠既是最小的蝙蝠，也是最小的哺乳动物。白天，它们在洞中休息，体温会下降来保存能量。到了夜间，它们会飞到竹林中去寻找昆虫为食。

灵敏的鼻子

象鼩共有 15 个品种，它们既跟大象无关，也跟鼩鼱无关。这种非洲的哺乳动物生活在地面上，能适应从沙漠到雨林各种各样的栖息地。它们把鼻子插进枯叶和朽木堆中来找甲虫、白蚁、蜘蛛以及其他的小型动物来吃。当受到比如雕和蛇这样的捕食者的威胁时，它们会快速地跑开去寻找掩护。

森林象鼩

长长的吻部能
够探查和嗅出
食物的所在

宽而圆的脚掌分散
了大象的体重

长鼻子的哺乳动物

非洲象巨大的身体由柱子般的 4 条腿支撑着，它们是陆地上最大的哺乳动物，最高能达 3.7 米，体重能达 5 500 千克，这种大象生活在非洲的热带草原上。身体略小的亚洲象分布于印度和东南亚地区。无论是非洲象还是亚洲象，它们的鼻子都像手一样，能够抓取树叶和草，同时象鼻还能够用来同象群中的其他成员打招呼，以及向头部和背部喷水。

厚重的犄角在
底部相连

麝牛

身着蓬松外套的哺乳动物

与绵羊和山羊有着近缘关系的麝牛在哺乳动物中毛发是最长的。麝牛成群地生活在加拿大和格陵兰岛北部的严寒地区。内层绒毛很厚，能够阻挡湿气和寒气，外层粗糙的保护性毛发则能够为麝牛遮雨挡雪。

外层的毛发几乎
要垂到地上了

海牛和儒艮 （Manatees and Dugongs）

海牛和儒艮是生活在海中和河中行动迟缓的哺乳动物，它们终生都在水中生活。它们是水生哺乳动物中仅有的食草动物，就像陆地上的牛一样。它们看起来就像是体型过大的海豹。海牛有一根圆形的尾巴，而儒艮的尾巴则是分成两部分，像鲸的尾鳍一样。

小海牛吸食妈妈的乳汁

西印度群岛海牛

西印度群岛海牛

信息卡

科：3 种海牛（海牛科）；1 种儒艮（儒艮科）

栖息地：儒艮：海洋；海牛：河流、江口、沿海水域；亚马孙海牛：只在河流中

分布：儒艮：印度洋和太平洋；海牛：佛罗里达、加勒比海、南美洲、西非

食物：儒艮：海草；海牛：多种水生植物

尺寸：3~4 米

母亲的乳汁

海牛妈妈和儒艮妈妈都是非常疼爱孩子的母亲，它们用浮汁喂养它们唯一的孩子，直到它们两岁大。在出生时，小海牛已经很大了，有100 厘米那么长。幼年的海牛很少离开母亲的身边，母亲也会将孩子裹在它的鳍状肢下，或是让它骑在背上。

水中的食草动物

这些哺乳动物会用它们强壮的臼齿一路啃食它们所遇到的大面积的水生植物。它们用鳍状肢在海床上行走，挖出食物。海牛能食用长在海面附近或是海床上的植物，而儒艮只食用那些长在水底的海草。

西印度群岛海牛

伤疤来自船只螺旋桨的伤害

鳍状肢用来行走、挖掘，把食物送进嘴里

受伤害和被保护

在佛罗里达，很多海牛都因为太过靠近船只的螺旋桨而受伤，留下疤痕。而这些伤痕也帮助了博物学家辨别出每一只他们正在研究的动物。虽然要预防船只事故很难，但这些无害的哺乳动物已经通过法律禁止捕猎了。

相关链接

牛　131

海豚和鼠海豚　160

淡水　70

海洋　74

鲸　353

比例

有袋类动物（Marsupials）

袋鼠、树袋熊以及它们的近缘动物都是有袋类动物。有袋类动物与其他哺乳动物不同的地方在于，它们的幼崽是在母亲腹部的育儿袋中成长发育的。在刚出生的时候，有袋类动物的幼崽个头很小，它们会钻进育儿袋中，在那里吮吸妈妈的乳头来吸食母乳。育儿袋给这些眼睛还没睁开、身上也没有皮毛的小家伙们提供了一个非常安全的成长环境。包括树袋熊、袋鼠、斑袋貂、袋熊、袋獾、狭足袋鼩以及沙袋鼠在内的大多数有袋类动物都生活在澳大利亚和巴布亚新几内亚。只有少数几种，比如负鼠，分布于美洲。

袋獾

树袋鼠

不吐骨头的食肉动物

袋獾长着强有力的颌部和锋利的牙齿，这种食肉的有袋类动物能把猎物的每一部分都吞下去，包括皮肤和骨头。袋獾行动迟缓，只在夜间进行捕食。它们通过气味来追踪蛇和蜥蜴这样的猎物，也会吃绵羊和沙袋鼠的尸体。白天的时候，它们在土洞、灌木丛或是空心的圆木中休息。袋獾的个头和一只小狗差不多大，这种动物的英文名字中有"devil"，意思是邪恶的，可能源于它们所发出的奇怪的哀叫声。

树上的生活

树袋鼠分布于澳大利亚北部和巴布亚新几内亚的热带树林中。与生活在地面上的袋鼠不同，树袋鼠的前腿较长，后腿和脚较短。它们在林间快速地穿梭，用弯曲的爪子和粗糙的脚垫抓住树皮，从一个枝头跳到另一个枝头。

大大的耳朵能够捕捉到来自潜在威胁的声音

红大袋鼠

快速跳跃

袋鼠是个头最大的有袋类动物。它们站立时高度能达到 2 米。它们行动不是靠走而是靠跳跃来完成的。它们的后腿和脚较长，也很强壮，在跳跃时能够像弹簧一样发挥作用。袋鼠突然爆发时的速度能达到每小时 56 千米，长而沉重的尾巴能够帮助它们在跳跃时保持身体平衡。

长长的尾巴在跳跃时能保持身体平衡

红棕色的皮毛

长长的脚在跳跃时从地面蹬起

袋鼠在休息时，尾巴就像第五条腿一样

尾巴可长达 100 厘米

沙袋鼠

沙袋鼠外形很像袋鼠，但个头要小一些。这种有袋类动物常常以群体的形式生活在一起。它们居住在开阔的林地里，夜间食草。但与袋鼠不同的是，它们也会吃树叶和其他植物。在进食的时候，沙袋鼠依靠前面两条较短的腿和尾巴来保持身体平衡，向前摆动两条后腿来缓慢移动。雌性沙袋鼠和袋鼠的腹部长有发育完备的育儿袋，幼年的沙袋鼠就在育儿袋中完成发育。

红颈沙袋鼠

雌性沙袋鼠的腹部长有育儿袋

强壮的后腿用来跳跃而不是行走

幼年的负鼠以母乳为食

正在吃母乳的负鼠

幼崽

在一个月大的时候，有袋类动物的幼崽，比如这只负鼠，个头非常小，并且看不到东西，身上也没有毛发。它们的腿就像是小嫩芽一样。它们在妈妈的育儿袋中紧紧地依靠着乳头，以妈妈的母乳为食。幼崽们会在妈妈的育儿袋中待上大概 4 个月的时间，直到它们长大和发育到能够到外界活动。

叶子是沙袋鼠食物的一部分

美洲有袋类动物

这只像猫一样大的弗吉尼亚负鼠是唯一生活在北美洲的有袋类动物。负鼠能够生活在绝大多数类型的栖息地中，它们能独自在地面上搜寻食物，也会爬到树上寻找果实、蛋、昆虫和其他小型动物。弗吉尼亚负鼠也会生活在离人类很近的地方，在垃圾中翻找食物。这种灵活性以及每年 3 次产下 10 只后代的高产率正是它们的数量不断增长的原因。

弗吉尼亚负鼠

抓握力强的尾巴能够帮助负鼠在树上攀爬

圆圆的脸上有小耳朵和大眼睛

斑袋貂

慢慢爬行

当斑袋貂在树枝之间慢慢地爬行时，它会用爪子紧紧抓住树枝，抓握力强的尾巴能够缠绕在树枝上。斑袋貂一般生活在澳大利亚北部和巴布亚新几内亚热带森林的树上。

挖地洞的袋熊

普通袋熊

袋熊的长相和行走姿势都很像小个头的熊，它们生活在树林或灌木丛中。白天，它们在又深又长的地洞中休息，这些地洞是它们用强壮的前腿和锋利的爪子挖出来的。夜间，袋熊会沿着早已熟悉的小路穿过树林，去寻找草来吃。

信息卡

纲： 有袋下纲

栖息地： 沙漠到树林

分布： 澳大利亚、北美洲、南美洲

食物： 包括食草动物、食肉动物、食虫动物以及杂食动物

产崽量： 从 1 只（袋鼠）到 20 只（负鼠）不等

尺寸： 侏袋貂 5 厘米；红大袋鼠 2 米

尾巴的长度是头部和身体长度的两倍

在移动时尾巴会举起来呈僵硬的弯曲状

大脑袋上有毛茸茸的耳朵

身体上覆盖着浓密的绒毛

善于抓握的手上有锋利的爪子

长得像老鼠的狭足袋鼩

狭足袋鼩有时也被称为有袋的"老鼠"，因为它们长着一张尖尖的脸和两只大大的耳朵以及细长的腿，看起来就像老鼠一样。长尾巴的狭足袋鼩生活在澳大利亚西部干燥地区的地面上。它们在夜间进食，主要以蚱蜢和蜘蛛为食，但它们也会捕食蜥蜴和老鼠。狭足袋鼩住在地洞中、岩石下，或是在空心木中筑窝。

长尾狭足袋鼩

大大的眼睛能够在黑暗中看清事物

以桉树叶为食的树袋熊

树袋熊一生的大部分时间都在桉树的树枝上或分叉处坐着或是休息。这种有袋类动物只在需要换到另外一棵树上的时候才到地面上来。它们唯一的食物和水源就是坚韧如皮革的桉树叶。它们在夜间进食，事实上，桉树叶并不含有太多的营养物质，这也是为什么树袋熊一天中的 18 个小时都在休息，它们需要储存能量。

相关链接

成长 44

袋鼠和沙袋鼠 221

树袋熊 226

哺乳动物 239

内陆 66

小鼠（Mice）

小鼠长着灰色或褐色的短毛，长长的尾巴上有鳞片，每只脚上都有5根脚趾。它们锋利的门牙能够咬断食物。大部分老鼠在夜间活动，不过巢鼠在白天也很活跃。它们的视觉、听觉和嗅觉都很灵敏，而且还配备了高度灵敏的触须，能够帮助它们在黑暗中探路。和它们的大个头近缘动物大鼠一样，一些小鼠，比如家鼠，被认为是有害的动物，因为它们糟蹋粮食、毁坏房屋（它们会咬穿书籍和线路），还会传播疾病。

信息卡

科：鼠科
栖息地：森林、林地、草原、山脉
分布：世界范围，南极洲除外
食物：种子、浆果、嫩枝、某些种类的昆虫
产崽量：2~12 只
尺寸：头和身体的长度：5.7~9.5 厘米；尾巴的长度：5~10.5 厘米

毫无生存能力的幼崽

小鼠在刚出生时全身光溜溜的，眼睛看不到东西，也没有耳朵，只会窝在舒适的窝中。它们要完全依靠母鼠的乳汁和保护才能生存下来。在6天大的时候，它们长出了皮毛，能够移动和发出吱吱的叫声。两个星期后，它们就会离开巢穴。雌性小鼠一年可以生下10窝幼崽，每窝最多可以达到12只。

长有鳞片的尾巴长度和身体差不多

比例

大而灵敏的耳朵

家鼠

身上覆盖着灰色或棕色的短毛

生活在植物茎秆上

小巢鼠是个头最小的鼠类之一。它们生活在田地和树篱中。在春天和夏天，时常会发现它们在芦苇或草的茎秆上匆忙地爬上爬下寻找草籽和嫩芽。除了繁殖季节交配的时间，巢鼠一年中大部分时候都是独居的。幼鼠出生于搭建在茎秆之间、地面之上的网球大小的窝中。

欧洲巢鼠

爬到蓟草的上端来吃食

有抓握能力的尾巴就像第五只脚一样帮助巢鼠攀爬

到处都有家鼠的身影

家鼠得名于它们生活在人类的房屋中已经有好几千年的历史了。在人类探索世界的时候，在他们不知晓的情况下，家鼠也跟着游历世界。在任何地方都有家鼠的身影，因为它们几乎什么东西都吃，也能生活在任何地方，并且繁殖迅速。

相关链接

动物的家 46
成长 44
大鼠 291
啮齿动物 303

在茎秆上爬动

巢鼠生活在小麦和芦苇等又高又细的植物上。这种小动物利用它们具有抓握能力的爪子和尾巴上上下下，并在茎秆之间来回爬动。在夏天，它们在茎秆之间搭窝；到了冬天，植物枯死，它们会生活在地洞或是谷仓中。

鼹鼠（Moles）

鼹鼠是挖隧道的专家。它们的前腿较短，脚掌很宽，上面长有爪子，这种像铁锹一样的脚就像是完美的隧道挖掘机。鼹鼠的大部分时间都在地下度过，它们在那里吃、睡觉、繁殖，在隧道内来回走动寻找蠕虫和昆虫。它们还会花费大量的时间把隧道连接在一起，以使地洞处于最好状态。除了交配，鼹鼠过着独居生活。

星鼻鼹

肉质的触须有非常灵敏的触觉

大鼻子的鼹鼠

生活在北美洲的星鼻鼹的鼻尖长着非常灵敏的肉质触须。它们在地面上捕食，此外，它们也是游泳高手，能够捕食水中的鱼和昆虫。

比例

信息卡
科：鼹科
种类：29 种
栖息地：松软土壤中的地洞
分布：欧洲、南亚、北美洲
寿命：3~5 年
产崽量：2~7 只
尺寸：头和身体的长度：95~180 毫米；尾巴的长度：15~34 毫米

欧鼹

天生的挖掘手

鼹鼠的体形可以很好地适应地下生活。它们圆筒形的身体上长着短短的腿，没有支出的耳朵，能在隧道中轻松地穿梭。它们强壮的肌肉带动着铲子一样的前肢来挖掘新的隧道。虽然视力很差，但鼹鼠的吻部和粗短的尾巴具有非常灵敏的触觉。这让它们无论是前行还是后退，都能找到方向或是找到食物。

长有刚毛的吻部能感受到非常微小的振动

相关链接
动物的家 46
哺乳动物 239
运动 28
感官 24

窝里铺着草和树叶

鼹鼠丘是在窝上面隆起的土堆

宽宽的脚挖土时就像是综合了铲和镐的功用

鼹鼠把虫子藏在储藏室中

地下的生活

鼹鼠挖掘的隧道相互连结，并从一个中间的窝向外扩展。地面上形成的大大的鼹鼠丘表明垂直的地面下有一个隧道。鼹鼠以蚯蚓或是掉进隧道中的昆虫为食，或是把食物储存在一个特殊的储藏室中。

软体动物（Molluscs）

软体动物的身体柔软，是动物中最大的一类，包括蜗牛、蛤、鱿鱼、章鱼和扇贝。大多数软体动物体外有硬壳保护身体，但是章鱼和蛞蝓是没有外壳的。软体动物生活在各种各样的环境中，从海洋深处到布满岩石的海岸，从淡水的池塘、河流到干旱的陆地，都有它们的身影。这种较强的适应性使得软体动物成为动物中最大的一类。一共有超过 10 万种软体动物。

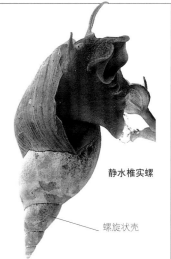

静水椎实螺

螺旋状壳

皇后扇贝

外壳由两片
贝壳构成

常见螺旋蜗牛

生活在淡水中

静水椎实螺一生都生活在池塘、湖泊或者流动缓慢的溪流中。但是它们也需要呼吸空气才能生存。在它们壳上最宽部位的底部长着一个肺，然后通过一个可以闭合和打开的小孔来呼吸。它们会刮掉水生植物上面的藻食用。

带"铰链"的家

所有的双壳纲贝类都有两片相匹配的贝壳通过铰合韧带连接。"双壳"的意思就是有两片贝壳。双壳纲贝类包括扇贝、贻贝、蛤和牡蛎。大部分双壳纲贝类终生都静静地生活在泥沙洞中或是依附在岩石表面。不过扇贝却是其中的游泳高手，它们通过打开和闭合两片贝壳把水带进和挤压出去，以此推动身体逃避敌害。

螺旋状外壳上的花纹
呈顺时针方向

顺时针的花纹

蜗牛的壳在其身体右侧呈顺时针方向螺旋环绕。这种形式的壳简洁又轻便。但是，蜗牛的身体需要适应这种不平衡，它要在壳里面扭曲自己的身体。

大砗磲

藻类让大砗磲
呈现鲜艳的色彩

安全的天堂

生活在印度洋和太平洋的大砗磲具有迷人的颜色，这些颜色来自停留在它们外套膜上数以百万计的微小藻类，它们把巨蚌的外套膜当作碟安全的天堂。同其他的双壳纲贝类一样，大砗磲会打开双壳来进食，但是一旦受到威胁，两片贝壳会突然闭合。

多个腔室

鹦鹉螺是一种海生的软体动物，外壳里面有多个腔室。在它成长的过程中，壳中会不断地长出新的腔室。各腔室之间有隔膜隔开。鹦鹉螺只生活在外部最大最新的腔室中。

鹦鹉螺

各腔室之间有隔膜隔开

信息卡

门：软体动物门
栖息地：陆地、淡水、海水
分布：海洋，除了南极洲之外的所有大洲
食物：动物、植物、菌类、藻类
种类数量：超过 10 万种
尺寸：从针头大到 15 米宽不等

身披盔甲

石鳖是一种生活在海洋中的不常见的软体动物。它们的身体扁而圆，身体上面有一层盔甲保护，盔甲实际上是由 8 片壳板组成，在其背部排列成拱形，四周由一层厚环带覆盖，环带如唇般包裹着壳板。受到威胁的时候，石鳖会把身体紧紧地团在一起。

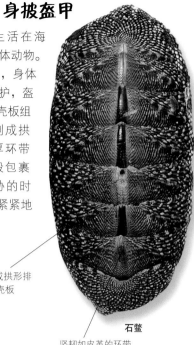

8 片成拱形排列的壳板

石鳖

坚韧如皮革的环带

快速移动

乌贼是最活跃的一类软体动物，属于头足纲动物，这一类还包括鱿鱼和章鱼。它们的身体外面没有硬壳保护，但是能够快速后退来躲避危险。它们通过将体内吸入的水从虹吸管喷射出去来完成这一动作。

虹吸管（肌肉质地的管道）将水喷出，提供了快速后退的爆发力

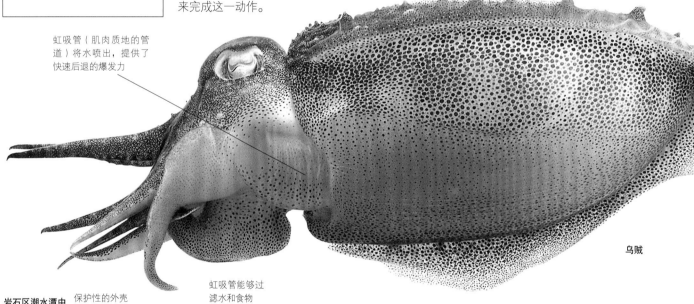

乌贼

岩石区潮水潭中的狗岩螺

保护性的外壳

虹吸管能够过滤水和食物

海滩上的海螺

所有的软体动物都是从受精卵孵化出的幼虫慢慢长大的。在岩石区潮水潭中常常发现的狗岩螺在很早的时候就长出了外壳，但是很多软体动物的外壳都是在成长阶段慢慢长出的。这些外壳由碳酸钙构成。软体动物的壳由 3 层组成：坚硬的外层、白垩质的中层以及光滑闪光的内层。

狗岩螺小小的黄色的卵

相关链接

章鱼和鱿鱼 255
蛞蝓和蜗牛 323

獴（Mongooses）

因为行动敏捷，獴在捕捉昆虫和蜥蜴这样的小型猎物方面可谓是专家。大部分獴在地面上活动，常常在地洞中躲风避雨，但也有少量会爬到树上。它们的身体较长，毛发密集，腿较短，脚上有爪子，尾巴上的毛浓密蓬松。獴具有出色的视觉、听觉和嗅觉，能够帮助它们追踪蛇和蝎子，同时也让它们具备较高的警觉性，特别是提防突然从天空中猛扑下来的雕和猫头鹰。大部分獴独居或是成对地生活在一起。有一些品种，例如侏儒獴、黄獴以及狐獴，是以大型群体的形式生活在一起。

小心地照看幼崽，以防危险

狐獴

比例

信息卡

科：獴科
栖息地：热带雨林、林地、草原、沙漠
分布：亚洲、非洲、马达加斯加
食物：昆虫、蝎子、蛇、蜥蜴、蛙类、鸟、果实、蛋
种类：36 种
尺寸：头和身体的长度：18~65 厘米；尾巴的长度：12~51 厘米

一口咬在眼镜蛇颈部的后面

印度灰獴

蛇的克星

虽然獴主要以小型脊椎动物为食，但大个头的獴也会杀死和吃掉蛇。这些蛇很大，但是蛇毒似乎对獴没有影响。獴通过敏捷的动作在蛇周围窜来窜去，避免了被蛇咬伤。当蛇感到疲倦时，獴会冲上去对准蛇的颈部用力一咬，把蛇杀死。

狐獴

同其他獴一样，狐獴常常用后腿站立来观察周围的环境。狐獴是群居动物，每一个群体都有各自的领地，领地内包括了进食场所和地洞。每只狐獴在群体中都要承担一定的角色：当一些外出寻找食物时，另一些就要留下来照顾幼小的狐獴，还有一些会站起来四处观望，以防敌人来犯。一旦发现危险，负责守卫的狐獴会发出警告的叫声，整个狐獴群都会钻入地洞中。

黄獴

黄獴的名字得自于它黄色的皮毛

壮大的家族

黄獴住在开阔的郊外，那里的土壤松软，便于它们挖洞。地洞一般由成对的黄獴共享，在那里它们的家族规模会扩张至 50 只。白天的时候，它们成对地外出寻找食物，它们会翻动石块来寻找昆虫。

相关链接

猫科动物 128
灵猫和獛 142
鬣狗 210
食肉动物 32

猴（Monkeys）

猴与猿类和人类的关系较近，它们是聪明又玩的动物。猴主要分为两大类：一类是生活在中南美洲树上的"新大陆猴"，它们既善于攀爬也善于跳跃，其中一些还长有特殊的有抓握能力的尾巴；另一类称作"旧大陆猴"，它们生活在非洲和亚洲的各种栖息地，比如森林、草原和湿地。旧大陆猴的尾巴不具有抓握能力，但它们的屁股上长有结实的"坐垫"，它们可以坐着入睡。

疣猴

在空中滑翔

疣猴能够张开四肢，展开背部华丽的白色毛发在树木之间滑翔。它们以树上的叶子为食。疣猴的胃很大，里面有很多细菌可以帮助它们消化坚韧的食物。疣猴长长的尾巴不能抓握树枝，但是可以帮助它们在树间滑翔的时候掌控方向。

长长的毛茸茸的尾巴能够在滑翔时掌控方向

黑冠猴

猴群

亚洲的猕猴成群地生活在一起，年长的雄性会作为群体的首领保护着整个群体，并带领大家去开拓新的食物地点。它们非常能干，因为它们几乎什么东西都能吃，也能快速地适应新的饮食习惯。巨大的颊囊能够帮助它们把食物带到安全的地方再慢慢享用。

粗尾巴在行走时是垂下来的

比例

信息卡

科：狨科（绒猴和绢毛猴）、卷尾猴科（僧帽猴）、猴科（旧大陆猴）
栖息地：主要在森林，一些种类在草原
分布：中南美洲的热带地区和温和的区域、非洲、亚洲
食物：果实、叶子、种子、坚果、昆虫、鸟蛋

新大陆猴和旧大陆猴

德氏长尾猴的手臂和腿都很强壮，能够在中非遍布沼泽的森林中跳跃。同其他旧大陆猴一样，它们的鼻中隔狭小，且鼻孔朝下。新大陆猴的鼻中隔宽大，鼻孔朝向两侧。

头上栗色的王冠状的毛

长而强壮的四肢使奔跑和跳跃都很容易

德氏长尾猴

寻找安全地带

绿猴是生活在非洲草原开阔区域中最常见的猴类。出于安全考虑，它们会在分散的林间和灌木丛间睡觉和躲藏，而不是像大多数猴类一样，花更多的时间进食和在林间窜来窜去。绿猴通常以小群体的形式生活在一起，每群有 6~20 只个体，不过多达 100 只的大群体也曾被发现。

树林中的修道士

生活在南美洲森林中的僧帽猴擅长沿着树枝爬向树的高处。它们会用长长的手指和脚趾紧紧地抓住树枝，卷卷的尾巴则是像锚一样发挥作用。它们头顶上的一小块深色毛发看起来就像是修道士的头巾或是僧帽，这也是这种猴子名字的来源。

头顶的一块深色毛发起来就像是修道士的头巾

秃猴

僧帽猴

长长的手指在奔跑时可以抓住树枝

长长的肉鼻子

生活在婆罗洲的雄性长鼻猴长着一个奇怪的软软的鼻子，常常在它们吃东西时挡住它们的嘴。科学家们还没有研究出为什么雄性长鼻猴会长出这样一个奇怪的鼻子，但是也许雌性长鼻猴会觉得越长的鼻子越有吸引力吧。长鼻猴非常敏捷，能够跳跃着穿梭在红树林沼泽地中，尾巴在此时能够保持身体平衡。它们有时会从高达15米的地方跳入水中。

手和脚能够提供额外的抓握力

红色的面部

专业的爬树者

亚马孙雨林中的秃猴虽没有长长的尾巴来保持平衡和抓握树枝，但它们依然是专业的爬树者，同时跳跃能力也很强。它们常常在树枝之间荡来荡去，或用脚挂在树枝上来摘取和食用果实。尽管秃猴长着一张红扑扑的脸，但它们却是非常胆小害羞的猴类。

大鼻子最长能达到7.6厘米

大大的胃能装下大量的红树林叶子，然后慢慢地消化

长鼻猴

章鱼和鱿鱼（Octopuses and Squid）

　　在过去几个世纪里，出航的水手们会不断讲述关于巨大的长着很多手的怪兽会把航船拉入海洋深处的传说。这些传说可能是从章鱼和鱿鱼身上得到的灵感。这些聪明的、视觉敏锐的动物在各个大洋中都有存在。章鱼、鱿鱼，以及跟它们有近缘关系的乌贼都是软体动物门的成员。这一类别的动物还包括带壳的动物，比如蜗牛和牡蛎。不同于蜗牛，章鱼身体外面没有保护性的外壳，鱿鱼和乌贼的身体里面有非常薄的石灰质硬壳。

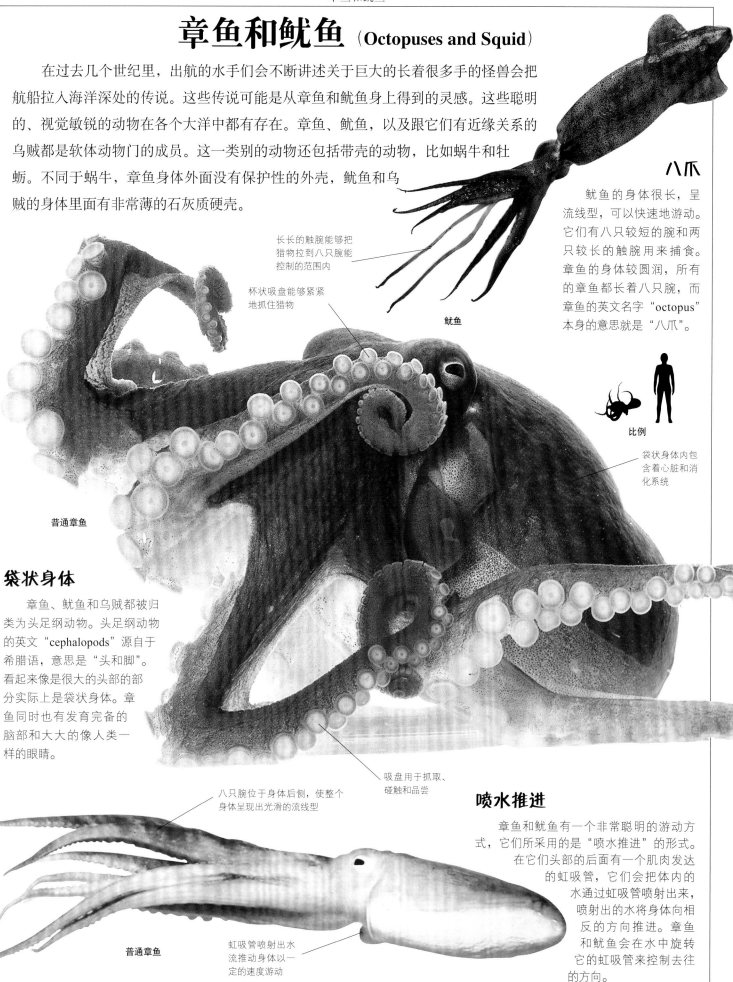

长长的触腕能够把猎物拉到八只腕能控制的范围内

杯状吸盘能够紧紧地抓住猎物

鱿鱼

八爪

　　鱿鱼的身体很长，呈流线型，可以快速地游动。它们有八只较短的腕和两只较长的触腕用来捕食。章鱼的身体较圆润，所有的章鱼都长着八只腕，而章鱼的英文名字"octopus"本身的意思就是"八爪"。

比例

袋状身体内包含着心脏和消化系统

普通章鱼

袋状身体

　　章鱼、鱿鱼和乌贼都被归类为头足纲动物。头足纲动物的英文"cephalopods"源自于希腊语，意思是"头和脚"。看起来像是很大的头部的部分实际上是袋状身体。章鱼同时也有发育完备的脑部和大大的像人类一样的眼睛。

吸盘用于抓取、碰触和品尝

八只腕位于身体后侧，使整个身体呈现出光滑的流线型

喷水推进

　　章鱼和鱿鱼有一个非常聪明的游动方式，它们所采用的是"喷水推进"的形式。在它们头部的后面有一个肌肉发达的虹吸管，它们会把体内的水通过虹吸管喷射出来，喷射出的水将身体向相反的方向推进。章鱼和鱿鱼会在水中旋转它的虹吸管来控制去往的方向。

普通章鱼

虹吸管喷射出水流推动身体以一定的速度游动

八只腕的海洋动物

　　章鱼和鱿鱼已经在世界各地的海洋中四处游动超过 1 亿年的时间了，有一些种类的章鱼生活在海滩边的浅水海域，另外一些则生活在深水中。大多数鱿鱼生活在开阔的海域中。神秘的巨型鱿鱼则游弋在海洋深处。曾有一些超过 21 米长的巨型鱿鱼被冲上海岸，但是在海洋深处可能潜伏着更大型的鱿鱼。

普通章鱼

普通章鱼

强有力的吸盘
能够吸附在岩
石表面

颜色在数秒间转换
来混入周边的环境

改变颜色

　　章鱼和鱿鱼能够改变自身的颜色。它们利用这种技巧在捕食时把自己的身体伪装起来，与周围的环境融为一体。这些动物也会通过改变颜色来展示情感，比如生气时或吸引异性时。

捕食时

　　章鱼捕食时会沿着海床悄悄地前行。当盯上一只海蟹或是鱼的时候，它们会发动突然袭击。章鱼会用长长的触腕将猎物整个包裹起来，然后塞进长在触腕下面的喙部。猎物会被章鱼带毒的唾液麻痹，然后被咬成碎块。

喷出墨状物质

乌贼在受到威胁时
会喷出墨状物质，
形成一团墨云

信息卡
纲：头足纲
门：软体动物门
种类：章鱼150种；鱿鱼350种
食物：蟹、鱼、贝类
分布：世界范围内的海洋
栖息地：咸水：开阔的海域、浅水湾、海洋深处
尺寸：2.5厘米~20米

气控的乌贼

　　章鱼的近缘动物乌贼生活在大西洋和北地中海区域。在它们柔软的身体内部有一个船形石灰质的硬鞘，里面充满气体。乌贼能够通过改变这个腔体里的气体量来控制自身在水中的上升或沉降。

防御策略

　　章鱼、鱿鱼和乌贼的体内有一个与肠子相连的墨囊。在受到威胁的时候，它们会喷射出一股墨状物质到水中来迷惑袭击者。在"烟雾弹"的保护下，它们可以溜之大吉。有一些种类喷出的物质则是有毒的。身体上有蓝色斑点的蓝环章鱼用它的这种颜色来警告对手，它拥有致命的毒素。

乌贼

两只触腕和
八只腕

身体内充气的腔体能够
把水充进或是放出

相关链接
伪装 36
防御 34
软体动物 249
运动 28
蛞蝓和蜗牛 323

猩猩（Orang-utans）

猩猩，也就是红毛猿，是世界上在树上生活的个头最大的动物。它们在亚洲的婆罗洲和苏门答腊岛上的雨林中四处攀爬和穿梭。猩猩这个词在马来语中的意思是"生活在树林里的人"，因为这种猿类实在太像人类，但它们又生活在树林中。它们与大猩猩、黑猩猩、长臂猿都是同一科的动物。不同于其他猿类，猩猩是独居动物，但母猩猩会带着它们的宝宝一起生活大概8年的时间。当母猩猩穿梭于林间，或是晚上睡在由树叶搭成的窝里时，猩猩宝宝会一直依附在妈妈的身上。

稀疏的红色皮毛中会显露出灰色的皮肤

强壮的手臂能承担起整个身体的重量

用同一侧的手和脚同时抓住树干

在林间缓慢地移动来寻找果实

比例

学习生存技能

小猩猩会待在妈妈的身边至少3年的时间。在这期间，它们会学习如何在林间和丛林的地面上寻找和吃掉果实。在地面上时，它们四肢并用地行走，动作笨拙。

脚和手一样

猩猩的脚和手长得很像，功能也差不多。当它们在爬树时，猩猩用手和脚来抓住树干。甚至在树枝之间荡来荡去的时候，猩猩也是用同一侧的手和脚同时抓住树干，而不是用两只手。

敏锐的视觉能搜寻到成熟的果实

水果大餐

猩猩的主要食物是热带的水果，比如芒果、榴莲和荔枝。在雨林中，不同的树木在一年的不同时间结出果实，因此猩猩需要在头脑中有一幅地图，上面标明了哪个位置的果树在什么季节会成熟。

孤独的游荡者

在炎热潮湿的婆罗洲和苏门答腊岛丛林中，猩猩缓慢地穿梭在林间寻找美味的果实。每一只猩猩，或者是一对猩猩妈妈和宝宝，在丛林中都有固定的活动区域，那里有足够的食物供应。如果它们是成群或是成对地生活，那么活动区域的食物可能就会供应不足了。

巨大的领上共有32枚牙齿，具有切削、磨碎和撕裂等功能

平平的肩胛骨支撑着强壮的肩部肌肉

长长的臂骨

信息卡

科：人科
栖息地：雨林
分布：婆罗洲、苏门答腊岛
食物：主要是热带水果，也会吃树叶、昆虫、蛋、幼鸟
孕期：9.6 个月
产崽量：1 只
寿命：40~57 年
尺寸：120~150 厘米；体重高达 100 千克；大个头的雄性体重是雌性的两倍

手最多能支撑100 千克的重量

手臂比腿长

两臂展开的距离达 2.4 米

由骨骼支撑的身体

　　猩猩的骨骼支撑着整个身体，也保护着心、肺等这些柔软的内脏。肌肉联结在骨骼上，并能牵动骨骼摆出各种姿势。猩猩骨骼的主要特点包括几乎能接触到地面的长长的臂骨、分开的手指骨和脚趾骨，以及大大的头骨。

踝关节弯折，脚能平放在地面上

脸颊上肉嘟嘟的肉垫宽于脸的边缘

柔软灵活的身体能够在树枝之间随意弯曲和伸展

手臂和腿伸展开来保持平衡和支撑身体重量

吊在树上

　　猩猩的手指和脚趾长而强壮，能够紧紧地勾住树枝，帮助它们吊在树上。在爬树的时候，猩猩会四肢并用，把整个身体的重量分散出去，并保持平衡。大个头的雄性猩猩因为体重过大，不能爬到树顶去，它们中的一些只能主要生活在地面上，在空地上活动。

丰满的脸颊

　　成熟雄性猩猩的脸颊上长着大大的肥嘟嘟的肉垫，大小几乎与餐盘差不多。肉垫使雄性猩猩看起来体型更大，能够帮助它们吓退企图侵犯它们在雨林中领地的对手。成年猩猩会在它的领地里来回巡视，并对侵犯行为十分敏感。

相关链接

猿 97
黑猩猩 139
长臂猿 185
大猩猩 192
热带雨林 62

驼鸟和鸸鹋 〈Ostriches and Emus〉

世界上最大的鸟是非洲的驼鸟。它比大多数的人类还要高。驼鸟不会飞，同样不会飞的还有它在世界另一端的近缘动物：鸸鹋、食火鸡、美洲驼以及鹬鸵。这些鸟不能飞，但它们奔跑的速度非常快，以此来逃脱敌害。在几百万年以前，它们是可以飞的，但由于生活在岛屿上太安全而没有天敌，它们慢慢失去了飞行能力。这些鸟类的大部分时间都花费在吃不同植物的叶子、根、花和种子。它们也会用坚硬的鸟喙争抢昆虫、小型蜥蜴，甚至是乌龟。

强壮的腿部肌肉

驼鸟

每一步的距离都有 3.5 米

比例

长长的脖子和敏锐的视觉让驼鸟能够在很远的距离就注意到敌人

驼鸟

奔跑模式

一只驼鸟的奔跑速度甚至比一只经过训练的比赛马匹还要快。事实上，驼鸟的脚非常像马的蹄子，可以帮助驼鸟在广阔的草原和沙漠上躲避敌人时把速度提升到每小时 50 千米。它的双腿也比任何一种鸟类的腿都更长更健壮。

一枚驼鸟蛋的体积大概是 24 枚鸡蛋体积的总和

驼鸟蛋

最大的蛋

驼鸟蛋比任何鸟的蛋都要大。同时它也足够坚硬，以至于一个成年人站在上面都不能压碎它。每枚蛋都有 15~20 厘米长，1~1.8 千克重。雌性驼鸟白天的时候在巢中孵化鸟蛋，雄性驼鸟在夜间守护着鸟蛋，防止鬣狗、胡狼和狮子来犯。

致命的一踢

由于在受到攻击时不能飞起来，所有的驼鸟及其近缘动物除了高速奔跑以外，还有其他几种防御手段。它们魁梧的双腿和带有利爪的脚能够刺穿任何警惕性差的入侵者，甚至是大型猫科动物。在受到威胁的时候，驼鸟（包括鸸鹋和美洲驼）常常伸直脖子平躺在地上，这也是俗语形容驼鸟愚蠢"把头埋在沙子中"的来源。但事实上，这种姿势能够帮助驼鸟隐藏和掩饰身体，因为其拱起的身体看起来就像是一块石头或灌木丛。

较大的脚趾上有平平的指甲，既有利于快速奔跑，又能刺伤潜在的袭击者

不能飞就奔跑吧

鸵鸟在非洲严苛的自然条件和食物短缺的情况下依然可以繁衍生息。鸵鸟强壮的长腿以及钩子一样的脚使它们能穿越几百公里去寻找赖以生存的植物。鸵鸟常常成群地一起漫步，并与斑马或角马等其他动物一起寻找种子和昆虫来食用。

夜间活动的鹤鸵

与其他不会飞的鸟类不同，生活在新西兰的像鸭子一样大的鹤鸵白天会躲进土洞中，夜间出来觅食。鹤鸵对气味很敏感，它们的鼻孔长在喙部的顶端。它们会把长喙深深地插入泥土、落叶堆或是朽木中，四处闻嗅来寻找蚯蚓或是其他美味的食物，然后一口吞下。

褐色的鹤鸵

南方食火鸡

照顾幼鸟的雄鸟

雄性的食火鸡、美洲鸵、鹤鸵，以及一部分的鹤鸵承担了所有养育幼鸟的工作。一只雄鸟会与好几只雌鸟交配。雄鸟会在地面上筑一个空心巢，几个星期后，所有的雌鸟把蛋产在巢中。雄鸟会守卫和孵化这些蛋，并照顾破壳而出的幼鸟。雄性美洲鸵会非常尽力地保护它们的后代，甚至会攻击路过的骑在马背上的人类。

雄鸟会守护鸟蛋和幼鸟9个月

信息卡

科：鸵鸟及其近缘动物被称为平胸鸟

栖息地：草原、沙漠；食火鸡和鹤鸵生活在森林

分布：广泛分布

食物：大部分以植物为食，也会吃小型动物

巢：在地面上挖出空心巢；鹤鸵以土洞为巢

产卵量：5~50 枚

尺寸：0.35~2.75 米

美洲鸵

粗糙蓬松的羽毛看起来更像是哺乳动物的毛发而不是羽毛

第二大的鸟

鸸鹋是第二大的鸟，排在鸵鸟之后。它分布在澳大利亚开阔的林地、草原以及干旱的灌木丛中。除了跑得很快，鸸鹋也是游泳能手。它们能跨越遥远的距离，包括陆地和水域，去寻找果实、莓类、昆虫以及水源。

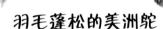

羽毛蓬松的美洲鸵

虽然不像鸵鸟那么大，美洲鸵的体型依然让人印象深刻，它们的羽毛蓬松。美洲鸵是在南美洲发现的唯一一种不会飞的鸟类。它们生活在南美洲南部的草原和灌木丛中。在繁殖季节，美洲鸵会小群地聚集在一起。它们食用的植物范围很广，包括多刺的蓟花，它们也食用昆虫、小蜥蜴、蛇以及小型的鸟或是幼鸟。

鸸鹋

身高最高能达到1.4米

能长到差不多2米高

相关链接

鸟类 115

卵和巢 42

成长 44

岛屿 76

热带雨林 62

水獭（**Otters**）

作为超棒的游泳和跳水的高手，水獭的大部分时间都在水中度过。它们利用强壮的、带蹼的后脚和扁平的锥形的尾巴在河水或海水中穿梭。当水獭在水中时，它们能把小小的耳朵和鼻孔闭合起来，防止水进入。它们扁平的脑袋、流线型的身体以及超完美的防水的皮毛能让它们快速地在水中游动。在长长的外层毛下，还有一层很厚的绒毛，能够防水，帮助水獭在寒冷的水中保持温暖。

欧亚水獭

锋利的牙齿能够咬住和撕碎鱼类

防水的长毛

欧亚水獭

比例

天生的捕鱼高手

鳗鱼、蛙类、小龙虾、蛇以及很多种类的鱼都是水獭的捕食对象。抓住它们以后，水獭会在河或湖的岸边吃掉这些猎物。很多水獭在水中追击猎物，用嘴巴咬住它们。坚硬的触须能够探知猎物的所在，并帮助它们在黑暗或充满泥淖的河流或湖水中躲避障碍。

年幼的欧亚水獭

水獭宝宝们互相玩耍

前爪和尾巴的力量

水獭的前爪非常灵活。在吃东西的时候，它会用小小的带蹼的前爪来抓握和传递食物。有一些种类也会在水中用前爪抓鱼。强壮结实、充满肌肉的尾巴为水獭的向上站立提供了支撑。

寻找乐趣

像人类的孩子一样，水獭是非常爱玩的小动物。它们非常喜欢从滑溜溜的、满是泥巴的河岸或白雪覆盖的斜坡上滑下。它们会蜷起双腿以达到最大的速度，然后头向下、胸腹着地地从陡峭的岸上滑下去。此外，水獭还爱玩捉迷藏和打闹。

出入水中

　　水獭的大部分时间都在水中度过。大多数种类的海獭生活在淡水中，有一些生活在沿海水域，另外有一些则两种都能适应。这种对水非常好的适应能力使它们特别擅长捕捉鱼类以及其他水生猎物，这样它们就不用和其他生活在同样环境中的食肉动物进行竞争了。水域不仅为水獭提供了充足的食物，还为它们提供了安全的可以繁殖后代的沿岸。

信息卡

科：鼬科，还包括獾、臭鼬和鼬鼠
种类：13 种
栖息地：主要是淡水（河水、湖泊、运河、沼泽），但也有一些生活在海岸；海獭一生都生活在海中或沿海水域
分布：世界范围，澳大利亚、南极洲和一些岛屿除外
食物：鱼、蟹、蛙、软体动物、海胆
尺寸：66~240 厘米

欧亚水獭

细长而肌肉发达的身体

奔跑过程中的波动使水獭看起来是驼背的

前爪要比后爪略短

奔跑模式

在陆地上时，大部分水獭能够快速地奔跑和跳跃。它们在穿越雪地或冰面时采用的是一种混合了奔跑、跳跃和滑行的方式。水獭跳跃的距离大概有 50 厘米或者更多。有时候它们也会长途跋涉到达新的河区安家。

打开外壳

海獭又大又圆的牙齿还不够坚硬，不能打开它们喜欢吃的海胆、贝壳以及蟹类的坚硬外壳。为了解决这个问题，它们会从海床上捡一块又大又平的石头，放在它们腋下一个特别的皮囊中。当它们用仰泳的姿势浮在海面时，会把这块石头放在它们的胸部。海獭会抓住猎物使劲往石头上撞击，直到打开猎物的外壳。接下来，海獭会将它们的胸部作为餐桌来享用美味。

海獭

大大的像海豹一样的头部

海獭借助它的石头工具打开了螃蟹的外壳

能够长到 240 厘米长

大号水獭

世界上最大的水獭和一只大狗的尺寸差不多，被称为巨獭。它们生活在南美洲，特别是亚马孙地区的沼泽和森林里水流缓慢的浅河滩中。在这里，它们用巨大的脚和脚趾间发育完备的蹼在河水中游泳。这些巨獭还会成群地跳入河中抓鱼。

相关链接

獾 102
淡水 70
哺乳动物 239
海洋 74

巨獭

猫头鹰（Owls）

世界上一共有 200 多种猫头鹰，它们中的大多数在白天睡觉，在夜幕降临的时候开始出来捕食。它们也会在黄昏来临之前还有一点光线的时候搜寻猎物。有一些猫头鹰，比如仓鸮，甚至能够在没有月光的半夜，在一片漆黑中靠着敏锐的听觉进行捕食。只有少数的猫头鹰，例如北极地区的雪鸮，在白天捕食。与其他捕猎型鸟类相比，猫头鹰除了有钩状的鸟喙和锋利的爪子，它还能在飞行时几乎不发出声音，常常在夜间出其不意地猛扑下来袭击猎物。

超大的眼窝占到了头骨的一半多

猫头鹰的头骨

敏锐的听觉

猫头鹰头部的形状确保了声波进入左右耳时会产生一个时间差。这个特点让猫头鹰在黑暗中仅通过一点点的声音就能精准地判断出猎物的位置。

呈扇形展开的羽毛控制着下降的速度

比例

宽阔的羽毛可以帮助猫头鹰在搜寻猎物的时候缓慢地飞行和滑翔

安静的杀手

从高处安静地接近猎物时，猫头鹰会向前伸出它的双脚。猫头鹰会尽可能地张开爪子来抓住猎物，并防止其逃脱。一旦爪子刺入，一般就直接杀死了猎物，或者猫头鹰会夹断猎物的脖子来结束它的捕食行动。

仓鸮

向前平视的眼睛可以帮助猫头鹰判断距离

强壮的腿能够缓冲捕食和着地时的冲击

耳羽竖立起来进行求偶展示

印度雕鸮

尾羽可以帮助猫头鹰在猛扑下来捕捉猎物的时候保持身体平衡

锋利的爪子张得很开，可以牢牢地钩住猎物防止其逃脱

一簇耳羽

很多猫头鹰，包括体型非常大的雕鸮和非常小的角鸮，头部上方都长着非常突出的耳羽。尽管名称带耳字，但耳羽与听觉没有任何关系，它们只是可以活动的羽毛，能够帮助猫头鹰在白天睡觉时起到伪装的作用。

静悄悄地猛扑下来

　　大部分猫头鹰，比如谷鸮，白天在树上、谷仓中或是其他地方休息。它们只在夜间到郊外搜寻猎物。很多猫头鹰生活在林地或森林中，但也有一些是在开阔的郊外，比如农田里捕食。人们常常在夏季看到仓鸮，那个时候白天很长，它们还有嗷嗷待哺的幼鸟等着喂食。

唾余

猫头鹰通常将猎物整个吞下，待消化后将不能吸收的部分混成团状吐出，称为"唾余"。唾余中可能包含了老鼠的骨架和甲虫的外壳，唾余能够真实地反映猫头鹰刚吃过什么。

猫头鹰的唾余

完整的唾余中包括未消化的皮毛和骨头

仓鸮

飞行的羽毛

猫头鹰飞行的时候很安静。这是因为它们的飞羽非常柔软。有一些猫头鹰，翅膀尖端羽毛的边缘像梳子一样，能够让空气通过。这使得它们在听到猎物发出的非常小的声音时，能够出其不意地扑上去。

梳子状的翅膀边缘能够减弱扇动时发出的声音

一只老鼠被整只吞下后尾巴还露在外面

雕鸮幼鸟

能270度旋转的头部

猫头鹰的眼睛很大，因此在夜间具备良好的视觉。猫头鹰的眼睛在眼窝里不能转动。不过，它们颈部的14块颈椎骨（人类只有7块颈椎骨）能够令猫头鹰的头部进行270度的旋转。这就意味着猫头鹰既能看到前面又能注意到后面的轻微响动。

头能够转动180度看到肩膀

巨大的像人类一样的眼睛

饥饿的幼鸟

猫头鹰的小宝宝被称为幼鸟。它们身上长着一层厚厚的绒毛来保持温暖。猫头鹰幼鸟需要持续供应的食物，比如老鼠。它们会发出很大的声音来让父母知道它们饿了。当猫头鹰捕捉大量的猎物，说明它们在抚养下一代。

白色的羽毛能够在冬天的冰天雪地之中伪装自己

雪鸮

爪子能够紧紧地抓住树枝或地面

相关链接

鸟类 115
卵和巢 42
感官 24
林地 60

白天，雪鸮能很好地融入北极苔原的环境中

信息卡

科：草鸮科（谷鸮和栗鸮）；鸱鸮科（其他的猫头鹰）

栖息地：主要是林地、树林，但是也包括北极苔原

分布：世界范围，南极洲除外

食物：哺乳动物、鸟类、蛙类、小型爬行动物、鱼、昆虫

巢：大多数在树洞中

产卵量：1~16枚，白色

尺寸：13~75厘米

大熊猫〔Pandas〕

大熊猫是极为珍贵的哺乳动物，它们的大部分时间都在啃食竹子。实际上，它们能在一天时间内轻松地吃掉600根竹子。大熊猫的毛很厚，可以抵挡严寒，爪子上长有一根像拇指一样的突出物，能够帮助它们在吃竹子的时候握住竹子的茎。大熊猫和小熊猫都生活在亚洲寒冷、雾气弥漫的山地森林中。尽管生活习惯相似，但这两种动物并没有什么关系。大熊猫属于熊科动物；而小熊猫则是小熊猫科的成员，它的近缘动物都生活在北美洲和南美洲。

大熊猫的手骨

拇指一样的突起物

大熊猫

圆耳朵

面部像熊，眼部周围有黑色印记

比例

大大的鼻子使其具有良好的嗅觉

多出的大拇指

在大熊猫的腕骨上长着一根突起物，就像是一根多余的大拇指。这根突起物能够与大拇指和食指接触，在大熊猫剥去竹叶的时候用来握住竹子的茎。小熊猫也有这样一根突起物，不过要小一些。

熊猫妈妈在洞中照顾幼崽

悉心照顾幼崽

雌性大熊猫会照顾它们的宝宝大概18个月的时间。刚出生的熊猫宝宝非常小，眼睛看不见，浑身是粉色的，毫无生存能力，被妈妈放在一个特别的窝中照顾。3个月大的时候，熊猫宝宝迈出了它的第一步，但直到一岁大它才能很好地行走。

厚厚的防水皮毛能保持身体的干燥

黑白相间的熊

大熊猫的皮毛上有着非常明显的黑色和奶白色相间的斑纹。大熊猫的身体主要是奶白色的，而手臂、腿部和耳朵是黑色的。眼睛的周围也有一圈黑色环绕。这身皮毛是防水的，能够令圆滚滚的身体保持温暖干燥。同其他熊类一样，大熊猫的脑袋很大，尾巴较短，嗅觉灵敏。

中国森林——大熊猫的家

　　大熊猫只生活在中国中部的山地森林中，那里生长着茂密的竹林。大熊猫一天中的大部分时间都在竹林中度过，它们从细细的竹子茎秆上剥下竹叶和嫩枝来食用。在冬天，白雪覆盖的森林变得很冷，大熊猫身上厚厚的皮毛能够令它们保持温暖，它们也会躲进树洞、山洞或是岩石裂缝中去避寒。

粗糙的食物

竹子不容易消化，因此大熊猫每天要吃掉很多竹子。事实上，大熊猫一天中花在进食上的时间大概是12~16个小时。在这期间，它会吃掉15~30千克的竹叶、茎干和嫩枝。大熊猫的喉咙有一层厚厚的黏膜，能够防止它们的喉咙被锋利的竹子碎片割伤。

大熊猫

信息卡
科：大熊猫：熊科；小熊猫：小熊猫科
栖息地：竹林
分布：大熊猫：中国中部；小熊猫：喜马拉雅山脉到中国西南地区
食物：竹叶、嫩枝、根、草、果实、小型动物；小熊猫也会吃鸟蛋
产崽量：大熊猫：1~2 只；小熊猫：1~4 只
寿命：大熊猫：最长达 30 年；小熊猫：最长达 13 年
尺寸：大熊猫：122~152 厘米；小熊猫：51~64 厘米

脸上的黑白条纹

小熊猫

善于攀爬的小熊猫

跟猫体型差不多大的小熊猫非常善于攀爬，能够在山地的竹林中快速地钻来钻去。它锋利的爪子能够帮助它在爬树时抓住树枝。白天，小熊猫的大部分时间都在高高的树枝上睡觉，它会把长长的、红褐色的、毛茸茸的大尾巴绕在头上；夜间，小熊猫会下到地面上搜寻食物，它的食物包括竹子的嫩枝、根、果实、鸟蛋以及小型动物。长长的胡须能够帮助小熊猫在夜间探路。

在黑暗中移动时，胡须能够作为传感器来使用

颌和牙齿

大熊猫用它的牙齿来剥食竹子。在它大大的头部上，有巨大的颌部和强壮的咬合肌肉，能够控制上下颌的咬动。当它们吃竹子时，坚硬的竹子嫩枝和叶子被大熊猫大而平的臼齿磨碎，这能够把植物中的营养物质释放出来。但是，大部分坚硬的竹子纤维直接经由大熊猫的消化系统排出体外。

牙齿用来剥食竹子

相关链接
熊　106
保护　82
浣熊和长鼻浣熊　290

鹦鹉、金刚鹦鹉和凤头鹦鹉〈Parrots, Macaws, and Cockatoos〉

鹦鹉是所有鸟类中最漂亮、最绚丽多彩的，它们大部分生活在热带地区，特别是中美洲、南美洲、东南亚和澳大利亚。鹦鹉科共有350多种，除一般人认识的鹦鹉之外，这个类群还包括凤头鹦鹉、吸蜜鹦鹉、长尾鹦鹉、金刚鹦鹉、虎皮鹦鹉和相思鹦鹉。所有的鹦鹉都有强壮的脖子、大大的颈部、大而锋利的钩状鸟喙。大部分鹦鹉生活在树林中，非常善于攀爬。

黄蓝金刚鹦鹉

鹦鹉幼鸟

幼鸟刚出生时看不见东西，一个星期之后，身上开始长出灰色蓬松的羽毛

毛茸茸的幼鸟

鹦鹉幼鸟从蛋中孵化出来时看不见东西，身上光秃秃的，也毫无生存能力。经过一周之后，它长出了一层覆盖全身的细毛。到了一个月大的时候，它已经长出一身羽毛。大部分幼鸟直到2~4岁之后才完全发育成熟，能够繁殖后代。

能够通过明艳的蓝色和黄色羽毛将这种鹦鹉辨别出来

两根脚趾向前，两根脚趾向后，形成对握，这样能够牢牢地抓住栖木

世界上最大的鹦鹉

金刚鹦鹉是世界上最大的鹦鹉，长度能达到1米。它们生活在墨西哥和中南美洲的雨林中。长着巨大的坚硬的喙，它们能毫不费力地打开大型种子和坚果，甚至包括非常坚硬的巴西胡桃。金刚鹦鹉甚至能咬断人类的手指。

明黄色的冠羽立起来表示警告

葵花凤头鹦鹉

头上戴冠的鸟

生活在澳大利亚、巴布亚新几内亚、所罗门群岛和一些印度尼西亚岛屿上的凤头鹦鹉是鹦鹉科下的一个类别，种类数量有20种。大部分凤头鹦鹉的羽毛主要为白色或黑色。它们头上的冠羽各不相同。冠羽能够立起或放下，来表示警告和攻击。

比例

肉质的爪子能抓住食物，把它送到有力的喙中

进食模式

　　鹦鹉是唯一一种用爪子把食物送到喙中来吃的鸟类。通常它们用喙来收集食物，但常用爪子来握住坚果以辅助喙打开坚硬的外壳。大部分鹦鹉吃种子、果实，以及很多种树木和灌木结出的坚果。吸蜜鹦鹉主要以花朵中的花蜜为食。

信息卡

科：鹦鹉科
栖息地：大部分生活在森林或林地中，也有些在草原和其他开阔的郊区
分布：世界范围内温暖的地方
食物：种子、坚果、果实，一些会吸食花蜜，还有一些吃昆虫
巢：大部分把蛋产在树中
产卵量：1~8 枚，白色
尺寸：8~100 厘米

相思鹦鹉

小小的相思鹦鹉

　　相思鹦鹉个头很小，像麻雀一样大，它们生活在非洲。成对的相思鹦鹉大部分的时间都相处在一起，温柔地用鸟喙为对方整理羽毛。相思鹦鹉会与伴侣相守一生，但是会在很吵闹的群体中进行繁殖。

雌性折衷鹦鹉

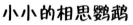

打开坚果

　　鹦鹉上下颌与头骨之间由弹性关节相连，这就意味着鹦鹉能够把喙张得很大来摘取和吃掉大的果实和坚果。强壮的咬合肌让鹦鹉的咬合相当有力，这样它就能剥开食物坚硬的外壳。鹦鹉大大的坚韧的舌头像手指一样，能够帮助抓取食物。

鹦鹉的头骨

下喙像凿子一样能把种子的外壳去掉

锋利的用于粉碎食物的喙尖

雄性折衷鹦鹉

雄鸟基本上全身通绿，因为与雌鸟完全不同还一度被认为是不同的品种

相关链接

鸟类 115
卵和巢 42
成长 44
运动 28
热带雨林 62

两性的区别

　　大多数种类的雄性鹦鹉和雌性鹦鹉有着相同的颜色，但也有一些两性的颜色差别很大。折衷鹦鹉就是一个例子。雄性折衷鹦鹉全身呈绿色，而雌鸟的颜色是非常惹人注目的红色和蓝色。雄鸟和雌鸟成对或成群地生活在一起，在进食、飞行和睡觉时都紧紧地彼此跟随。通常，当它们在进食的时候，其中一只或更多的"守卫"会负责观察四周，当危险来临的时候，它们会发出尖锐的叫声。

雌鸟的颜色明亮鲜艳，与雄鸟不同

孔雀 （Peacocks）

孔雀是雉科动物。雉科的鸟类，其雄性都长着精美的羽毛，用来吸引异性。野生的孔雀生活在印度、巴基斯坦和斯里兰卡多丘陵的森林中。在世界范围内，人类已经把它们养在公园或花园中供观赏。一年中的大部分时候，孔雀都以小群或是家庭的形式生活在一起。但是到了繁殖季节，雄性孔雀会特别捍卫自己的领地，并与其他雄性孔雀进行争斗。雄性孔雀会以特殊的舞蹈形式展示它们的羽毛，吸引雌性前来交配。在繁殖季节，孔雀也会变得非常吵闹，发出像猫叫一样的声音。

尾屏上的羽毛并不像飞羽那样是叠在一起的

伪装的眼睛

孔雀羽毛上闪光的"眼睛"会随着移动变换颜色。这是因为羽毛的特殊形状以及每一根羽毛上的色素会在光线下闪耀出不同的颜色。雄性孔雀华丽的羽毛会在繁殖季节过后脱落。

雄性孔雀有多达150根羽毛

打开后呈扇形的羽毛并不是孔雀的尾巴，它只是身体后端的羽毛，称为尾屏，真正的尾巴收在尾屏的后面

尾屏最高能达160厘米，比一些人类还高一些

"眼睛"位于每一根羽毛的尖端

比例

选择交配对象

雌性孔雀羽毛颜色灰暗，大多呈褐色，这样便于在巢中孵化时伪装起来。雌性孔雀没有漂亮多彩的尾屏，但它们会挑选羽毛最壮观美丽的雄性孔雀来交配。

孔雀扇

雄性孔雀为了给雌性孔雀留下深刻的印象，会把羽毛打开，形成一把不断震颤的扇子。孔雀的尾屏在通常情况下是收在身后的，但当它们遇到一只雌性孔雀时，就会打开并且振颤，形成一把耀眼的蓝绿色的扇子。

信息卡

科：雉科
栖息地：森林、林地、农场、公园和花园
分布：印度、巴基斯坦、斯里兰卡，被引进到全世界
食物：谷物、莓类、昆虫、小型爬行动物、哺乳动物
巢穴：地面上一个简单的洞
产卵量：3~8枚，浅黄色上面带白色
尺寸：雄性最大到2.3米；雌性为1米

相关链接

鸟类 115
雉鸡和松鸡 278
林地 60

企鹅〈Penguins〉

企鹅是非常杰出的"游泳运动员"，它们像鱼雷一样穿梭于海洋中，用坚硬而强壮的鳍状双翅在水下"飞行"，带有尖刺的舌头则帮助它们捉住那些滑溜溜的小鱼。很多企鹅都生活在南极洲周围冰冷的海水中。浓密的像涂了油脂的羽毛以及皮肤下厚厚的脂肪层帮助它们保持温暖。企鹅必须爬到岸上来产蛋和抚育幼鸟。它们会成群地生活在距离海洋还有一段距离的地方。因为企鹅不会飞，在陆地上时它们步伐笨拙地、摇摇晃晃地行走，或者腹部着地滑行，就像一个黑白相间的平底雪橇。

窄窄的翅膀像桨一样将身体向前推进

带蹼的大脚用于控制方向

在它们的耳朵、喙部和前胸上有金橘色的花纹

帝企鹅

游泳和跳水

当企鹅在水中快速地游动时，它们会像海豚和鼠海豚那样跃出水面。这被称为"跃水现象"，这能够帮助企鹅在不降低速度的情况下呼吸空气。同时，在空气中穿梭也要比在水中穿梭更容易一些。

比例

信息卡

科：企鹅科
栖息地：海水中、冰原、岩石岛屿、海岸
分布：南半球的海洋中
巢穴：石块、草、泥土、洞穴或是地洞
产卵量：1~2 枚
尺寸：40~115 厘米

企鹅的颜色

要分辨企鹅最好的方法就是观察它们的颜色、花纹以及头顶上的羽冠。企鹅在水面上游泳时展现出来的这些特征能够帮助它们辨认彼此。花纹也在求偶的展示中被用到，帮助它们吸引异性的注意。

企鹅的翅膀不能像大多数鸟类的翅膀那样收起来

企鹅宝宝从蛋中孵化出来

企鹅有三层防水保温羽毛

巢和蛋

大多数企鹅一次会产下两枚蛋。企鹅父母会轮流孵化一到两个月的时间，直到企鹅宝宝破壳而出。到了两三周大的时候，很多种类的小企鹅会在父母外出寻找食物时挤在一起。小企鹅还不能跟随父母下到水下，直到它们长出成熟的可以防水的羽毛。

蹼状双足比较接近身体的后端，所以企鹅只能直挺挺地站立

挤成一团来取暖

　　帝企鹅是体型最大的企鹅。它们生活在地球上最严苛的生活环境中——南极的浮冰上，它们会挤成一团相互取暖。企鹅之间这种亲密互助的关系能够帮助它们在冰冷的气温和风速超过每小时 160 千米的环境中生存下去。

帝企鹅

在一个群体中，最紧密的部分每平方米大概有 10 只企鹅

在群体之外的企鹅会轮流进入中间最温暖的地方

企鹅群中心的温度太高了，以至于有蒸汽向上升起

帝企鹅经常会转动身体，以背对着不断转向的风

小企鹅被父母放在脚上，被父母的几层肚皮覆盖来保暖

帽带企鹅

　　帽带企鹅（也叫胡须企鹅）得名于有一条黑色细带环绕在两耳之间，是企鹅中数量最多的一类。它们会成千上万地以大群的形式生活在南极群岛以及南极大陆上。帽带企鹅是所有企鹅中最具侵略性的，如果其他大型企鹅试图在距离很近的地方筑巢，它们会赶走这些入侵者。

帽带企鹅

跳岩企鹅

　　跳岩企鹅得名于它们在攀爬陡峭岩石时的速度和超强能力，它们会爬上陡峭的岩壁，在那里筑巢。与其他种类的企鹅摇摆蹒跚地前行不同，它们会从一块岩石跳到另一块岩石上。跳跃时它们的头部会向前伸，鳍状肢向后，双脚一起跳跃。它们是企鹅中体型最小的，在南极洲周围的岛屿上进行繁殖。

跳岩企鹅

企鹅父母正在温柔地用喙帮助刚出壳的幼鸟梳理羽毛

相关链接

南极洲　56

鸟类　115

海豚和鼠海豚　160

海洋　74

雉鸡和松鸡〈Pheasants and Grouse〉

相对于飞行，雉鸡和松鸡更擅长奔跑。这些强健的鸟类生活在地面上，但是当受到惊吓时，它们会像火箭一样冲向天空。接下来它们会呼呼地快速扇动着短而粗硬的翅膀飞行很短的距离。原鸡（家养的鸡就是从原鸡驯化而来的）和孔雀也是雉鸡科动物。所有这些鸟类，雄性都比雌性的个头要大，颜色也更鲜艳明亮。

在求偶时，雄性会立起尾羽进行展示

普通雉鸡

黑琴鸡

闪耀的雄性

雄性的雉鸡科动物会在求偶展示中亮出华丽的羽毛。它们试图给观看的雌性留下深刻的印象，然后吸引它们与之交配。雄鸟常常通过立起翅膀和尾羽来展示自己。很多雄性松鸡会聚集到一个特殊的"求偶场"进行展示。它们展开差别明显的羽毛，同时发出很大的叫声，摆出奇怪的姿势。

多种颜色的羽毛

雄性雉鸡腿后面的爪突用来跟竞争者进行打斗

比例

来自东方

普通雉鸡最早来自东亚和南亚。它们在 11 世纪被探险家带到欧洲，之后被引入北美洲以及新西兰。

漂亮的鸟类

颜色绚丽多彩的雄性白腹锦鸡是最漂亮的鸟类之一。它有着长长的、丝带状的、黑白条纹相间的尾羽，能长到 1 米或更长一点。白腹锦鸡的颈部也长着黑白相间的颈毛，可以用来向异性展示。

大片的颈羽

信息卡

科：雉科包括雉鸡、鹧鸪和鹌鹑；松鸡科包括松鸡
栖息地：林地、雨林、山脉和荒野
分布：分布非常广
食物：种子、谷物、植物嫩枝、花朵、莓类，也有昆虫
巢：用树叶和其他植物铺成的浅浅的窝
产卵量：2~20 枚，或更多
尺寸：0.14~2.5 米

白腹锦鸡

尾羽非常长，带有漂亮的花纹

相关链接

鸟类 115

卵和巢 42

孔雀 275

林地 60

鸠与鸽 〔Pigeons and Doves〕

在公园中和建筑物上常常能看到鸽子，城市和乡村都有它们的踪迹。鸠与鸽一样，都有小小的头部、丰满的身体和厚厚的羽毛。雌性的鸠与鸽在幼鸟刚出生的最初几天用一种乳状物来喂养它们，这与哺乳动物相似，而与其他的鸟类不同。这是一种白垩色富含蛋白质的物质。此外，它们喝水的方式也与其他鸟类不同——它们将喙浸入水中吸吮，过程中不会抬起头。而其他大多数鸟类会抬起头把水咽下。

维多凤冠鸠

蜡膜（角质喙底部柔软的皮肤）处有鼻孔

斑尾林鸽

通过白色颈斑能够辨别出这种鸽类

冠鸠

世界上一共有 3 种冠鸠，只分布在太平洋的新几内亚岛。它们是鸠类中体型最大的，与大个头的鸡个头相仿。可以通过它们头顶艳丽的蕾丝羽冠将冠鸠辨别出来，它们重达 2.4 千克。

比例

羽毛主要是蓝灰色的

信息卡

科: 鸠鸽科
栖息地: 从雨林到沙漠，花园到城市
分布: 世界范围，除南极洲和遥远的荒岛
食物: 种子、果实、嫩芽、植物以及农田谷物
巢: 由小木棍或枯萎的植物茎秆搭成的脆弱的巢
产卵量: 1~2 枚，白色
尺寸: 15~79 厘米

喉咙上黄色的斑纹

浅绿色的羽毛

在城市和乡村

斑尾林鸽在城镇的花园和公园中很常见。它们轻柔的咕咕声也是乡间最美妙的声音之一。可以通过它们蓝灰色的翅膀和白色颈斑将这种鸽类辨别出来。它们的身体长达 40 厘米。

果鸠

从它们的名字就可以猜到，果鸠主要以水果和浆果为食，不过有些也吃昆虫。果鸠一共有 50 多个不同的品种，它们生命中的大部分时间都在树上度过。果鸠的羽毛很漂亮，主要是浅绿色和黄色。这些颜色能够帮助它们在树叶的背景色中伪装起来。

黑顶果鸠

相关链接

猪（Pigs）

与它们大块头的"表亲"河马一样，猪也是腿短、体壮、头大的有蹄类哺乳动物。可以通过它们长长的长有圆钝鼻子的吻部将猪辨别出来。野生的猪，比如疣猪，长着一对向上翘的獠牙，可以在与竞争对手或是敌人的较量中迎面痛击对方。虽然长相难看，但猪是非常聪明敏捷（尽管身躯粗壮）的动物，并且听觉敏锐。尤其是它们发育完备的嗅觉，能够帮助它们找出埋在地下的食物。

鹿豚

卷曲的牙齿

鹿豚伸出嘴外的4根牙齿相当锋利，并且向后弯曲。这些特别的牙齿被称为獠牙。上面的两根獠牙从猪的吻部（鼻子和上下颌）伸出向上，然后在眼部向后弯曲。鹿豚的獠牙对于雌性来说非常具有吸引力，也能够吓走其他与之竞争的雄性。这种长相奇怪的猪被发现于印度尼西亚苏拉威西岛的树林中。

信息卡

科：野猪科，包括16个原生于欧洲、非洲和亚洲的不同品种
栖息地：森林、林地、草原、农场
分布：世界范围
食物：植物、果实、菌类、昆虫、蠕虫、老鼠、食物残渣
孕期：家养和野生的猪大概是16个星期
尺寸：身长87~180厘米；尾长15~50厘米

汉普夏猪

由于背部前端有一条白色鞍状花纹，它又叫作白肩猪

家猪

家猪，比如这只汉普夏猪，都与野生的猪有近缘关系。家猪有很多不同的品种，包括越南大肚猪、格洛斯特郡花猪和塔姆沃斯猪等等。农民们驯养猪来获取猪肉、培根和火腿。与此同时，它们也是非常受欢迎的宠物。

野猪

野猪

野猪是个头最大的野生猪类。年幼野猪的皮毛有条纹，可以帮助它们伪装在林地中。野猪崽出生在一个用草做成的窝中，它们大概10天大的时候就开始跟着妈妈四处行走。野猪崽会一直紧跟着妈妈，直到下一窝小猪崽降生。

年幼野猪的皮毛上有条纹

家猪和
小猪崽

小猪崽

　　家猪一次可生下大概 10 只
小猪崽。每只母猪每年能生下
大概 22 只小猪崽。像所有的
哺乳动物一样，小猪崽靠吮
吸妈妈的母乳成长。在被带
离妈妈身边之前，大约需母乳
喂养 3 个星期。

母猪会侧躺，这
样可以让小猪崽
吃到母乳

饥饿的小猪崽挤在
一起寻找乳头

比例

背部白色
坚硬的鬃毛

拱土觅食

　　大部分猪都是杂食性动物。它们会用顶端扁平而敏感
的吻部，四处翻拱土壤，从中搜寻植物的根、昆虫幼虫，
以及其他食物。猪常常会以小型家庭形式外出寻食。在法
国，人们会利用猪来嗅出一种生在地下的菌类，这种叫作
松露的真菌从地表是看不出来
的。母猪被用来寻找松露，
因为松露能散发出类似
于公猪的味道，能够
吸引母猪。

长而敏感的吻部

红河猪

正在觅食的家养猪

长刚毛的野兽

　　非洲红河猪，也叫薮猪，
有一条白色的鬃毛沿着满是刚
毛的背部生长。当它们兴奋或
是受到威胁的时候，鬃毛会竖
立起来。这种野猪受到惊吓或
是吃食的时候，会发出哼哼声
或是呼噜声。红河猪几乎什么
都吃，从植物到小型哺乳动物、
鸟类到动物的死尸都能成为它
们的食物。

猪会成群地
寻找食物

相关链接
骆驼　124
鹿与羚羊　154
长颈鹿　187
河马　201
哺乳动物　239

鸭嘴兽 (Platypuses)

鸭嘴兽很难被认错。它们长着长长的鸭子般的嘴，并且柔软、易弯曲。它们还长着带蹼的双脚（非常适合游泳）、短短的毛，以及长而扁平用来储存脂肪的尾巴。这种看起来很奇特的体形非常适于湖水、溪流中或岸边的生活。鸭嘴兽白天躲在地洞中休息，夜间外出捕食。它们是仅有的 3 种产卵的哺乳动物之一，属于单孔目动物。在春天，雌性鸭嘴兽会挖掘特别的洞穴，在里面产蛋。当小鸭嘴兽破壳而出，它们以妈妈的乳汁为食，就像其他的哺乳动物一样。

宽而扁平的尾巴用来储存脂肪

后脚用来控制方向

鸭嘴兽

带毒的刺

雄性鸭嘴兽的后肢有尖刺，可分泌有毒物质。鸭嘴兽在繁殖季节用尖刺赶走其他的竞争对手。中空的刺一旦插进对手身体，毒液便被注射进对手体内。鸭嘴兽也用这种武器来对付敌人——包括人类——但却从不以此进行捕食。

带蹼的前脚用来划水

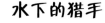
比例

信息卡

科：鸭嘴兽科
栖息地：溪流、河流、湖泊
食物：小龙虾、虾、昆虫幼虫、蠕虫、蝌蚪、鱼
产卵量：1~3 枚
寿命：超过 10 年
尺寸：头和身体的长度：30~45 厘米；尾巴的长度：10~15 厘米

食物粉碎器

成年鸭嘴兽嘴的内部显示，鸭嘴兽是没有牙齿的。它们嘴内长有成排坚硬的角质牙龈，嘴部前端的锋利边缘可以用来切碎食物，嘴部后端的扁平部位则用来磨碎食物，包括易碎的蜗牛、小龙虾和昆虫。

水下的猎手

鸭嘴兽流线型的身体外面覆盖着浓密的防水的皮毛。它们会跳入湖泊或溪流的深处，用带蹼的前脚划水，用后脚掌舵。在水下时，它们的眼睛、耳朵都是闭合的。鸭嘴兽会用嘴巴来探查污泥的底部，靠电信号探测敌人。在水下捕食时，食物被暂时储藏在颊囊中，等回到岸边，食物才在嘴里被咀嚼和磨碎。

相关链接

求偶与交配 38
哺乳动物 239

北极熊〔Polar Bears〕

北极熊是体型最庞大的熊类，同时也是陆地上最大的食肉动物。它们生活在冰雪覆盖的寒冷北极，那里很少有动物能够生存下去。北极熊一年中的大部分时间都生活在浮冰上，那是一种漂浮于海面的大块的冰。它们每天要行走很远的距离去搜寻猎物，特别是海豹。除了春天的繁殖季节，北极熊通常独居。怀孕的雌性北极熊整个冬天都待在雪屋中，它们会在那里生下幼崽。幼崽会跟随妈妈长达两年的时间。

冰水中的游泳健将

北极熊用前掌划水的技术非常好。当它们数小时都待在冰冷的水下时，厚厚的皮毛可以维持身体的温暖。北极熊在冰下和开阔的海水中都能游泳。当北极熊在浮冰之间追寻猎物时，它们能游出 40 千米的距离。

张开嘴巴厮打在一起

年幼的北极熊

比例

白色的厚皮毛在太阳下取暖，下面的黑色皮肤能吸收热量

长长的脖子能够在游水时保证小脑袋露在水面之上

北极熊

爱打闹的北极熊

北极熊的幼崽常常在一起打闹。这些小北极熊会在冰面上摔跤或彼此追逐。它们会张开嘴巴用牙齿互相撕咬，但却不会伤害彼此。通过打闹，它们学会了如何真正地搏斗，这也是它们独立生存所必需的。

北极熊

信息卡

科：熊科

栖息地：浮冰、沿海水域

分布：北极地区

食物：主要是海豹，也包括海鸟、鱼、小型哺乳动物和腐肉

孕期：8~9 个月

寿命：25~30 年

尺寸：2~2.5 米

白色的防水服

北极熊皮下有一层厚厚的、被称为鲸脂的脂肪层，这有助于北极熊抵御北极的寒冷。同时，它们的皮肤外还有一层长而浓密的奶白色防水毛发，形成这层皮毛的毛发是中空的，能够像小温室一样储存热量。同时，白色的皮毛还能帮助北极熊在猎物面前伪装。全身只有鼻子和脚底没有毛发。脚底长有肉垫，配合着爪子，可以帮助北极熊抓住冰面。

在开阔的冰原上

北极熊生活在北极圈内，它是除了北极狐之外，唯一能够在这一地区生存的陆地哺乳动物。它们主要在浮冰上生活，但是也会在北极短暂的夏季搬到陆地上去，因为那时浮冰融化了。通常情况下，北极熊是独居的，但如果附近有充足的食物，它们也会聚集在一起。

豪猪 (Porcupines)

豪猪身上长满刚毛，并且还有又长又硬、尖端锋利的棘刺。豪猪身上最长的刺长在背上，能达 35 厘米长，有些种类的豪猪全身的尖刺能多达 30 000 根。尖刺能够帮助豪猪抵御美洲豹、鬣狗和山猫这样的捕食者。豪猪属于啮齿目动物，和大鼠、小鼠及松鼠同属一类。它们是啮齿目动物中体型较大的，有些甚至像绵羊一样大。

尖刺

嘎嘎作响的尖刺

大部分豪猪能让身上的尖刺发出嘎嘎的声响，以此来吓唬敌人。豪猪尾部顶端的尖刺较厚，但壁薄且中空，能够发出嘶嘶的声音。豪猪会通过摇动尾巴来吓退捕食者。

比例

生活在树林中

很多豪猪终生都生活在树林中。它们爬行缓慢，大多数尾巴很长，能够在它们爬树时缠绕在树枝上保证安全。豪猪大多在夜间进行捕食，白天的时候在用树叶搭成的粗糙的窝中休息。

长长的尖刺竖起，形成防御的盾甲

尖刺很容易折断，扎进袭击者的体内

信息卡

科：美洲豪猪科（美洲的豪猪）；豪猪科（欧洲、非洲、亚洲）
栖息地：主要在森林中，也有一些在林场、热带草原、岩石区和沙漠
分布：欧洲南部、非洲，以及从阿拉伯地区到中国和印度尼西亚、从加拿大到阿根廷东北部
食物：嫩枝、嫩芽、果实，也会吃骨头来补充钙质以及保持牙齿锋利
尺寸：38~131 厘米

背对着对手攻击

当受到敌人的威胁时，豪猪就会竖起背部的刺，背对着敌人冲过去。这些刺会扎在攻击者的面部或身体上，并深深扎进肉里。

强健的腿可以用来行走、跳跃和游泳

粗糙坚硬的刚毛

非洲冕豪猪

相关链接

防御 34
哺乳动物 239
啮齿动物 303

角嘴海雀（Puffins）

因为长着小丑般的面部，以及覆盖着多种颜色的巨大的三角形喙，角嘴海雀非常好辨认。这种海鸟长着整洁优雅的黑白色羽毛和又大又圆的头部。它们大部分时间都直挺挺地站着或是叽叽喳喳地奔波于它们的繁殖地。角嘴海雀共有4种，它们在长满草的悬崖顶端或海岛中繁殖后代，然后在海上过冬。角嘴海雀在游泳和潜水方面都是高手。在水下，它们用带蹼的大脚有力地划动，推动身体前行，并像划桨一样用翅膀划水作为助力。

潜伏处

角嘴海雀在泥土中挖地洞作为巢穴。它们的喙像锄头一样刨土，带有锋利爪子的脚挖起和踢走废土。角嘴海雀还会住进废弃的兔子洞中。这种隐蔽的洞穴能够帮助它们把蛋和幼鸟隐藏起来，而不被海鸥和其他捕食者发现。此外，角嘴海雀父母也能带着它们的蛋在洞中躲过糟糕的天气。

黑白色的羽毛

比例

北极海鹦

专业潜水员

北极海鹦能够跳到60米深的水下去捕捉鱼类，可以在水下待20秒，不过也有一些能够待两分钟。角嘴海雀能在喙中塞下4~30条玉筋鱼这一类的小鱼，带回去喂养它们的后代。不过，也有鸟类观察者记录到，曾有角嘴海雀一次装下61条小鱼。

蛋通常是白色的，也会有褐色或是紫色的斑点

信息卡

科：海雀科（海雀，还包括海鸽、刀嘴海雀、小海雀、海鸦）
栖息地：在海崖和岛屿上繁殖，其他时候在海上生活
分布：大西洋北部和太平洋北部
食物：小鱼，特别是玉筋鱼，也会吃虾
巢：由干草搭成的中空的巢
产卵量：1枚，白色
尺寸：30~38厘米

角嘴海雀的羽毛几乎是海鸥的两倍多，这样可以在寒冷的北部海域保持身体温暖

受保护的蛋

角嘴海雀每个季节通常只产下一枚蛋，把它放在地洞中保护起来。角嘴海雀父母会轮流承担孵化的工作，它们会花费大约6个星期的时间坐在蛋上保持其温暖，直到幼鸟破壳而出。

在繁殖季节，脚的颜色会从暗黄色变为亮橘色

相关链接

北极　54
鸟类　115
卵和巢　42
岛屿　76
海洋　74

穴兔和野兔〔Rabbits and Hares〕

穴兔和野兔长着长长的耳朵和毛茸茸的短尾巴，在世界各地都很常见。这种哺乳动物常在夜幕降临时出来啃食青草和嫩芽，即使在进食时，它们也会一直保持警惕，它们用大大的眼睛、长长的耳朵，以及抽动的鼻子时刻注意着四周的动静，以提早发现潜在的危险。当受到狐狸或是其他捕食者的威胁时，它们会迅速跳走，寻找遮蔽。穴兔会挖洞，作为白天的庇护所，也可作为糟糕天气的遮蔽所。野兔比穴兔个头更大，奔跑速度也更快。野兔不挖洞，在草窝中休息。

棕兔

四处跳动

野兔依靠极快的速度来逃脱敌人。通过强壮的后腿和脚，野兔在短距离内的速度能高达每小时 80 千米。它们常常沿着曲折的路线逃蹿，或是跃入空中，以此扰乱捕食者的视线，从而逃脱。

灰褐色的皮毛能够帮助兔子在敌人面前隐藏起来

窄而长的耳朵能够接收到很微弱的声音

快速繁殖

雌穴兔每次可产下 1~9 只小兔子，每年最多可以产下 30 只。刚出生的时候，小穴兔身上没有毛，不能视物，毫无生存能力。3 周内它们都无法离开地下的洞穴生活。一旦生存下来，穴兔能够活 10 年或者更长的时间。

信息卡

科：兔科
栖息地：草原、灌木林丛地、森林、沙漠、苔原
分布：美洲、亚洲、非洲、欧洲；欧洲的兔子被引进到澳大利亚和新西兰
食物：草、叶子、嫩枝、浆果、树皮、嫩芽
尺寸：头和身体的长度为 25~76 厘米

比例

雌性欧洲兔和
3 个月大的小兔子

穴兔的头骨

锋利的门牙能够咬断植物

咬断与磨碎

兔子上下颌的前端都长着很大的门牙，用来咬断草和其他植物。尽管每天都在用，但门牙从来不会被磨短，因为兔子的门牙会一直生长。门牙后边扁平的臼齿能够把食物磨碎，这样便于消化。

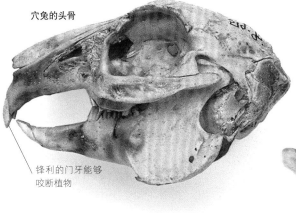

在柔软的土洞中躲风避雨

兔子喜欢在长有灌木和树木的草地上生活，那里有柔软的土壤可以用于挖洞。白天的时候，兔子们藏在土洞中，夜幕降临才会整晚外出觅食。欧洲兔以大群的形式生活在一起，并住在连成一片的土洞中，那被称为兔场。每个兔场都有很多个入口，深度能够达到3米。

黑尾兔

长长的耳朵能够
探听敌人的动静

小而圆的耳朵

北美鼠兔

用哨音来警告其
他鼠兔不要侵犯
它的领地

穴兔的亲属

　　鼠兔与穴兔是近缘动物，体型娇小，生活在亚洲和北美洲的岩石区和山区。它们是独居动物，每一只都守卫着自己小小的一片领地。当受到威胁时，它们会快速地隐藏在岩石裂缝中。鼠兔的腿很短，没有尾巴，耳朵小而圆。它们白天以草和其他植物为食。整个冬天都能看到它们的身影。

短腿

黑尾兔的大耳朵

　　黑尾兔是北美洲的一种野兔，它们生活在炎热干燥的地方。白天气温很高的时候，它们的大耳朵能够像散热器一样散发热量来保持身体的凉爽。大耳朵同时还使其具备超强的听力，探听附近敌人的动静。像大多数居住在沙漠的动物一样，黑尾兔在白天温度高的时候休息，在夜间变得活跃。

白色的皮毛在冬
天提供了伪装

冬天的白兔

　　北方兔生活在寒冷的北方地区。冬天来临时，它们灰褐色的皮毛开始变为白色。白色的皮毛能够帮助它们隐藏在冰天雪地的环境中，这样就不容易被北极狐和雪鸮这样的捕食者发现。与此同时，皮毛也会变厚，在寒冷的条件下提供更多的温暖。当春天来临，冰雪融化，北方兔的毛发会重新变成灰褐色。北方兔夏季以多汁的绿色植物和青草为食，冬天则以嫩枝和嫩芽为食。

北方兔

相关链接

北极　54
伪装　36
草原　64
食草动物　30

爪子下面的毛保证了
脚的温暖，同时增强
了在雪地上的抓握力

浣熊和长鼻浣熊（Raccoons and Coatis）

浣熊面部的花纹很像戴了一个引人注目的面罩，看起来就像盗贼那样。而事实上，它们也常常被人类称为"盗贼"，因为它们常常弄翻垃圾桶，到食品店偷窃食物，以及践踏农民的庄稼，造成一片狼籍。浣熊和它们的近缘动物，包括长鼻浣熊、节尾浣熊，都有着长长的身体和黑白相间的环纹尾巴，它们大部分时间都生活在树上。

环尾长鼻浣熊

信息卡

科：浣熊科包括浣熊、长鼻浣熊、北美节尾浣熊、蜜熊
栖息地：林地和森林，城市的公园和花园
分布：美洲
食物：鱼、蛙类、蜥蜴、鸟类、蛋、果实、坚果、种子、食物残余
尺寸：51~136 厘米

长长的吻部

南美洲的长鼻浣熊生活在树上，它们会把长而灵活的吻部伸入裂缝和洞中，去搜寻昆虫和蠕虫。它们也会在泥土或落叶堆中挖掘，寻找植物的根吃。长长的尾巴能够帮助它们在爬树的时候保持身体的平衡。

浣熊

灵活而快速

节尾浣熊的后足非常的灵活，这使得它们能够非常快速地在树枝上爬上爬下或是越过石块。它们的面部有点像狐狸，眼睛和耳朵较大，尾巴也很大，上面有一圈一圈的花纹，这也是它们名字的来源。

北美节尾浣熊

长长的带有黑环的尾巴

类似于狐狸的脸

"盗贼面罩"般的黑色标记

长而尖的吻部

适应城市生活

浣熊是一种很容易存活的动物，因为它们几乎什么都吃，也能生活在任何地方。它们已经非常适应生活在离人类很近的地方。在美国的一些城镇，常常能够在晚上看到浣熊翻垃圾桶寻找废弃的食物。它们用长着长而敏感的指头的前爪，像猴子一样富有技巧性地翻查食物，然后放到嘴中。在更广阔的环境中，它们用前爪从沼泽池中捉小龙虾、螃蟹，以及蛙类。

比例

相关链接

哺乳动物 239
大熊猫 270
林地 60

大鼠（Rats）

大鼠是非常容易存活的动物，因为它们什么东西都能吃，包括人类丢弃的垃圾，另外，雌鼠全年内每5~6周就能产下多达12只的幼鼠。特别是褐鼠和黑鼠这两种大鼠，已经"参与"人类的生活有几个世纪了。这些大鼠生活在房屋或其他建筑的里面或附近，窃取人类的食物。它们还传播病菌，比如黑死病、狂犬病，以及会感染人类的沙门氏菌。大鼠和比它们体型小的近亲小鼠都是啮齿类动物，同其他啮齿类动物一样，大鼠也有长而窄的门牙，用来咬断食物。

新出生的褐鼠

快速成长的幼鼠

新生的褐鼠窝在由稻草和毛发做成的窝里。幼鼠没有毛发，不能视物，也没有生存能力。它由母鼠照顾、保护、喂食，以及保持其温暖。但是在15天内，幼鼠就会长出覆盖全身的毛，同时也能够视物；22天大的时候，幼鼠就会离开洞穴；两三个月时，长大的褐鼠就能繁殖后代了。

全身长着灰黑色的毛

城市居民

生活在城市里的人们从来都不曾摆脱褐鼠。实际上，这种鼠类也被称为家鼠。它们不只生活在大楼中，作为游泳高手，它们也能生存在地下管道中。褐鼠繁殖速度很快，一只雌性褐鼠每年能产下12窝幼鼠。它们会对人类的生活环境造成非常大的破坏，不只是因为它们糟蹋粮食，它们还会咬断电线和水管。

黑鼠

上下颌中长有凿形的门牙

褐鼠

比例

用来保持平衡的尾巴

黑鼠和其他鼠类看起来没什么不同。它们的身体很长，还有一条和身体差不多长的无毛尾巴，能够帮助它们在爬行的时候保持平衡，爬行是它们非常擅长的技能。黑鼠的头上长着长长的口鼻和胡须，以及大大的眼睛和耳朵。它们的听觉、视觉、嗅觉以及触觉都非常灵敏。

覆盖着保护性鳞片的尾巴能够保持平衡

信息卡
科：鼠科
栖息地：田地、农场、城镇
分布：世界范围
食物：种子、坚果、植物、果实、昆虫、小型动物、人类的食物残渣和厨余
孕期：21天
产崽量：最多达12只
寿命：最长达3年
尺寸：身长：20~30厘米；尾长：20~32厘米

相关链接
小鼠　246
啮齿动物　303
骨骼　18

响尾蛇 (Rattlesnakes)

响尾蛇是最容易辨认的蛇类之一，因为它的尾巴末端长着一串干燥的、中空的响环，能够发出嘶嘶的声音警告入侵者。响尾蛇的种类超过了25种，大多数都发现于美国。它们的尺寸范围很大，从50厘米长的袖珍响尾蛇到长达2.4米的东部菱斑响尾蛇，东部菱斑响尾蛇也是北美洲最大的毒蛇。大多数响尾蛇生活在干燥的沙漠地带，所有的响尾蛇都是直接生下小蛇而不是产蛋。

特殊的感热窝帮助响尾蛇"看"到附近动物的体热

身体向上盘绕起来，准备攻击猎物或敌人

响尾蛇

感热窝

响尾蛇的头上有两个特殊的感热窝，能够感知从猎物身上发出的热量。这能够帮助响尾蛇准确地判断出猎物的位置，即使在黑暗中也可以。因为这两个感热窝在颊窝处，响尾蛇被归类为颊窝毒蛇。

信息卡

科：蝰蛇科
栖息地：沙漠、灌木丛、大草原、草原、森林、雨林
分布：美洲——从加拿大到阿根廷
食物：蜥蜴、鸟类、小型哺乳动物，比如兔子
产崽量：不同种类和尺寸的响尾蛇产下小蛇的数量也各不相同
尺寸：30~200厘米

比例

响环

响尾蛇会通过晃动尾部的响环来警告入侵者不要靠近。响尾蛇的尾部能发出响亮的嘶嘶声。这些声音是由尾部松散联结在一起的响环相互摩擦振动空气发出的，这些响环是响尾蛇尾部数次蜕皮残留下的，蜕皮每年会进行3~4次。

毒囊

响尾蛇是毒性非常强的蛇。它们的脑袋又宽又大，因为头两侧的毒囊就占据了很大的空间。响尾蛇通过它们的毒牙把毒素注入到猎物的体内。毒囊旁边的肌肉压缩使毒液进入毒牙。当响尾蛇不使用毒牙的时候，会将其收在嘴巴的顶部。

响环每分钟能够振动50次

响尾蛇自己听不到响环所发出的声响

响尾蛇

相关链接

蛇 325
爬行动物 297

鳐和魟 (Rays)

鳐和魟是一类看起来就像是从头到尾都被拍扁的鱼。它们的眼睛长在头顶上，而嘴巴和鳃长在身体下面。与大多数鱼类体内有骨骼不同，鳐和魟（像鲨鱼一样）的骨骼完全由软骨组成。鳐和魟包括菱形身体的鳐鱼和生活在海床上的魟鱼，以及浑身长满刺能毒死人类的赤魟。其他种类的鳐和魟还包括在水面滑行的前口蝠鲼，当它们在水中展开身体两侧的鳍，翼展能达到 6 米长。另外，还有长相奇特的锯鳐，它们的上下颌就像锯条一样，也是鳐和魟的一种。

背棘鳐

石纹电鳐

多刺的威胁

背棘鳐的名称源于其背部长有一排刺。这可以帮助它们对抗鲨鱼和其他捕食者。背棘鳐会把自己隐藏在沙中或是泥土里，只把背部的刺露在外面。

比例

排尖刺从头部一直长到尾端

带电的鳐鱼

跟很多鳐鱼一样，石纹电鳐通常待在隐秘的沙中和泥土里，只把眼睛和气孔露在河床之上。如果潜水者或渔民不小心碰到它们，会受到突然的电击。大多数时候，石纹电鳐只会利用电流击昏或是杀死螃蟹、其他鱼类、蛤这样的猎物。

斑点鳐

斑点鳐

斑点鳐身上的斑点能够使其完美地融入斑驳的海床底，因此，当它们半掩在沙子或泥土中时很难被发现。斑点鳐会静静地等待猎物送上门，比如贝类。它们会用坚固扁平的牙齿来咬碎这些食物。有时候，斑点鳐会突然飞出去抓住一条鱼。它们会用身体将猎物卷入身体下方的嘴中。

头部两侧的鳃孔用来呼吸

当斑点鳐藏在沙中时，身上的斑点能很好地将其隐藏在海床中

相关链接

伪装　　36
鱼类　　174
海洋　　74
感官　　24
鲨鱼　　315

信息卡

科：包括鳐鱼和魟鱼（鳐科）、赤魟（魟科）以及 11 个其他的科

栖息地：海床或靠近海床处，有一些在海洋的上层

分布：世界范围，大部分在温暖的海域

食物：蛤、蟹、蠕虫、鱼；前口蝠鲼以小型浮游生物为食

产崽量：魟鱼：1~60 只；鳐鱼产卵：每季最多达 100 枚

尺寸：0.1~6.7 米宽

海洋滑翔者

　　牛鼻魟几乎一直在游泳，似乎从来不在海床底部休息。它们会聚集在一起，像去上学一样，数量能达到 1 000 只以上。与很多鳐和魟在海底生活和觅食不同，牛鼻魟更喜欢在靠近海洋表面的地方游泳，它们属于在开阔水面上活动的鱼类。

驯鹿〔Reindeer〕

驯鹿是唯一一种雌鹿和雄鹿都长着鹿角的鹿类。鹿角或许可以帮助雌鹿在冬天和雄鹿争夺食物。驯鹿生活在冰雪覆盖、食物短缺的北极圈（在北美，它们被称为北美驯鹿）。为了全年都有充足的食物可以吃，驯鹿的一生都处于不断的迁徙中。在冬天，它们会穿越几千英里到南部世界上最大的森林中，夏季又会返回到北部的北极苔原带（荒地）。

两只雄性驯鹿在打斗时用鹿角抵住对方，胜利者将获得与雌鹿交配的权力

锋利的蹄子能够抓住滑滑的雪层，并且挖开雪层

扭缠在一起的鹿角

秋天是驯鹿发情（交配）的季节，雄性驯鹿变得狂躁而吵闹，它们会通过打斗来决定谁是最强壮的。雄性驯鹿会直直地冲向对方，撞毁对方的鹿角，双方的脖子和鹿角也会扭缠在一起。

像雪地靴一样的蹄子

驯鹿的悬蹄发达，高高地长在蹄子的后面。当驯鹿踏入烂泥或是柔软的雪层中时，悬蹄能够提供更多的抓握力。同时，悬蹄还能帮助拭去浮雪，使驯鹿可以吃到下面的地衣。

雄性驯鹿

成年的雄性驯鹿通常情况下独居，它们只在繁殖季节加入到雌性驯鹿中。它们的鹿角能够长达 152 厘米，这比雌性驯鹿的要大得多。雄性驯鹿的鹿角在每个交配季节结束时就会断落，雌性的则在春季断落。

信息卡

科：鹿科
栖息地：北极苔原针叶林地带
分布：北美洲北部、斯堪的纳维亚半岛、亚洲北部
食物：地衣、苔藓、叶子、嫩枝、浆果、菌类
孕期：8 个月
尺寸：身体的长度最长能达到 22 米，尾巴长 21 厘米

鹿角由坚固的骨质物构成

较低的分支向前伸，并在末端分叉

比例

厚而中空的毛发能够保暖

相关链接

北极　54
鹿与羚羊　154
瞪羚　183
迁徙　78

吻部也覆盖了毛发，防止被冻伤

迁徙的群落

　　驯鹿，其中较为人类所熟知的北美驯鹿，是地球上所有动物中跨大陆迁徙路线最长的动物。有些群落每年会行进 9 000 公里的路程。每年春天，它们会向北跋涉遥远的路途，到达北美洲和西伯利亚的北极苔原带。在那里，它们能吃到叶子、浆果和菌类。到了秋天，开始降雪的时候，鹿群又会向南迁徙到森林中，它们会在森林中度过整个冬天，主要以地衣为食。图示的这些迁徙的北美驯鹿正在穿过阿拉斯加的冰雪地带。

爬行动物（Reptiles）

爬行动物的皮肤干燥且表面覆盖着保护性的鳞片或坚硬的外壳。地球上的爬行动物大约 6 000 多种，主要分为三大类：陆龟和水生龟类、蛇类和蜥蜴类，以及鳄类和短吻鳄类。大部分爬行动物生活在温暖的区域，因为它们需要阳光和温暖的表面来保持身体温暖。它们常常通过晒太阳来为捕猎和进食储存热量。大部分爬行动物生活在陆地上，但海龟和淡水龟、海蛇和水蛇、鳄以及短吻鳄是生活在水中的。大部分爬行动物产下具有防水外壳的蛋，但也有一些是直接生下幼崽。幼崽通常是在陆地上孵化或产下的，它们看起来就像是父母的缩小版。

锯齿折背陆龟

带壳的爬行动物

陆龟和水生龟都是带壳的爬行动物，它们看起来就像是一个长腿的盒子。外壳能够保护它们不受敌人或坏天气的影响，但是也使它们行动缓慢。

比例

敏捷的蜥蜴

世界上共有 3 000 多种蜥蜴，是爬行动物中数量最多的一类。很多蜥蜴白天都在树枝、草丛或岩石上爬行，捕捉昆虫和蜘蛛。蜥蜴动作敏捷，有些甚至能在树间飞行 15 米的距离。另一些能在天花板上头朝下地爬行。

鳞片能防止皮肤变干，同时也是保护层

丽棘蜥

大部分蜥蜴的 4 条腿长度相同，末端长有长长的脚趾

爪子锋利，在树上爬行时易于抓握

鳄和短吻鳄

鳄和短吻鳄常常潜伏在水面之下，看起来就像是一根老旧的长着巨大牙齿的木头。它们在水中等待着水牛、鱼类，甚至是人类的到来。它们从恐龙时代就一直生活在地球上，已经完全适应了生存的环境。大多数鳄和短吻鳄生活在热带的淡水水域，但也有一些生活在海洋中。

短而宽的吻部和锋利的牙齿可以吃蛙类、蜗牛和昆虫

蜥蜴的长尾巴通常用来保持身体平衡

鳄能够长出新的牙齿来替换那些脱落的

眼镜凯门鳄

壁虎艰难地从
蛋壳中爬出来

豹纹守宫

后背和尾巴
上有冠饰

楔齿蜥

蛋和小鳄

大多数爬行动物的蛋都有柔软、革质的外壳，在保护正在发育的小鳄的同时，也能让它们顺畅地呼吸。鳄和短吻鳄会守护它们的巢穴，照顾幼崽，但是其他爬行动物的幼体需要一出壳就开始独立地生活。

爬行动物的皮肤

爬行动物的表皮主要由被称为角质蛋白的角质物构成，这是一种和指甲一样的物质。爬行动物会不断地脱落旧的皮肤并长出新的来替换。蛇类是整张皮肤一次蜕掉，而蜥蜴的旧皮肤则是大块大块地脱落下来。

短而强壮的
腿用来挖掘
洞穴

古代的爬行动物

楔齿蜥是不常见的爬行动物，只在靠近新西兰的几个岛屿上发现过。它们的外形与两亿年前的蜥蜴非常相似。它们的生长也非常缓慢，有时甚至在50岁或60岁的时候还在继续发育。

较长的蛇椎骨
多达400多节

凯门鳄坚硬的鳞
片里有骨板

上下颌之间的联结
较为松散，因此蛇
可以把嘴巴张得很
大，将庞大的猎物
整个吞下

蛇的骨骼

骨骼

蛇没有腿，因此它们的骨架是由头骨、长长的脊骨，以及几百节联结在脊骨上弯曲的肋骨组成的。大部分爬行动物都有长长的蜥蜴状灵活的脊骨，短腿骨从身体两侧伸出。

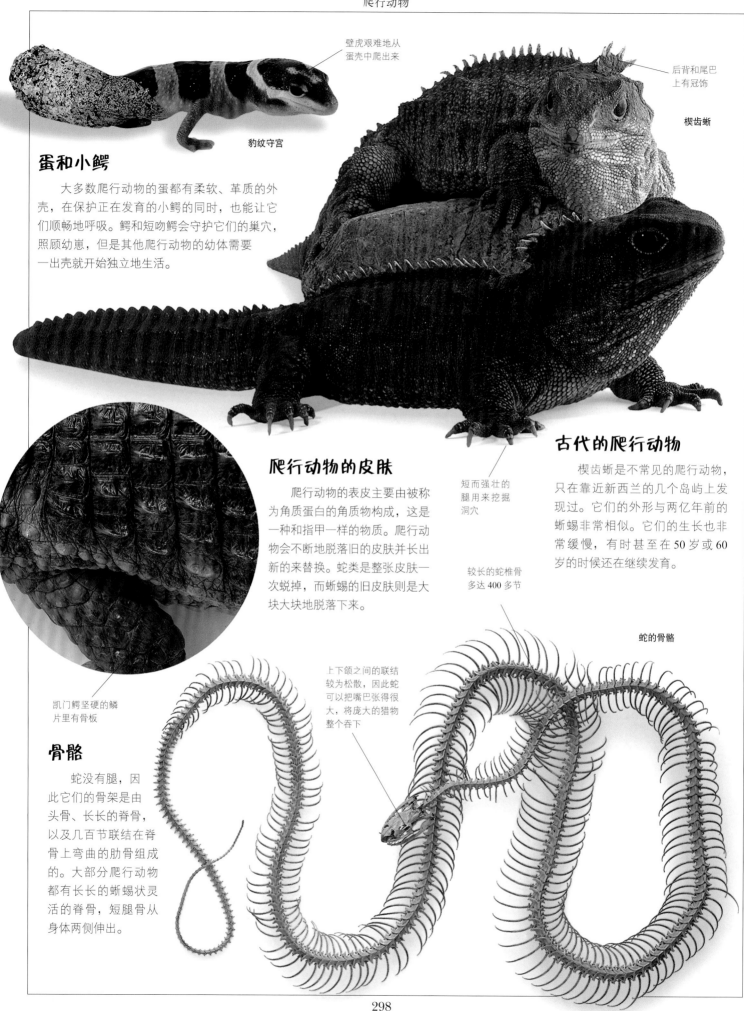

短吻鳄

身披鳞片的游水高手

　　鳄和短吻鳄都是优雅而矫健的游水高手。它们在水中把尾巴从一边摆向另一边来推动身体前行。水生龟和陆龟游水速度很慢，它们用前腿划水，更像是在水中"飞"。蛇则是通过扭动长长的身体，从一边到另一边，在水中蜿蜒而行。

伪装

　　因为其身体的颜色和花纹像极了落叶，加彭蝰在森林的地面上几乎是隐身的。而且它的花纹也模糊了身体的轮廓，因此人们甚至无法辨认。善于伪装的身体能够帮助爬行动物在捕食者面前隐藏自己，同时也便于在猎物注意不到的时候发动突然袭击。

体内器官的形状也都适应了细长而又灵活的身体

美洲玉米锦蛇

透明的镜鳞代替了眼睑

相关链接

鳄和短吻鳄 150
无脊椎动物 215
蜥蜴类 234
响尾蛇 292
蛇 325
陆龟和水生龟 342

蛇都是有毒的？

　　很多人认为所有的蛇都是有毒的，但事实并非如此，玉米锦蛇就是一种完全无毒的蛇，而且，所有的蛇中有毒的蛇要少于1/4。大概只有300种蛇能够杀死人类。除了蛇之外，爬行动物中只有希拉毒蜥和墨西哥毒蜥这两种蜥蜴是有毒的。

流线型的头部适于快速地游动

爬行动物的感官

　　鳄的眼睛和鼻孔都在头部较高的位置，这样即使它们的身体浸在水中，也能够视物和顺利地呼吸。鳄的脸部和身体的形状都非常适合快速地游水。鳄以及其他爬行动物有着与人类非常相似的感官。大部分爬行动物视觉良好，嗅觉也相当灵敏，能够用来追踪猎物。有些爬行动物，比如蛇类，听觉不是很好，但是它们能够通过吐信来探查周围环境。

鳄

犀牛（**Rhinoceroses**）

　　除了大象，食草的犀牛是陆地上个头最大的哺乳动物。犀牛的英文名字"rhinoceros"意思是"角状的鼻子"，而它们也确实利用它们的大犀角、厚实的皮，以及大块头保护自己。它们桶一样的身体由4条短而粗壮的腿支撑着。厚实无毛的皮肤覆盖全身，并形成了层层的褶皱，就像披了一件盔甲。犀牛有一根或两根由角质蛋白形成的犀角，这种东西也是形成我们的头发和指甲的物质。它们用犀角来恐吓对手或将敌人从自己和孩子的身边赶走。

年幼的印度犀牛

小犀牛

　　小犀牛啃食青草的同时也会吸吮妈妈的乳汁，直到它们1岁大。小犀牛出生几个小时后就能走了，几个星期大的时候就能以植物为食。小犀牛会跟在妈妈身边两三年，但在下一只小犀牛诞生的时候，它就会被赶走。

黑犀牛的皮肤其实是灰色的

大耳朵来回旋转，收集声音

厚实的皮肤能够抵抗锋利的角和敌人的咬击

犀角的长度能达到120厘米

非洲黑犀牛

非洲白犀牛

冲上去

　　头部低下，犀角做好向前冲的准备，做好战斗准备的犀牛足以吓坏任何敌人。除了庞大的身躯，犀牛奔跑的速度能够达到每小时48千米。黑犀牛天生好斗，而且难以捉摸。当它们听到或闻到任何让它们起疑的迹象，就会立马做好准备。它们会通过排便和撒尿划出它们的领地，并将任何入侵者都赶出领地。

宽阔的嘴巴

　　白犀牛也叫方吻犀，生活在开阔的草原，它们用宽阔的嘴巴来啃食青草，就像牛一样。相比黑犀牛，白犀牛要温和得多，也更有社会性，雌性的白犀牛常常以小群体的形式生活在一起。

比例

走出一条老路

在非洲，主要是肯尼亚和坦桑尼亚的国家公园中，能看到黑犀牛的身影。它们生活在干旱的草原上，接近林地和多刺灌木的地方，在那里，它们以嫩枝和新生的嫩芽为食。黑犀牛会沿着一条老路去湖边或是水坑处饮水。它们也会在白天温度较高的时候在泥潭中滚来滚去，泥巴能在它们的身体表面形成一个防止蚊虫叮咬的保护层。

信息卡

科：犀科
种类：5 种
栖息地：草原、灌木丛林地、树林
分布：非洲、南亚和东南亚
食物：树叶、嫩枝、嫩芽、果实、草
孕期：14~18 个月
寿命：30~35 年
尺寸：头和身体长度：2~4.2 米；
肩高 100~200 厘米

印度犀牛的皮肤褶层很厚，使它们看起来就像穿了一件盔甲

印度犀牛

非洲黑犀牛

钩状的唇

黑犀牛用它们钩状的上唇取食嫩芽和树叶。它的上唇还能够卷起来抓住较硬的植物，然后把它们送入嘴中。

上唇能够抓住、拉扯和折断树枝

寻找水源

因为几乎没有毛发，所有犀牛的体温在热带的阳光下都很容易变得过高。它们需要躺在水中或是在泥坑中打滚来降低温度。当身体上的泥巴变干，它们就好像涂了一层防晒霜。犀牛还需要在有水的区域寻找食物。印度犀牛生活在满是沼泽的地方，以长草和水生植物为食，也会摘取果实和嫩枝。任何阻挡在犀牛和它的水坑之间的动物都会让犀牛对它发起进攻。

非洲黑犀牛

去掉犀角

这只黑犀牛的犀角已经被去掉了，不过是出于一个好的理由。为了保护黑犀牛，人们将它的犀角去除，这样偷猎者就不会再为了犀角而杀死黑犀牛。从犀牛身上拿掉犀角一点都不痛，就像剪发一样。偷猎者会将犀角卖掉，做成古方里的药，或是匕首的握柄。那些保护犀牛的人就穿越草原，来到它们遥远的栖息地，建立巡逻监察队对偷猎者进行监管。

犀角已被去除

啮齿动物（Rodents）

啮齿动物是地球上哺乳动物中数量最多的一类。所有的啮齿动物都长着两对锋利的门齿（前牙），用来啃食种子以及其他较坚硬的食物。这些门齿会不断地生长，永远不会磨损。这些像凿子一样，持续生长的门齿也是啮齿动物和其他哺乳动物区分的标志。啮齿动物主要有三种：鼠形啮齿动物，包括小鼠、大鼠以及跳鼠；松鼠形啮齿动物，包括松鼠、旱獭和河狸；以及包括豚鼠和水豚在内的豚鼠形啮齿动物。

三彩松鼠

跳跃时，毛茸茸的大尾巴能够帮助松鼠保持平衡

褐鼠

吻部长着长而灵敏的胡须

爬树的啮齿动物

树松鼠，比如生活在东南亚森林中的普氏松鼠，是爬树和跳跃的高手。它们用强壮的后腿在树枝之间跳跃。白天的时候，它们四处搜寻种子、坚果和昆虫等食物。到了晚上，它们栖息在树洞里或用树叶和树枝搭成的窝中。

尾巴上覆盖着保护性的鳞屑

旱獭

用脚底爬行

挖洞的"松鼠"

旱獭和在树上生活的松鼠是近亲。这种身形粗壮、短腿的啮齿动物生活在北美洲开阔的林地中，在那里，它们会挖掘地洞，以草、浆果和果实为食。到了冬天降雪的时候，食物开始短缺，旱獭会钻进地洞开始长时间的冬眠。冬眠期，它们靠夏季储存下来的脂肪维持生命。

强壮的脚和爪子用来挖地洞

与人类为邻

褐鼠靠足底行走，在攀爬的时候，它们靠脚趾来抓住物体，并用尾巴来保持身体平衡。和其他鼠形啮齿动物一样，家鼠的吻部较长，眼睛和耳朵较大，另外还有敏感的胡须和短短的腿。褐鼠的学习能力很强，几乎什么都吃，繁殖速度也很快，也不怕人，所有这些使得褐鼠成为世界上分布最广的动物之一。

信息卡

目：啮齿动物属于啮齿目；下属大约 29 个科

种类：大约 1 800 种

栖息地：所有类型的栖息地

分布：世界范围，南极除外

食物：主要是坚果、种子、果实、叶子和树根

产崽量：1~20 只

寿命：6 个月到 10 年

美洲河狸

光滑的流线型身体非常适合游泳

扁平的尾巴用来游泳和控制方向

厚厚的防水皮毛能够保持体温

沙漠居民

跳鼠以及其他一些啮齿动物，能够在炎热干燥的沙漠里生存下来。在白天最炎热的时候，它们钻入用前腿挖出的地洞中休息。它们不需要饮水，因为它们能从食物中得到所需的水分。跳鼠在夜间稍微凉快的时候活动。它们用长而强壮的后腿在沙漠上跳跃，四处寻找种子。如果遭遇蛇或其他饥饿的敌人袭击，跳鼠会跳向高空来逃脱。

沙漠跳鼠

大眼睛有助于提高夜视能力

砍伐木头的牙齿

河狸长着巨大的能不断啃咬的牙齿，因此它们能够伐倒直径达 100 厘米的树木。它们用树枝混合了泥巴和石块来建造大坝。在大坝后面形成的蓄水池中，它们修建了开口在水下的巢穴。这种安全无忧的屋子为河狸一家提供了抵挡冬日严寒和捕食者的庇护所。

长长的后腿和脚

跳跃时，长尾巴能够帮助跳鼠保持身体平衡

前腿用来握紧食物和挖掘地洞

喜欢待在水中

水豚是最大的啮齿动物，外形看起来很像大个头的豚鼠。它们是生活在南美洲湖泊和沼泽中的游泳和跳水高手。当它们游泳的时候，只能看见眼睛、耳朵和鼻孔。水豚以小群体的形式一起觅食青草和水生植物。

水豚

眼睛、耳朵和鼻孔位于头的顶部，游泳的时候露在水面之上

相关链接	
河狸	109
天竺鼠	197
哺乳动物	239
小鼠	246
大鼠	291
松鼠和花鼠	330

鲵和蝾螈 〈Salamanders and Newts〉

鲵和蝾螈都是性格胆小的动物，喜欢躲藏在潮湿的地方或是水下。它们的皮肤黏而光滑，尾巴较长，头部是圆形的。像青蛙和蟾蜍一样，它们也是两栖动物，也就是说，它们在水中和陆地上都能生活。因此，有很多种类一直生活在水中，而有些则终生生活在陆地上，有些甚至完全生活在潮湿阴暗的洞穴中。

大部分蝾螈，无论是在水中还是陆地上生活，都在水中进行繁殖。

年幼的虎纹钝口螈长有鳃，可以在水下呼吸

虎纹钝口螈

斑纹蝾螈

年幼的虎纹钝口螈

虎纹钝口螈的幼体在 12 个星期后长成年轻的成熟个体。幼体是用鳃呼吸的，而它们成年后鳃却完全没有了，成年的虎纹钝口螈用肺和皮肤进行呼吸。它们是世界上最大的陆栖蝾螈，最长能够长到 33 厘米。

前脚朝前做好迈开下一步的准备

灵活的身体可以快速地游泳和逃跑

四脚并用

大部分鲵和蝾螈在陆地上、地下或是树上非常缓慢地爬行。有些甚至只用手指或脚趾的指端就能爬过泥泞的池塘底部。有些能用它们的脚或者尾巴来游泳或挖洞。它们通过急速地甩动尾巴来突然加速。

后脚按在地面上，推动身体向前

水草上的蝾螈卵里是正在发育中的胚胎

早期发育

很多雌性蝾螈会在陆地上产卵，然后由父母的任意一方进行守护。一个星期之后，胚胎开始发育出头和尾巴，开始成形。3 个星期之后，小蝾螈就破壳而出。

比例

明亮的斑纹可能是黄色、橙色或者红色，形状也可能是斑点或是条纹

欧洲真螈

名字中的秘密

欧洲真螈的身体上长着火焰一样的花纹，这是它名字的由来。而实际上，英文单词"salamander"源于希腊语中一种神秘的蜥蜴状野兽，传说它能够生活在火中，用自身寒冷的身体把火扑灭。

后腿的脚上长着 5 根脚趾

这种大蝾螈主要生活在山地森林中

潮湿的家

　　双带河溪螈生活在美国东南部的山地森林中，那里降雨充沛。尽管双带河溪螈是不在水中繁殖的一类蝾螈，但它们基本上不会远离池塘。其他的种类基本上一直生活在水中，有些甚至终生都生活在洞穴深处、地下湖泊或溪流中。

晚餐时刻

在陆地上，鲵和蝾螈以蠕虫、蛞蝓和昆虫为食。体型较大的品种会捕食老鼠、蛙类和其他的蝾螈。在水中生活的蝾螈则主要吃小鱼、蜗牛和昆虫的幼虫。

有力的长舌能够卷住蠕虫

信息卡

科：10 个不同的科，将鲵和蝾螈包括在内：无肺螈科；鳗螈科；洞螈科和美洲蝾螈

栖息地：大部分生活在陆地潮湿的地方；也有一些是淡水品种

分布：主要是北美洲和亚洲北部

食物：蠕虫、蛞蝓、蛙类、老鼠

尺寸：3~160 厘米

长蹼的蝾螈

有些种类的蝾螈，其后腿的脚上是长蹼的。蹼是脚趾间伸展开的一层很薄的皮肤，它能够帮助蝾螈游得更快。当蝾螈爬到陆地上过冬的时候，蹼就会消失。

掌欧螈带蹼的脚

呼吸

年幼的鲵和蝾螈用鳃来呼吸，等到成年之后，鳃会消失，它们就会爬到水面上，改用肺和皮肤呼吸。而大约有 270 种蝾螈是没有肺的，这些没有肺的蝾螈只能通过皮肤和口腔黏膜进行呼吸。

冠欧螈

成年蝾螈的鳃已经消失，改用肺和皮肤呼吸

跳舞的蝾螈

在求偶展示时，雄性冠欧螈会在雌性面前翩翩起舞。它会在交配季节炫耀其长在背上的巨冠，然后左右摆动它银色的尾巴，从而吸引那些因为满腹的卵而胀大肚子的雌性蝾螈。雄性蝾螈会引导雌性蝾螈跨过它遗留在池塘底的精囊，这样雌性就会把精囊带入身体，从而使体内的卵受精。

雄性冠欧螈

雄性通过特殊的气味腺来吸引雌性

雌性蝾螈被推动跨过精囊

相关链接

两栖动物 92
求偶与交配 38
防御 34
成长 44

雌性冠欧螈

鲑鱼、鳟鱼和狗鱼〔Salmon, Trout, and Pike〕

鲑鱼、鳟鱼和它们的亲属狗鱼都有着细长有力呈锥形的流线型身体和分叉的尾巴。鲑鱼和鳟鱼大多在溪水和河流中繁殖，之后再洄游到大海。它们因为壮观的旅行而闻名，特别是要跨越重重障碍，比如瀑布和湍流。狗鱼只在淡水中生活。鲑鱼和鳟鱼能够通过长在背鳍和尾鳍之间细小的鳍（称作脂鳍）分辨出来，这种鳍缺乏骨质（称为鳍条）的支撑，而其他的鳍都有鳍条支撑。

狗鱼

长长的鳄一样的短吻和锋利的牙齿

大个的鲑鱼能够跃起 3 米

大西洋鲑鱼

比例

信息卡

科：鲑科包括了鲑鱼和鳟鱼；狗鱼科包括了狗鱼
栖息地：淡水（狗鱼）；海水或淡水（鲑和鳟）
分布：北美洲、欧洲北部、亚洲
食物：水生的昆虫和小鱼；游禽和哺乳动物（狗鱼）
尺寸：雄性最大可达 200 厘米；雌性最大可达 85 厘米

猎杀机器

狗鱼是这一类鱼中个头最大的——北美狗鱼能长到 150 厘米。狗鱼是勇猛有力的捕食者，它们会静静地隐藏在水草中，等待着其他鱼类或是小鸭子经过。然后它们以惊人的速度跃出水面，一口咬住猎物。

小小的脂鳍

洄游途中的鲑鱼一天能游 160 公里

奋力地摆动尾鳍使鲑鱼能够在瀑布和湍流中逆流而上

沿着背部生长的黑色斑点

长在身体一侧的色带闪耀着光泽

虹鳟

逆流而上

鲑鱼和鳟鱼会在大海之间进行令人惊叹的洄游。它们一生中的大部分时间在海洋中生活，但是在溪水和河流中进行繁殖。它们会准确找到几千甚至上万公里的回到海洋的路线，而这些水域几乎没有什么特征可言，它们所依靠的就是自己探测到的地球磁力场。一旦进入一条河流，它们就能通过嗅出特殊的化学组成来找到那条对它们来说最特殊的溪流。

条纹和斑点

虹鳟鱼身体的两侧有亮闪闪的彩虹一样的条纹，身体和鳍上面还有斑点。池塘、湖泊、水库、河流和海洋中都有它们的踪影。虹鳟鱼起源于美洲西北部，1880 年被引进欧洲，作为食用鱼进行繁殖，同时也成为"鳟鱼养殖场"里的垂钓爱好者们的专用品种。

蝎（Scorpions）

蝎是一种身披盔甲，与蜘蛛有亲缘关系的小动物。像蜘蛛一样，蝎也有8条腿，但大部分蝎是因为它们身体前部的一对大螯肢而被人们记住。很多人害怕蝎是因为它们的毒针，但事实上，大部分蝎的刺还没有胡蜂的毒刺那样致命。它们尾巴上的刺常常是用来自我防御和杀死猎物。蝎主要生活在温暖的地方，包括沙漠。白天时，它们躲在石块下或凉爽的地洞中。到了晚上，它们开始外出进行捕猎。

—— 锋利的毒刺

令人疼痛的刺

蝎的毒刺是长在长而弯曲的尾巴末端的一根锋利的针状物。尾刺与尾巴末端的两个毒腺相连。当蝎受到威胁的时候，它们会用毒刺进行自我防御。撒哈拉沙漠的巨尾钳蝎是少数几种装备了能够杀死一个人的毒液的蝎。大多数蝎的毒针螯刺人虽然会很痛，但对人类没有生命危险。

有力的钳子

蝎主要用它的一对螯肢杀死猎物。它们只有在碰上一场激烈的战斗时才会用毒刺来对付猎物。蝎能杀死体型庞大的猎物，比如蜥蜴，但是它们的嘴巴很小。它们会用螯肢把猎物撕成小块，然后粉碎成碎末状，用嘴巴吸食。

尾巴由6节组成，能够弯折起来

蝎子

相关链接
昆虫 212
无脊椎动物 215
蜘蛛 327

去捕猎

蝎有6~12只眼睛，但是它们的视力很差。黑暗中它们靠敏锐的触觉来追踪猎物。蝎的身体下面有梳形感觉器官，能够感知由猎物带来的振动。

眼睛

身体外有一层像盔甲一样的硬壳保护

比例

螯肢能够紧紧地抓住猎物并保持不动

信息卡

目：蝎目
种类：1 200 多种
栖息地：温暖的地方，从雨林到沙漠
分布：世界范围，南极和北极除外
食物：昆虫、蜘蛛、蝎子、蜥蜴、老鼠
巢穴：岩石下或地洞中
尺寸：6~20 厘米

骑在背上

公蝎和母蝎会将螯肢扣在一起，并在交配前做出抽搐状的舞蹈。一旦受精，卵就会在母蝎的体内发育。幼蝎在妈妈的体内孵化出来，然后被生出来。幼蝎会爬到妈妈的背上待 2~3 个星期，直到它们足够强壮，能够自己照顾自己。

幼蝎看起来就像是父母的微缩版

帝蝎

海马（Seahorses）

海马可以算是长得最不像鱼的鱼类了，当它们昂立着身体游泳的时候，看起来就像是棋盘上的骑士。海马的全身由骨板包裹，骨板使这层盔甲非常坚硬，同时也非常灵活。海马的眼睛能够向不同的方向旋转，这样，海马在用一只眼睛向前搜寻猎物的同时，就能用另一只眼睛注意自己周围随时可能接近的捕食者。海马以海中的浮游生物为食（漂浮的海洋生物），它们用长长的管状的嘴进行吸食。

关爱宝宝

海马宝宝不是在海马妈妈的肚子中孕育的，而是由海马爸爸带着四处游走。雌性海马把卵注入到雄性海马腹前的育儿囊中。一个月之后，海马宝宝就从卵中孵化出来了，育儿囊囊壁破裂，海马幼体释出体外。

雄性海马刚刚
孵化出海马宝宝

小海马

信息卡
科：海龙科包括了海马和海龙
栖息地：浅海海域，主要在热带地区
分布：大部分海洋
食物：浮游生物
孕期：4~5 周
尺寸：3.8~30.5 厘米

静静地待着

海马是非常聪明的动物，能够在可能吃掉它们的大型鱼类面前隐蔽起来。海马的尾部能够卷曲地缠附在蔓草、海藻或珊瑚的茎枝上，一动不动。它们身体的颜色和形状也能够帮助它们伪装自己。

卷曲的尾巴能将海马固定在海洋植物上，这样它们可以隐藏或休息很长时间

克氏海马

眼睛被骨质的可旋转的"眼窝"保护着

两只眼睛能同时看向不同的方向

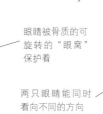

比例

长长的管状吻能够吸进微小的浮游生物

小小的背鳍能够快速地振动，就像玩具船上的推进器一样

身体直立向上的游泳者

与几乎所有的其他鱼类不同，海马是身体直立而不是纵向地在水中游泳。这也就意味着它们在水中的穿行不是那么顺畅，只能缓慢地游动。它们用背鳍推进身体在水中前行。海马的体内有很大的鱼鳔，可以使它们在水中快速地升起或沉降。

相关链接
伪装 36
求偶与交配 38
鱼类 174
海洋 74

浅海海域

　　海马主要生活在世界各地的浅海海域。它们并不是像大多数鱼类那样依靠流线型的身体或是速度来追寻食物或是逃离敌害。它们所具有的是一个发育完备的保护性的盔甲，以及弯曲起它们不同寻常的尾巴以便隐藏在海草或珊瑚中的能力。

海豹和海狮〈Seals and Sea Lions〉

海豹和海狮的身体光滑且呈流线型，这使得它们成为哺乳动物中的游泳高手。它们的鳍状肢代替了脚，皮肤下厚厚的脂肪层能够帮助它们保持体温，即使是在最冷的极地水域。它们的皮肤上覆盖了一层防水的毛发，可以在它们上岸的时候保护它们不被粗糙的岩石和沙砾擦伤。海豹需要爬到岸上来呼吸空气，同时它们也在陆地上产下幼崽。海豹和海狮与猫、狗以及其他食肉的哺乳动物有关联，它们主要捕食鱼类和鱿鱼。

雄性会为了与雌性交配而彼此打斗

雄性象海豹

暴躁的雄性海豹

雄性象海豹会通过和其他雄性竞争来争取与雌性的交配权。在繁殖后代的海滩上取得最后胜利的象海豹被称为"沙滩老大"。大部分打斗只是简单的力量展示，但因为象海豹有锋利的牙齿，因此也会带来很严重的伤害，甚至是死亡。

加拉帕戈斯海狮

小小的耳朵露在外面

敏感的触须帮助海狮在昏暗的水中辨别方向

流线型的身体，没有外耳的痕迹

长耳朵的海豹

因为长着小小的外耳，海狗和海狮也被称为有耳海豹。海狮通过划动前部强壮的鳍状肢在水中穿梭前行。它们在陆地上不像其他种类的海豹那般笨拙，因为它们能移动后面的鳍状肢，四肢并用地在陆地上爬行。

格陵兰海豹妈妈和它的宝宝

海豹妈妈只给宝宝两个星期的时间吸吮它富含脂肪的乳汁

高脂肪饮食

海豹宝宝成长地相当快，这归功于它们的妈妈产出的脂肪含量高达 50% 的乳汁。因为乳汁富含能量，小海豹只食用很短时间就能够断奶，开始吃鱼和其他的猎物。很多脂肪最后都形成了皮肤下的鲸脂，这能够帮助海豹保持温暖，以及在水中的浮力。

后面的鳍状肢在行走时向前迈

海豹靠肌肉发达的鳍状肢在海岸上缓慢前行

比例

在陆地和海洋中

　　这里是南美洲厄瓜多尔西海岸加拉帕戈斯群岛的一个岛屿，一只海狮正在缓慢爬向它的繁殖区。尽管是在陆地上繁殖和休息，海豹和海狮大部分时间还是待在海中的家里。它们喜欢寒流带来的较冷的海水，这样的海水能带来大量的鱼，是它们捕食的主要猎物。

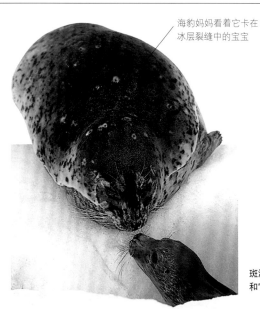

海豹妈妈看着它卡在冰层裂缝中的宝宝

斑海豹宝宝和它的妈妈

家族群

　　繁殖季节，海豹会成群聚集在一个地方，数量可多达百万只，而其他的地方可能仅有几只。海豹一般选择孤立的海滩、海岛或是浮冰作为繁殖地，这样捕食者就很难入侵。雄性海狮大概能与50只甚至更多雌性海狮在陆地上完成交配。

雌性南美海狮

雌性海狮的重量大概是大个头雄性的一半

南美海狮宝宝

冰上的危险

　　海豹常常在厚厚的冰层下游泳。它们需要不时地爬上来呼吸空气，它们会用前肢上的爪子把原有冰层上的裂缝扩大。裂缝充当了呼吸孔。但是，有时候，海豹宝宝会卡在裂缝中间。

水下杂技

　　作为优雅而又迅速的游泳高手，海豹能够快速地冲向不同的方向。这样它们可以找到和追踪快速游动的鱼，并从鲨鱼、虎鲸、北极熊这样的捕食者嘴边逃走。海豹同时还是跳水高手，它们会在跳入水中的时候屏住呼吸，并通过降低心跳速度来节省氧气。有些海豹能潜水超过70分钟，而象海豹则能够潜入1千米甚至更深的水中。

扁平的脑袋上脸部较短，这样海豹能够快速地滑行穿梭于水中

相关链接
北极　54
哺乳动物　239
海洋　74
海象　350

鲨鱼（Sharks）

体型微小的硬背侏儒鲨尺寸只有雪茄那么大，而体积庞大却无害的鲸鲨是世界上最大的鱼类。在这两者之间，一共有400多种不同种类的鲨鱼，其形状大小都各不相同。世界上大部分鲨鱼都是无害的，而不是像人们流传的那样是"吃人狂魔"。人类被闪电击中或被蜜蜂蜇到而死亡的概率都比被鲨鱼袭击的概率大。但这也并不是说鲨鱼是完全无害的，毕竟它们成为鱼类中的头号杀手已经有5亿年了。

大白鲨的颌骨

三角形背鳍可控制方向、潜水，以及保持平衡

大白鲨

血盆大口

大白鲨（又名食人鲨）可怕的巨型大嘴能用数吨重的力量直接撕裂猎物的身体。大白鲨的嘴中有一排非常可怕的锥形牙齿，牙齿的边缘呈锯齿状，就像切牛排的刀一样锋利无比。每颗牙齿都超过6厘米长，只要一小口就能轻松地从猎物身上咬下一大块肉。

尾鳍的形状利于高速地前冲

伸出的侧鳍就像是固定的翅膀一样，防止鲨鱼沉降下去

鲨鱼坚实的皮肤包裹了很多细小的牙齿，称为"皮齿"

体型巨大的捕猎手

最可怕的鲨鱼就是大白鲨，它能够长到6米长。它们通常单独捕猎，能够杀死海狮和海豚这样的大型猎物，也包括其他种类的鲨鱼。大白鲨是鲨鱼中最常袭击人类的，它们常常把在海面上游泳或冲浪的人类误以为是海豹而发动进攻。

侧线器能够感知水中的振动

比例

澳大利亚虎鲨

鲨鱼的嗅觉

鲨鱼有着非常棒的嗅觉。一只鲨鱼甚至能嗅出一个游泳池池水中10滴金枪鱼汁的味道，也能闻到将近0.5千米外的一丝丝血腥味。此外，鲨鱼的侧线器——排位于它体侧的感觉器官，也能感觉到经过的猎物的振动。

瞳孔闭合，只进入极少的光线

扁鲨

视力不佳

大部分鲨鱼很少依靠视力，更多的是靠其他的感官来探测猎物。它们只在最后对猎物突袭时才用上眼睛。很多鲨鱼习惯生活在昏暗的海底或是混浊的水中，当它们遇到强光时，会收缩瞳孔，只让少量的光线进入，以免刺伤眼睛。

珊瑚丛中的杀手

生活在珊瑚礁中中等身材的鲨鱼，比如这条灰礁鲨，是珊瑚礁食物链中的帝王。它们在澳大利亚东海岸的大堡礁海域独自徘徊游荡，在印度洋和太平洋也有它们的踪影。一些鲨鱼习惯待在热带的环礁湖中，而另一些则生活在冰冷的北极海域。

狗鲨

尾巴大幅度地左右摆动

固定的侧鳍能够保持鲨鱼的漂浮以及在游动时的提升

"S" 形游动

鲨鱼通过不断把它们鱼雷形的身体摆动成 "S" 形，并同时将尾鳍从一边扫向另一边而在水中破浪前行。尾鳍快速而有力的摆动能够使鲨鱼在追击猎物时急速地前进。鲨鱼的鳍也能够像飞机的副翼那样倾斜、侧身前进或是在水中上上下下。

豹纹鲨

不停歇的游泳者

大部分开阔海域中的鲨鱼必须不断地游泳，否则它们就会被淹死。造成这种情况的原因是向前游动能够使海水穿过它们张开的嘴巴到达鳃裂，这样就有了生命赖以生存的氧气。其他的鱼类，包括一些鲨鱼，能够将每次满口的海水抽入鳃裂，这样就不必使海水穿过嘴巴。

流线型的身体使鲨鱼能轻松地在水中穿梭

一直持续的游泳动作能够使水流穿过鳃裂，防止鲨鱼沉降

圆钝的吻部与大部分鲨鱼锥形的吻不同

信息卡

科：包括很多科，如角鲨科（狗鲨），鼠鲨科（大白鲨，其他鼠鲨）
栖息地：海岸到深海，有些会冒险到河中去
分布：世界范围
食物：从蟹到鱼、鱿鱼、海龟、海鸟、海豹，最大的两种鲨以小浮游动物为食
尺寸：1.3~14 米

巨大的尾鳍有力地左右摆动

隐蔽的攻击者

因为其扁平的身体，扁鲨看起来更像是魟鱼而不是鲨鱼。它们大部分时间都埋在海床的沙子中，只露出脑袋和眼睛，等待着伏击过往的鱼类。

狗鲨卵的每个角上都有长而弯曲的须

扁鲨

安全的卵

很多鲨鱼都是直接生育发育完好的小鲨鱼，但也有一些种类是产卵的，比如狗鲨。它们的卵外面包裹着坚韧的角质外壳。壳的每个角上都长着长而卷曲的须状物，能够缠绕在海草上，这样鱼卵就能安全地固定下来，而不会被海浪卷走。6~9 个月之后，小鲨鱼就孵化出来了。

满是斑点的褐色皮肤看起来就像是海床上的沙子

相关链接

鱼类　174
海洋　74
鳐和魟　293

绵羊 (Sheep)

野生绵羊生活在山区，它们能在艰苦寒冷的条件中生存。它们的毛可以保持身体的温暖，而它们分趾的蹄使它们可以在岩石地面上轻松地四处走动。绵羊在夏天的时候会到高山草甸处啃食青草，到了冬天天气变得寒冷的时候，就迁徙到山脚。无论是公绵羊还是母绵羊都生有羊角，但公绵羊的角更大一些。家养绵羊的羊毛会比野生的更厚一些。

新生的小羊

家养绵羊

绵羊约在 10 000 年前就开始被人类驯养。迄今为止，人类已经培育出 200 多种不同种类的绵羊，用于向人类供给羊毛、肉和羊奶。它们并不像野生绵羊那样在春季自动脱落冬天的厚皮毛，因此它们的毛需要修剪。

家养绵羊

春季出生的小羊

母绵羊春天的时候产下小绵羊。大部分绵羊每胎只生一只，但有时也会产下双胞胎。出生不久，小绵羊就开始奋力地站立和行走，跟随在妈妈身边寻求保护和食物。小绵羊会形成自己的小集体一起玩，但它们会时不时地回到妈妈身边吮吸母乳。

信息卡

科：牛科
栖息地：山地、峭壁、干旱草原、沙漠；家养绵羊：草原和牧场
分布：北美洲、亚洲、欧洲；家养绵羊：世界范围
食物：草和小型植物
种类：7 种
尺寸：头尾长度：110~200 厘米
寿命：10~15 年

比例

公羊巨大的羊角向后弯曲，向前卷

额头向下凸陷

上面的羊毛很粗糙，下面的则较细软

口中扁平的臼齿用来磨碎青草

野生绵羊

所有野生绵羊看起来都像这只生活在落基山脉的美洲大角羊。一年中的大部分时间，公绵羊和母绵羊都是分开生活的。在繁殖季节，公绵羊之间会为了争取与母绵羊交配而进行竞争。它们会暴跳起来，用角进行决斗，当它们的脑袋撞在一起的时候，会发出很大的声音。战斗的胜利者将会与母绵羊进行交配。

美洲大角羊

分趾的蹄使绵羊在岩石上攀登时不易打滑

相关链接

牛 131
生命之初 40
山羊 191
哺乳动物 239
山脉 58
猪 280

鼩鼱（Shrews）

鼩鼱是最小的陆生哺乳动物之一，这种动物都很小巧活跃。与鼹鼠和刺猬一样，鼩鼱也是食虫动物。尽管体型很小，但它们的食量可不小。它们生活在食物充足的地方，每 2~3 个小时就要进食一次。它们不只是吃昆虫和蚯蚓，任何它们能找到的食物，包括果实和动物尸体，它们都吃。鼩鼱是行事诡秘的动物，过着独居的生活。它们会非常凶猛地捍卫自己的摄食区域，任何入侵者都会被它们的尖叫声和叽叽喳喳的声音赶走。

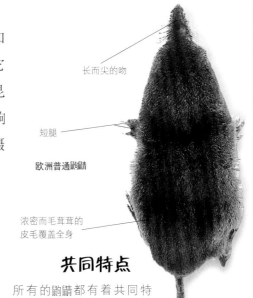

长而尖的吻

短腿

欧洲普通鼩鼱

浓密而毛茸茸的皮毛覆盖全身

欧亚水鼩鼱

尾巴像船舵一样在水下控制着方向

信息卡

科：鼩鼱科
栖息地：森林、林地、草原、灌木丛、沙漠
分布：欧洲、亚洲、非洲、北美洲、南美洲北部
食物：主要是昆虫和蠕虫
种类：280 种
寿命：12~18 个月
尺寸：头和身体 3.5~18 厘米；尾巴 0.9~12 厘米

共同特点

所有的鼩鼱都有着共同特点，它们长着尖长的吻部，用来侦测泥土和落叶中的昆虫和蠕虫。它们用以探寻食物的嗅觉和听觉都非常灵敏，但它们的眼睛小且视力弱。它们的腿虽然短，但跑得很快。

水下猎手

水鼩鼱生活在溪流的附近，并在水中捕食。它每次可潜水 5~20 秒。水鼩鼱在水下寻找鱼类、蛙类、蜗牛和昆虫的时候，它粗壮的后腿能像桨一样推动它在水中前行。一旦发现猎物，水鼩鼱会一口咬住猎物，并用有毒的唾液麻痹猎物。

总是很饿

鼩鼱不管白天黑夜，一直在寻找食物，比如这只美味的大蚯蚓。它们休息或睡觉的时间很少。之所以饭量大是因为鼩鼱体型小，同时散失热量很快。一旦吃了东西，就会被快速消化，然后转化成热量。鼩鼱每天吃下的食物要超过它们自身的重量。

比例

尖长的吻部长着敏感的触须

相关链接

刺猬 200

鼹鼠 248

臭鼬 (Skunks)

通过醒目的黑白花纹能够很好地辨别臭鼬。这些花纹能起到警示作用，告诉捕食者离它们远一点。如果这种信号被忽视，臭鼬会朝敌人的脸上喷射一股发出恶臭的液体。这种液体来自臭鼬臀部的臭腺，就像小水枪一样。臭液能够灼伤袭击者的皮肤，刺痛它们的眼睛，甚至会造成失明或是短时间内没有呼吸。

人们一旦被臭鼬喷上这种液体，常常会直接把衣服扔掉，因为这种味道实在是太难闻了。

条纹臭鼬

醒目的黑白花纹是对敌人的警告

花斑臭鼬

花斑臭鼬

花斑臭鼬的皮毛上有小块的白色条纹或斑点。如果受到惊吓，花斑臭鼬会以倒立的姿势抬起身体的后半部分。如果攻击者忽视了这种警告，它就会被喷射臭液。花斑臭鼬和其他臭鼬一样，在夜间独自觅食。

信息卡

科：鼬科，包括食肉的水獭和臭猫
栖息地：林地、草原、开阔的岩石区、沙漠、城市地区
分布：北美洲
食物：昆虫、小型哺乳动物、蜥蜴、蛇、鸟蛋、果实
种类：13 种
寿命：长达 6 年
尺寸：头和身体 28~49 厘米；尾巴 16~43 厘米

比例

臭鼬妈妈和宝宝

家庭生活

臭鼬是四五月份在巢穴或地洞中出生的。最初，数量最多可达 9 只的臭鼬宝宝眼睛看不见，也毫无生活能力。1 个月大的时候，它们长出了黑白相间的皮毛，也能够视物。两个星期之后，它们就能像妈妈一样喷射臭液了。两个月大的时候，臭鼬宝宝停止吮吸妈妈的乳汁，开始吃固体的食物。到了秋天，它们就开始独立生活了。

尾巴抖立起来，能使身体看起来更大一些，毛发也更浓密

臭鼬跺脚也是一种警告信号

臭鼬宝宝紧紧靠在妈妈的身边，妈妈为它们提供食物和保护

请保持距离

上面的图片显示了愤怒的条纹臭鼬面对攻击者时的样子。在受到威胁的时候，条纹臭鼬会用前脚跺地，然后拖着僵硬的腿前进。与此同时，它会把全身黑白色的毛发以及尾巴上的毛抖立起来，使它看起来更庞大一些。如果这种警告手段失败，臭鼬就会背对敌人，朝敌人喷射臭液。臭鼬甚至能在 2 米之外击中敌人。

相关链接

防御 34
食肉动物 32
水獭 264

树懒〔Sloths〕

树懒的进食、睡觉甚至生育都是在树枝上倒挂着完成的。它们用前后脚趾端的钩爪抓住树枝。树懒分为两科：二趾树懒的每个前脚上都有两个脚趾，而三趾树懒则有 3 个脚趾。但这两科树懒的后脚上都有 3 个脚趾。树懒一般情况下在夜间进食，它们在地面之上的树枝上缓慢地移动，通过嗅觉和触觉寻找叶子和其他食物。白天时，树懒通常一动不动地倒挂着，以防引来美洲虎和雕这类的敌人。树懒是独居动物，只在繁殖季节相会。

三趾树懒

改变颜色

一般情况下，树懒看起来是绿色的，这是因为在炎热潮湿的雨林环境中，绿藻（简单植物）会生长在它们的皮毛上。这种绿色也能够帮助树懒隐蔽起来。

开枝散叶

一只三趾树懒正带着它唯一的幼崽挂在树枝上。当妈妈攀爬、休息或进食时，小树懒抓紧妈妈腹部的皮毛，它会在妈妈身边待到 6 个月大。

后脚上的 3 根钩爪紧紧地抓住树枝

二趾树懒

长长的毛发向下生长

树上的生活

树懒的身体构造非常适应挂在树枝上。它们长而弯曲的爪子可以紧紧地锁挂在树枝上，即使是睡觉也不会掉落下来。树懒很少下树，但是它们每周会下树一次来排泄废物。它们在森林的地面上行动困难，很快就会再次回到树枝上。

信息卡

科：二趾树懒：二趾树懒科；三趾树懒：树懒科
栖息地：热带雨林
分布：中南美洲
食物：叶子、嫩枝、嫩芽、果实
孕期：180~350 天
寿命：12 年
尺寸：40~75 厘米

前脚上两根钩爪

扁而圆的脸上有小小的耳朵

相关链接

哺乳动物　239

热带雨林　62

倒挂着时，头部依然能转向四周观察

比例

雨林的树

　　全年炎热而潮湿，南美洲的热带雨林为树懒提供了最理想的栖息地。这里植被茂密，并且有足够的叶子供树懒食用。在休息或进食的时候，树懒用它的爪子抓在树木的枝条上。大多数时候保持静止不动使得树懒不那么容易被捕食者发现。

蛞蝓和蜗牛 〔Slugs and Snails〕

蛞蝓和蜗牛都是身体柔软黏滑、行动缓慢的动物。蜗牛的体外有壳，遇到危险时可以缩入壳内。大部分蛞蝓没有外壳，隐藏在泥土或碎屑堆这种潮湿的地方。这两种动物都属于软体动物。软体动物门还包括章鱼、蛤蚌、海螺和帽贝。蛞蝓和蜗牛生活在陆地上潮湿的地方、淡水池塘、湖泊，以及河流中，在海洋中也有它们的踪迹。很多海蛞蝓都有着非常明亮的颜色。

庭院蛞蝓

黏滑的身体

比例

可移动的家

坚硬的外壳帮助蜗牛躲避鸟类和其他敌人

蜗牛一直把它们的"家"驮在背上。它们的壳是中空的螺旋状锥体，由白垩构成。在干旱的气候下，蜗牛躲藏在它们的壳中休息。当蜗牛活跃的时候，它们会把头和脚伸出壳外。大部分蜗牛头上有两对触角，而蜗牛的眼睛就长在较长触角的顶端。蜗牛的口中有称为齿舌的舌头，上面有成排的小牙齿，用于挫磨食物。

普通蜗牛

滑行

蛞蝓和蜗牛借助它们宽大的脚四处游走。它们脚底上的肌肉像波浪一样运动，推动身体前行。蜗牛会留下一道黏滑的痕迹，帮助它们顺着滑行。

蜗牛的眼睛长在后触角的顶端

触角

短触角

相关链接

软体动物 249
章鱼和鱿鱼 255
食草动物 30

蜗牛宽大的脚帮助它们缓慢前行

信息卡

纲：腹足纲，软体动物门下的一纲
种类：超过 72 000 种
栖息地：陆地（从沙漠到雨林）、淡水以及海水中
分布：世界范围、南极、北极除外
食物：植物、动物、菌类、藻类
尺寸：从微小到 70 厘米

蜗牛的生活

大部分陆地蛞蝓和蜗牛会在夜间或是潮湿的天气里外出寻找食物。白天的时候，它们隐藏在潮湿昏暗的地方保持身体的湿润，躲避敌害。在冬天，蜗牛会躲在石头下或树叶中冬眠。

在庭院进食

　　蛞蝓在庭院中很常见，它们在那里以菌类、腐烂物和植物为食（这也是园丁把它们当作害虫的原因）。蛞蝓和蜗牛需要生活在潮湿的地方来保持身体的湿润。但实际上，全世界72 000多种蛞蝓和蜗牛，大部分都发现于海洋中。

蛇（Snakes）

所有的蛇都是又细又长，它们没有腿，皮肤上覆盖鳞片。蛇的舌头分叉，能够品尝和闻嗅气味，感知信息。蛇与蜥蜴、鳄和龟类同属爬行动物。世界上一共有 2 700 种不同种类的蛇，除了非常寒冷的地方，世界各地均有分布。这是因为它们需要温暖才能生存，因此它们在沙漠和雨林中较为常见。有些蛇如手掌般大小，但也有些蛇体型巨大，能够杀死和吃掉鳄。蛇是食肉动物，它们会把猎物整个吞下，因为它们的牙齿无法把猎物撕成小块。尽管人类害怕蛇，但大部分蛇是无毒的，而且对人类不构成威胁。

蛇没有眼睑，因此眼睛无法闭合

有毒的水蛇

锡纳奶蛇

鳞片上的颜色形成了蛇的体色

比例

水蛇

蛇生活在河流、池塘、湖泊、沼泽和湿地中，也生活在海洋中。海蛇主要分布于太平洋和印度洋温暖的水域，在那里，它们能保持身体的温暖。世界上毒性最强的蛇类中就有海蛇。它们的身体蠕动成"S"形，在水中蜿蜒前进。

伪装的警告色

无毒的锡纳奶蛇与剧毒的珊瑚蛇有着同样的颜色和花纹。这种相似性可以帮助锡纳奶蛇避开那些潜在的捕食者。大部分有颜色、标记和纹饰的蛇类能够融入到周围的环境中。

明亮的颜色标记警告潜在的捕食者离远点儿

覆盖鳞片的捕食者

大部分蛇会在享用猎物之前先杀死它们。有些蛇类会紧紧缠在猎物身上，将它们缠绕致死，而另一些则用毒牙杀死猎物。蛇类的上下颌非常宽松，能像橡皮筋一样张开其他任何动物都无法企及的大口。它们甚至能将猎物整个吞下。它们并不经常进食，两餐可以间隔几个月而不会饿死。

鳞片由角质蛋白形成，这也是人类指甲的构成物质

正在吃老鼠的蟒

所有的蛇类都是先吃下猎物的头，接着整个吞下

蛇蛋与鸟蛋十分不同，蛇的蛋壳是革质的，十分坚实

嘴巴上锋利的破卵齿帮助蛇宝宝打破蛋壳

孵化而出

大部分蛇是产卵的，通常是在一个安全、温暖、潮湿的地方产卵，比如岩石下、泥土中、原木下或是腐朽的植物中。大部分蛇类不会照顾它们的卵或是后代。

王蛇

正在交配的蛇，雌蛇往往比雄蛇要大

在树上滑行

树蛇的身体瘦长扁平，头部较尖，这样的体形适合在树枝之间穿梭滑行。很多树蛇的尾部瘦长，能够紧紧地缠绕在树枝上。少数树蛇甚至能在树与树之间滑翔。它们会伸展开长长的肋骨，身体底部向上卷起，就像降落伞一样。

绿色或褐色的伪装色能够使树蛇很好地隐蔽在树叶和树枝间

绿林蛇

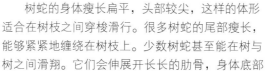

信息卡

科：蛇主要分为10科，包括眼镜蛇科（眼镜蛇、树眼镜蛇、珊瑚蛇）；蝰蛇科（响尾蛇、蝰蛇、角蝰、蝮蛇、蟒科（蚺、蟒）
栖息地：包括沙漠和雨林在内的多种栖息地；淡水、湿地、沼泽、海洋、山地、城市
分布：除南极洲外的所有大洲，热带海域
食物：哺乳动物、鸟、蛋、鱼、其他种类动物

家庭生活

雄蛇和雌蛇并不生活在一起，但它们会出来交配。雄蛇通过追寻雌蛇的气味踪迹来找到雌蛇。为了争夺与雌蛇的交配权，一些雄蛇会搏斗，最强壮的可以获得交配权。

粗短的身体上长着细短的尾巴

沙漠运动

角响尾蛇靠一种奇特的横向伸缩的方式穿越松散的沙漠地区。很多在沙漠生活的蛇都采用这样的方式穿行。这种方式被称为"响尾蛇移动法"，它能够防止蛇在移动的过程中沉降到松散的砂砾中。这种方式的行走，每次身体只有一小部分接触到炎热的沙子。

身体能够蜿蜒成对角线，一次只有一个截面

角响尾蛇

蜘蛛（Spiders）

所有蜘蛛都是捕猎者。这些 8 条腿的迷你怪兽用它们带毒的颚咬穿猎物，使它们麻痹或是直接杀死它们。黑寡妇蜘蛛甚至能一口咬死一个人。很多蜘蛛都搭建蛛网来捕捉猎物。蛛网用很细的丝线编织而成，有着令人惊异的结构。有人会把蜘蛛和昆虫搞混，但可以通过它们的腿的数量来辨别。所有的昆虫都是 6 条腿，但蜘蛛是 8 条腿。蜘蛛属于蛛形纲动物，这一类别还包括蝎子、壁虱和螨。

结实的蛛网

有些蜘蛛织成的漂亮的圆形蛛网被称为圆蛛网。这种蛛网看起来很精巧，但它能承受蜘蛛自身 4 000 倍的重量。其他一些蜘蛛编成的网形状像篮筐、网罩或是漏斗。很多圆网蛛类每晚都会织一张新网。

蜘蛛的卵产在茧内

黑寡妇

像腿一样的突起被称为须肢，帮助蜘蛛捕捉猎物

红膝狼蛛

比例

身体上的毛能够感知附近经过的猎物的振动

身体和肢体没有骨骼

强壮的腿用来挖掘洞穴

手足相残

黑寡妇蜘蛛会吐丝结茧，并在里面产卵。茧黏在植物的茎秆上，雌性蜘蛛在上面等待着小蜘蛛孵化出来。因为没有其他食物，小蜘蛛在茧中只能互相残杀吃掉彼此，直到它们长到足够大，破茧而出，编织自己的网。因此，100 只出生的小蜘蛛中，只有 25 只能生存下来。

多毛的蜘蛛

蜘蛛的形状和大小各不相同。有些小而细长。而另一些，比如狼蛛，又大又肥，而且浑身长毛。狼蛛是世界上最大的蜘蛛，发现于北美洲和南美洲。它们在夜间捕食鼠类、蜥蜴和小鸟。像其他蜘蛛一样，它们也有须肢（像肢体一样的器官），用来切断和粉碎食物。但与大多数蜘蛛不同，狼蛛并不编织蛛网，与此相反，它们主要生活在沙漠干燥泥土的地洞中。

注入毒液

这种被称为"狼蛛"或猛蛛的蜘蛛会在地洞中等待着猎物上钩。它们敏感的毛能够感知经过猎物带来的振动，然后迅速出击，一举捕获。一旦猎物被抓，狼蛛会用它们成对的螯角握住猎物，然后注入毒液将它们麻痹。

眼睛成排地分布在头顶上

胸部

猛蛛

园蛛

身体部位

蜘蛛的头和胸是连在一起的，这一部分又由细腰连接至腹部。蜘蛛的腿、眼睛和口器都长在头胸部分。蜘蛛的腿上也生有刚毛，能够感知空气中和蛛网上的振动。

腿上的刚毛能够感知蛛网上的振动

蜘蛛的腿由7节构成

信息卡

纲：蛛形纲
栖息地：树林、草地、沙漠、山地、洞穴，也包括池塘和溪流
分布：世界范围，两极地区除外
食物：昆虫、蠕虫、蜘蛛，有一些会吃鱼、蜥蜴、鸟
种类：35 000 种
产卵量：2~2 000 枚
尺寸：针尖大小到伸展开腿25 厘米长

吐丝

蜘蛛是借助腹部名为"吐丝器"的器官来吐丝的。吐丝器上细小的管子就像挤牙膏那样挤出液体的丝。蜘蛛的腿拉住丝，伸展成又细又长的线。当丝线变干的时候，也会变硬。蛛网的中部有黏性，可以粘住飞行的昆虫。有些蜘蛛吐出的长丝线甚至能把本书缠绕 20 圈。

蝇虎蛛

毒牙能够麻痹或杀死猎物

大部分蜘蛛有 4 只 6 只或 8 只眼睛

腹部的吐丝器用来吐出丝线

漏斗网蜘蛛

跳跃和攀爬

利用它们短而强壮的腿，蝇虎蛛跳起的高度可以达到身长的 40 倍。当这些蜘蛛四处移动的时候，它们会在身后吐出一条长长的丝线。这条"牵引丝"可以用来爬上爬下，或是悬挂在空中。所有的蜘蛛都是动作灵敏快捷的攀爬高手。

相关链接

动物的家 46
求偶与交配 38
沙漠 68
蝎 309
林地 60

海绵 〔Sponges〕

看起来很像植物，但海绵实际上是动物。事实上，它们是地球上最简单的多孔动物。这些家伙 5 亿年前就生活在远古的海洋中，是地球上最早进化出的一批动物。很多海绵没有明显的身体部位，或者说海绵所有的身体部位看起来都一样，而且也没有所谓的"正面"。它们一生都依附在岩石、柱子或是水下的其他物体上。有些海绵颜色鲜艳，有红色、粉色、橙色、黄色、绿色和白色。

小孔

蜂窝状结构

海绵的表面就像是密布小孔的蜂窝，这些小孔被称为入水孔。在其身体的一端还有一个打开的大孔，称为排水孔。海水从小孔流进去，海绵就以随水流进入体内的微小的植物和动物为食。当食物被过滤和吸收，残余物和水就从排水孔流出。

比例

海绵的形状

海绵分布于世界各大海洋中，甚至在南极冰冷的海水中也有生存，还有一些生活在淡水的湖泊和河流中。海绵的形状和大小各不相同。有些呈圆形，而有些则是烟囱状或是瓶状。有些海绵很小，而有些则足够大，潜水人员都可以钻进去。

褐色海绵

圆桶海绵

信息卡

门：多孔动物门
栖息地：海水和淡水中
分布：世界范围内的海洋、内陆湖、河流
种类：5 000 种
食物：小型的动物和植物（浮游生物）
寿命：超过 100 年（体型较大的种类）
尺寸：1~100 厘米

海绵的骨骼

有些海绵的身体靠杆状骨骼强化支撑着，称为骨针。根据这些骨针形成物质的不同，海绵被分为不同的类别——钙质海绵（碳酸钙）、玻璃海绵或者硬纤维形成的硬海绵，也有 3 种物质综合而成的海绵。

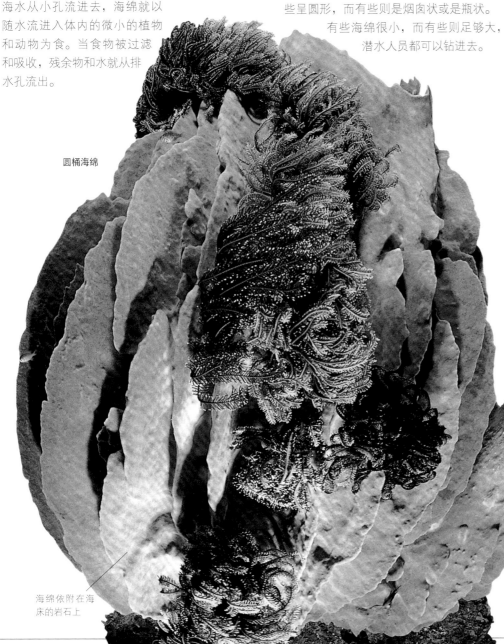

小动物能够生活在多孔结构中

海绵依附在海床的岩石上

松鼠和花鼠 〈Squirrels and Chipmunks〉

松鼠长着明亮的眼睛和蓬松的大尾巴，它们是活泼好动、行动敏捷的哺乳动物。像它的啮齿科亲属——小鼠和仓鼠一样，松鼠也有锋利的门齿用来啃咬坚果和种子。松鼠主要分为两大类：树松鼠，比如北美灰松鼠，是攀爬、跳跃的高手，能够在树枝间蹿来跳去；地松鼠，比如花鼠，生活在地洞中。所有的松鼠都有大大的眼睛，因此它们的视力非常好，另外，它们还有非常敏感的胡须。

花鼠

皮毛上有黑色的条纹

地面上的生活

花鼠生活在地面上，它们在原木或岩石的下面挖洞筑巢，在北美的野餐区经常能看到它们的踪影。在秋天，它们会在地洞中储存坚果和种子，这能保证它们在寒冷的冬天不能外出仍有食物可以吃。

信息卡	
科：松鼠科	
栖息地：森林、林地、草地、灌木丛、城市的公园中	
分布：分布范围广，但不包括澳大利亚、新西兰、马达加斯加，以及南美洲南部	
食物：坚果、种子、果实、树根、花、嫩芽、昆虫	
寿命：5~10 年	
尺寸：头和身体 5~60 厘米；尾巴 5~35 厘米	

灰松鼠窝的剖面图

在巢穴中

松鼠的巢穴，一般称为松鼠窝，外部由小细枝搭成，用叶子和干草堆成舒适的衬里。松鼠把它们足球般大小的窝搭在树枝的分叉上或是中空的树干里。在冬天，当天气比较冷或是晚上的时候，松鼠就睡在它们的窝里。

毛茸茸的尾巴能够抽动来给其他松鼠传递信号

大耳朵帮助松鼠收集很轻微的声响

北美灰松鼠

吻部长着敏感的胡须

比例

两只前爪握着食物

跳跃和爬行时，长尾巴帮助松鼠保持平衡

外出觅食

依靠它们锋利的爪子，松鼠能抓住树枝在树上非常熟练地跑来跳去。在地面上时，它们通过小步的跳跃四处移动，随时留意着食物和危险。找到食物的时候，它们会坐下来，两只前爪抓住食物，用门齿啃咬。晚上，它们会把毛茸茸的大尾巴裹在身上来保暖。

海星和海胆 〈Starfish and Sea Urchins〉

所有海星和它们的亲属（海蛇尾、海胆、海参、海百合、海羽星）都生活在海洋中，其中大部分栖居在海床或珊瑚礁上。有些在沙地或泥土中挖洞，有些海胆甚至在岩石上钻孔来躲避敌害。

所有的海星和海胆都像是自行车的轮子，有相同长度的腕从中心圆盘向四周伸出。这与大多数动物不同，其他动物都有区分明显的头部和尾部长在身体的两端。海星的身体上有大量可移动的小管足，管足底端有吸盘，能够进食和行走。

海星

沙钱的骨骼

像星星一样

大部分海星都有 5 只腕，伸展开就像是星星图案，这也是海星名字的由来。并不是所有的海星都有 5 只腕，有些北美品种的海星能长出 50 多只腕。海星没有头，没有大脑，也没有所谓的"前胸"和"后背"。

红海蛇尾

灵活的腕像蛇一样移动

中心体盘有嘴和颚

比例

脆弱易碎的腕用来移动和捕食

海蛇尾

海蛇尾有着细长易弯曲的腕，能够帮助它们从捕食者手中逃脱。但是，它们的腕很脆弱，非常容易折断。相比它们腕的长度，海蛇尾的中心体盘很小，也比海星略大的中心体盘更为平整。

挖掘沙洞

沙钱借助它们身上细小的棘刺在沙地上挖洞。它们的骨骼是由非常小的矿物质颗粒融合在一起形成的一层坚硬外壳。

信息卡

门：棘皮动物门，包括海参、海蛇尾、沙钱和海百合
栖息地：海床、海岸、珊瑚礁
分布：世界范围，主要是热带海域
食物：海草、蠕虫、贝壳、其他的海星，以及从水中过滤出的其他食物
尺寸：4 毫米长（海参）到 138 厘米宽（海星）

挥动腕来快速移动

尖刺用来收集食物和移动

腕可以故意折断以避免被袭击者抓到

海胆

很多海胆依靠管足沿着岩石缓慢移动。它们以长在岩石表面的小型海草或动物为食。其他的海胆会在海底的沙地或泥土中挖掘洞穴，以小颗粒的植物或动物残留物为食。遍布海胆身上的棘刺是用于自我防卫的。

相关链接

珊瑚 145
无脊椎动物 215
海洋 74
骨骼 18

海胆

竹节虫 〈Stick Insects〉

竹节虫是拟态专家。它们身体的颜色、形状以及斑纹都能使它们很好地融入大自然的背景中，让捕食者无法看到。竹节虫可以慢慢改变身体的颜色来与周围准确匹配，甚至它们的虫卵都能伪装得如同种子一般。有些竹节虫长有疣状突起和刺，看起来就像是树枝上的嫩芽和刺；还有一些则像叶子和树皮。白天的时候，它们完全静止地隐藏在植物中间。到了晚上，它们四处活动，以叶子为食。

细长的褐色身体看起来就像一根小树枝

竹节虫

活动的棍子

竹节虫通常是褐色或绿色的，身体细长，腿很细且分节，有较长的触须。很多种类的雄虫有翅膀，雌性往往没有。

像地衣一样

地衣并不是植物，而是菌类和藻类组成的共生生物，有些竹节虫能够模拟地衣的样子。这样的伪装如果骗不过捕食者，一些竹节虫的若虫还有另一项安全措施——它们可以断腿脱逃，不久之后，腿可以再生。

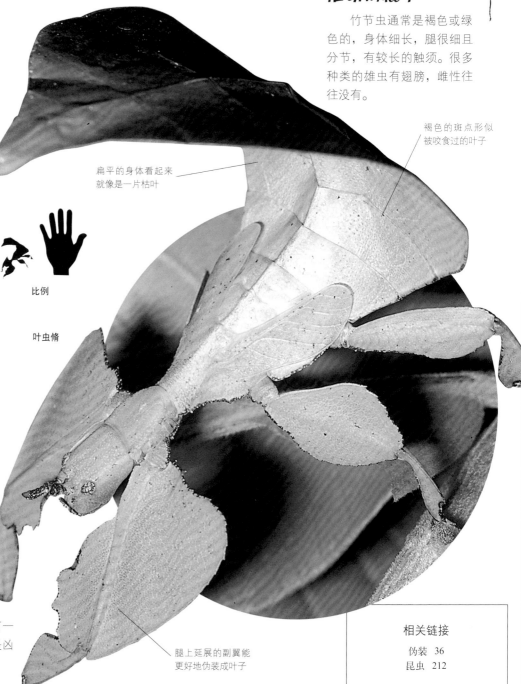

扁平的身体看起来就像是一片枯叶

褐色的斑点形似被咬食过的叶子

比例

叶虫脩

腿上延展的副翼能更好地伪装成叶子

信息卡

目：竹节虫目
栖息地：温暖国家的林地或森林里
分布：世界范围，南极除外
种类：超过 2 000 种
食物：叶子
卵：常常伪装成种子
尺寸：2.5~48 厘米

拟态大师

叶虫脩的身体扁平，看起来就像是一片叶子。这种虫子能够通过摇摆的姿态，模拟叶子在风中的形态。还有一些其他种类的叶虫脩看起来就像是凶猛的蚂蚁或蝎子。

相关链接

伪装 36
昆虫 212

燕子 (Swallows)

身体修长呈流线型的燕子，它们的大部分时间都在天空中度过。燕子的翅膀长而尖，尾巴分叉，像张开的剪刀。这样的翅膀和尾巴能使燕子更有技巧地在天空飞行、旋转，捕捉快速飞行的昆虫。它们用喙来捕食猎物。虽然它们的喙短而扁平，但嘴裂很宽，能有效地咬住昆虫。一些燕子会在树上搭巢，而另一些则占据老旧的谷仓、花园的棚顶，甚至是园林工具的顶端作为它们的家。很多种类的燕子会长途迁徙，生活在欧洲北部的燕子会飞越 11 000 千米的距离到达它们位于非洲的越冬地。

巢高高地建在谷仓边缘

明亮的黄色鸟喙吸引父母

父母为幼鸟带来小虫

家燕和它的孩子们

比例

饥饿的幼鸟

一对家燕每年夏天会产下两窝甚至是 3 窝小燕子。它们用充足的飞虫来喂养这些饥饿的小家伙们。燕子宝宝的嘴巴是明黄色的，这样，当它们张开嘴巴乞食时，能够刺激父母给它们喂食。家燕会在老旧的牛棚、马厩或是房子的屋檐下搭窝。

渴望一个家

雌性的双色树燕会把它们的巢搭在树洞或是巢箱中。这种鸟会飞行遥远的距离去建立一个家。如果适合安家的地方变得紧缺，双色树燕为了争抢属于自己的地方，会互相打斗，甚至会互相残杀。

筑巢

雌性燕子承担了筑巢的大部分工作。它们用干草、小泥丸或松针来建造它们的家。雄性的燕子会带来羽毛作为窝的衬里。一对成年的燕子会连续好几年都使用同一个巢，它们会在每年春天从它们非洲的越冬地准确地返回巢中。

羽毛衬里

雌性在树洞里面搭巢

燕巢的主要部分由干草和稻草搭成

双色树燕

信息卡

科：燕科
栖息地：空旷的原野
分布：世界范围，南极除外
食物：飞虫
窝：树上、建筑物上、河岸的沙地或泥地上
产卵量：1~8 个（在凉爽的地区是 4~5 个，在热带地区是 3 个）
尺寸：12~23 厘米

相关链接

鸟类 115
卵和巢 42
草原 64
迁徙 78
沼泽 72

天鹅（Swans）

天鹅以它们修长优雅的脖颈著称，它们是水面上和天空中最高雅的鸟类。天鹅不仅是游禽（包括鸭子和鹅在内的一科）中体型最大的，同时也是飞鸟中体重最沉的。以疣鼻天鹅为例，它们的体重最重能达到18千克，为了起飞，它们必须沿着开阔水域或是陆地助跑很长一段距离，并一直拍打翅膀，这样才能飞上天空。北半球的天鹅羽毛是纯白色的，而南美洲的两种天鹅在白色中还夹杂了一些黑色。澳大利亚的黑天鹅羽毛则是纯黑的。

天鹅宝宝爬上爸爸妈妈的背骑乘或享受庇护

搭便车

天鹅爸爸、天鹅妈妈有时会让它们的宝宝爬到它们的背上享受骑乘或是睡觉，天鹅宝宝就依偎在父母安全、温暖又干燥的羽毛中。天鹅是忠贞的动物，一对天鹅会终生相伴，并献身于养育后代。它们会仔细看管它们的巢、蛋和孩子，不惜与狐狸、狗鱼和其他的捕食者激烈地抗争。

小天鹅

蛋和幼鸟

天鹅的蛋是鸟蛋中个头较大的。小天鹅经过1个月左右的孵化，从蛋中破壳而出。天鹅宝宝羽毛的颜色要比父母暗淡，相比父母的白色，它们的羽毛是灰褐色的。

刚从满是液体的壳中孵出来，灰色柔软的羽毛湿漉漉地垂下来

比例

灵活而又肌肉发达的颈部比其他任何动物的骨头都多

喙中坚硬的部位可以撕碎较柔韧的水草，并挖出水草的根

疣鼻天鹅

名字的由来

很多天鹅能发出嘹亮的像小号一样的声音，而哑天鹅（也叫疣鼻天鹅）得名于它们大多数时候都是沉默安静的。但是当受到威胁的时候，它们还是会发出嘶哑的声音。在飞行的时候，它们强壮有力的翅膀能发出很大的搏动声。与其他天鹅一样，疣鼻天鹅长长的脖颈能帮助它们伸到湖底或河底拔起水草来吃。天鹅常常会翻转身体，把头、脖子和身体大部分浸入水中去获取食物。

强壮、带蹼的双脚利于天鹅划水

信息卡

科：鸭科，包括天鹅、鹅和鸭子
栖息地：湖泊、水库、河流
分布：淡水区域，主要在北半球
食物：主要是水生植物的叶子、茎和根
巢：巨大的漂浮的莎草或是灯芯草堆
产卵量：1~14枚，通常是4~7枚，白色、灰色或奶白色
尺寸：90~180厘米

相关链接

北极 54
鸟类 115
鸭 166
卵和巢 42
淡水 70
雁 184

优雅的水上居客

　　天鹅主要在淡水水域生活和取食。它们长长的脖子使它们可以探入水中很深的地方。在水下，它们可以咬食那些在湖底或河底扎根的水生植物的茎或根。与鸭子和鹅一样，天鹅也是游禽，这些水栖的鸟类同时也会取食陆地上的草和其他植物。但到了陆地，它们会显得比较笨拙。

貘 (Tapirs)

貘是食草的哺乳动物，生活在靠近河流和沼泽的树林中。它们是害羞的独居动物，只在晚上出来，用鼻子在森林中四处嗅探，把植物拽进嘴里。貘和它们大块头的亲属犀牛一样，都是游泳和潜水的高手，并且大部分时间都在水中度过。需要躲避危险的时候，它们甚至能在水下待上好几分钟。貘在寻找交配对象时并不那么害羞，它们会在求偶炫耀中表现得很活跃。

山貘

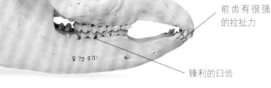

前齿有很强的拉扯力

锋利的臼齿

貘的牙齿

貘的上下颌很长，口腔后部有成排的发育良好的臼齿。这些牙齿的顶端有锋利的边缘，能够帮助貘咬碎坚硬的植物。口腔前部是很长的门齿和犬齿，用来扯断植物和果实。

信息卡

科：貘科
栖息地：森林
分布：中南美洲、东南亚
食物：草、水生植物、叶子、嫩芽、柔软的嫩枝、果实
孕期：14 个月
寿命：30 年
尺寸：1.8~2.5 米

皮毛外套

山貘生活在南美洲的安第斯山脉。它有一层厚厚的皮毛抵御严寒。其他的貘生活在温暖的地方，它们的皮毛要薄很多。出生后的前 6 个月，所有貘宝宝的皮毛上都有斑点和条纹。

比例

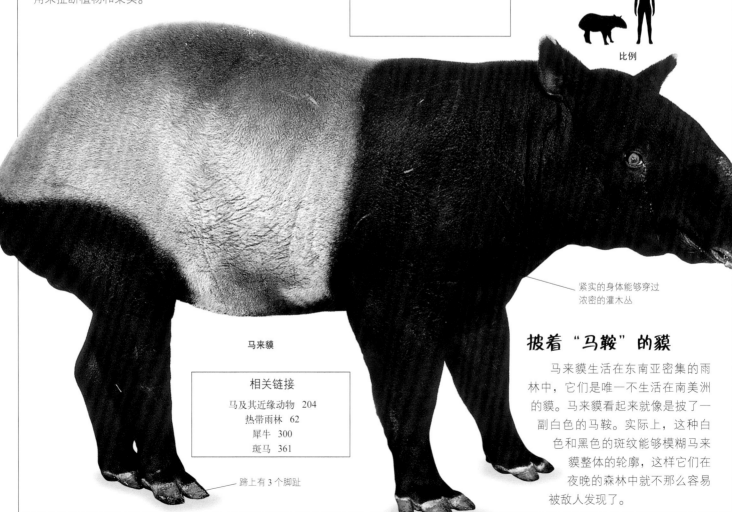

马来貘

相关链接

马及其近缘动物 204
热带雨林 62
犀牛 300
斑马 361

蹄上有 3 个脚趾

紧实的身体能够穿过浓密的灌木丛

披着"马鞍"的貘

马来貘生活在东南亚密集的雨林中，它们是唯一不生活在南美洲的貘。马来貘看起来就像是披了一副白色的马鞍。实际上，这种白色和黑色的斑纹能够模糊马来貘整体的轮廓，这样它们在夜晚的森林中就不那么容易被敌人发现了。

白蚁 〔Termites〕

大部分昆虫都过着独居的生活，但白蚁不同。与胡蜂、蜜蜂和蚂蚁一样，白蚁也是少数几种以集体的形式生活在一起的昆虫。此外，白蚁还是杰出的建筑师。白蚁巢通常是凸出在地面之上的烟囱形土堆。在白蚁巢的内部，不同等级的白蚁分工明确，组织严明。每个白蚁巢中都有一个蚁王和蚁后，它们的后代则是兵蚁和工蚁。

巢穴中的皇后

蚁后是白蚁巢中唯一能产卵的雌性白蚁。在它生命（长达 15 年）中的大部分时间里，每隔几秒钟就要产一次卵。因为有卵而腹部膨胀的蚁后看起来就像是一段小腊肠。蚁后和蚁王在蚁巢中有一个特别的居室，蚁王主要负责让所有的卵受精，蚁后由蚁巢中的工蚁持续不断地喂养。

蚁后和工蚁

比例

兵蚁

白蚁巢

白蚁丘最高达 6 米

"烟囱"可以使热气排出，保持蚁巢的凉爽

交错的通道通向各个巢室

地平面

"庭园"

专门盛装白蚁卵的孵化室

王室，是最大的一间巢室，住着蚁后和蚁王

白蚁丘

在白蚁丘的内部，有着错综复杂的通道通向不同的巢室，比如专门安置蚁后、卵和幼虫的巢室。有些白蚁会将落叶碎屑带回巢中，然后以长在上面的菌类为食。这种食物被放在专门的巢室中，称为"庭园"。

守卫者

体型较大又凶猛的白蚁被称为兵蚁，工蚁往巢内运送食物时，兵蚁负责沿途守卫。兵蚁的头部像戴了头盔一样，上颚发达，遇到敌人时，有些能从口中喷出有毒的化学物质。所有的工蚁和兵蚁都以植物为食。

头部覆盖盔甲

强壮的颚

信息卡

目：等翅目
栖息地：热带和温度较高的地区
分布：世界范围，南极除外
食物：木头、植物、菌类
产卵量：蚁后每天最多能产下 30 000 枚卵
尺寸：工蚁：可达 5 毫米；蚁后：可达 15 厘米

相关链接

动物的家 46
蚂蚁 96
蜂 111
胡蜂 351

塔式巢穴

　　白蚁为自己修建了非常壮观的家。有些在树上搭建圆形的巢穴，但更多的是在地下筑巢。在热带国家，白蚁在它们的巢穴之上修建了高达5米的烟囱状高塔。这种构造可以使巢穴内的空气流通，保持巢内的温度平衡。白蚁塔通常是由泥土和唾液混合搭建成的。

虎 〈Tigers〉

虎是世界上体型最大、最强壮的猫科动物。其中最大的东北虎，身长能达到3米，体重大概相当于3个人重。虎的大块头和气力帮助它们捕猎大型的猎物，比如鹿和牛。曾有博物学家观察到一只虎拖着一头野公牛行进了一段距离，而这是13个人联合起来都无法做到的。虎浅色皮毛上的深色条纹为它们提供了绝佳的伪装。因此，虎可以爬行至距离猎物非常近的地方，然后用锋利的爪子和牙齿一下抓住它。

老虎和一只死去的鹿

虎宝宝

孟加拉虎

顶级猎手

　　保持安静和秘密行动是老虎对猎物进行伏击时最主要的技巧。它们会咬住猎物的颈背，刺穿脊椎，或者咬住猎物的喉咙使其窒息来捕杀猎物。如果猎杀是在旷野中完成，老虎通常会把战利品拖进密林中再慢慢享用。

超强的夜视能力

胡须作为传感器帮助老虎在夜间感知方向

照顾幼崽

　　虎宝宝6个月大之前都是吃妈妈的乳汁。它们一两个星期大的时候才睁开眼睛。遇到危险的时候，虎妈妈会用嘴巴把它们带到安全的地方。

比例

感官灵敏

　　老虎依靠视觉和听觉在夜间捕猎，在昏暗的光线中，它们的视力是人类的6倍。在黑暗中，它们的眼睛会发光，因为它们的眼睛能反射任何照射到它们身上的光线。触觉灵敏的胡须也能够帮助它们在夜间识别道路。

锋利的尖牙

致命的牙齿

　　又大又尖的犬齿使老虎能一口咬住猎物并将其杀死。锋利的臼齿可以帮助它们把食物撕碎，而粗糙的舌头可以让老虎把所有的肉都舔食干净，只剩下皮和骨头。

密林追踪者

老虎主要生活在印度和印度尼西亚炎热的草原、树林、湿地或丛林中。在这些栖息地中，老虎身上黑色的条纹能够模糊身体的轮廓，使它们可以在追捕猎物时隐蔽起来。在西伯利亚严寒、冰雪覆盖的地区也有老虎的踪迹。

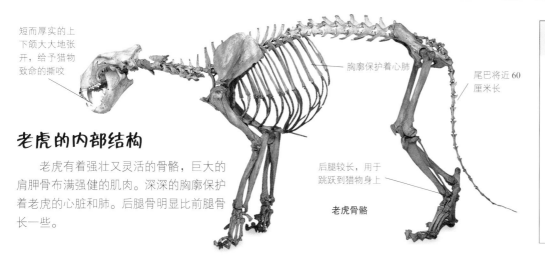

短而厚实的上下颌大大地张开，给予猎物致命的撕咬

胸廓保护着心肺

尾巴将近60厘米长

老虎的内部结构

老虎有着强壮又灵活的骨骼，巨大的肩胛骨布满强健的肌肉。深深的胸廓保护着老虎的心脏和肺。后腿骨明显比前腿骨长一些。

后腿较长，用于跳跃到猎物身上

老虎骨骼

信息卡

科：猫科

栖息地：多种类型的树林、草原、红树林沼泽地

分布：印度、西伯利亚、中国、苏门答腊岛、爪哇岛、马来西亚，野外数量不超过 6 000 只

食物：鹿、猪、牛、羚羊、部分小型哺乳动物和鸟类

寿命：15~25 年

尺寸：1.4~3.5 米

白色的皮毛

老虎一共有9个亚种，它们的斑纹和底纹依栖息地不同而各不相同。条纹，虽然有时候很浅，却一直都有。生活在印度南部的孟加拉白虎是稀有的猫科动物，现在几乎只有在动物园中才能看到。这种老虎因基因变异，皮毛呈白垩色而得名，它们身上的条纹比一般老虎的条纹要深一些。

白虎

白垩色的皮毛

条纹颜色更深

特别的闻嗅

雄性老虎有时会将上唇向上翻起，脸部呈"扭曲"状，这种行为被称为裂唇嗅反应，能够帮助雄性老虎将雌性的气味带入鼻腔内部一个特殊的器官——犁鼻器中，从而判断出雌性老虎是否已经准备好交配。

雄虎

鼻腔内的犁鼻器

相关链接

伪装　36
猫科动物　128
猎豹　136
美洲豹　217
豹　228

求偶

雄性老虎通过咆哮声和气味特征来寻找雌性老虎。两只雄虎有时可能会为了一只雌虎而进行激烈的搏斗。胜出的雄虎在与雌虎交配之前会先和它进行身体的摩擦。一对老虎会在两天内交配上百次。

孟加拉虎

交配的老虎会摩擦彼此的脸颊

雄虎和雌虎看起来很相似

陆龟和水生龟（**Tortoises and Turtles**）

陆龟、海龟和水龟是仅有的体表覆有坚硬骨质外壳作为骨骼组成部分的爬行动物，一共有250多个不同的种类。陆龟主要生活在陆地上，海龟生活在海洋中，而水龟主要在淡水中活动。很多陆龟和水生龟能够把头和四肢缩到壳内，使捕食者很难捕食它们。与大部分龟类直接将头缩回到壳内不同，侧颈龟将颈部向一侧弯曲，头部置于龟壳边缘下方。陆龟和水生龟由于没有牙齿，它们直接用锋利的颌将食物切断。

淡水生活

大部分龟生活在淡水中，而不是海水中。它们长着蹼状的脚和质轻扁平的外壳，这使它们在水中游动更容易。淡水龟能够在水下待上很长一段时间，有些甚至在水下待上几个星期越冬。龟除了用肺呼吸以外，还能够通过皮肤、喉咙的内里，以及身体背面的开孔呼吸。

红耳龟

水龟

与海龟一样，水龟也有着扁平的外壳，身体呈流线型。使得它们在水中更容易游泳。水龟生活在淡水的池塘、湖泊、河流以及沼泽中，但有时也到陆地上。

龟壳外覆盖着角蛋白，它也是构成牛角的成分

红腿陆龟

比例

陆龟

陆龟生活在陆地上，它们的外壳高耸，呈圆顶状，上面疙疙瘩瘩的，这样可以保护它们不被捕食者侵扰，同时可能也为更大的肺部提供了空间。厚重强壮的腿支撑着它们壳的重量，就像柱子上面撑起的建筑物。

扁平的外壳能更轻松地游泳

麝香龟

脖子伸长到水面之上呼吸空气

很好地伪装起来等待着水下的猎物

强壮的腿和长长的爪子能够抓住水底的泥土或岩石

小龟破壳而出

信息卡

科：分为 13 个科，包括：鳄龟科（鳄龟）、海龟科（海龟）、泽龟科（池龟和河龟）、陆龟科（陆龟）、侧颈龟科（澳美侧颈龟）

栖息地：陆龟通常生活在陆地；海龟通常在海洋中。水龟生活在淡水和陆地上

分布：所有温带和热带的陆地和海洋

食物：植物、蠕虫、贝壳；海龟吃鱼、海绵、海草和蟹

出壳之后不久，破卵齿就会脱落

海龟

7 种海龟终生漫游在地球上的热带海域。它们中的一些，比如这只绿蠵龟，会在它们的摄食区域和产蛋的海岸之间游移很长的距离。大部分海龟像陆龟一样有着坚硬的骨质龟壳，但棱皮龟的小骨板镶嵌在革质的皮肤之下。

绿蠵龟

破壳而出

陆龟和水生龟都是产蛋的，陆龟和部分水生龟的蛋壳是坚硬的，但是有些海龟和河龟的蛋壳是软质的。雌龟通常把蛋埋在一个它们在沙地或泥土中挖掘的洞里。小龟会用它们吻部特别锋利的牙齿打破蛋壳。

疙疙瘩瘩的龟壳

龟如其名，星龟的背甲上有着星状的斑纹。像所有的陆龟和水生龟一样，星龟的壳由两部分组成，像盔甲一样包裹了整个身体。龟甲是由长在肋骨和脊骨上的骨板形成的。龟甲的顶部称为背甲，底部称为腹甲。

星状的斑纹和突起

后肢在游泳的时候用于控制方向

强壮的腿撑起壳的重量

星龟

相关链接

防御 34
淡水 70
岛屿 76
爬行动物 297

保持凉爽

沙漠地鼠龟在白天最炎热的时候躲在阴影下或是在地洞中休息。它们只在黎明或黄昏时刻较为凉爽的时候出来。在最炎热的几个月里，它们会进入深度长眠的状态。

高高隆起的背甲使得敌人很难用爪子粉碎它或是整个吞下

沙漠地鼠龟

巨嘴鸟 (Toucans)

巨嘴鸟有着鸟类中最不常见的长相。它们巨大的喙和身体差不多长。虽然这样的喙使它们看起来显得头重脚轻，但实际上喙的主要部分是轻质而中空的。鸟喙的里面有细的骨质支撑杆排列。即便如此，巨嘴鸟的喙还是很脆弱，有时会破裂。休息的时候，巨嘴鸟会把头转向背后，把它巨大的喙放在背上。巨嘴鸟生活在热带雨林的树枝高处。

栗耳阿拉卡鹫

紧紧抓住树枝

因为生活在树上，巨嘴鸟休息或四处移动的时候，需要紧紧地抓住树枝。它们有力的脚上有4根脚趾，前后各两根形成对握，而不是像大部分鸟类那样，3根脚趾向前，1根脚趾向后。

同类别巨嘴鸟的鸟喙有着不同的颜色和花纹，这能够帮助它们认出彼此

红嘴巨嘴鸟

雄性的嘴巴往往比雌性更大，颜色也更鲜艳

巨嘴鸟的游戏

一只巨嘴鸟用喙摘下果实后，会把果实高高地从空中掷给它的亲邻去接住。巨嘴鸟还会用喙搏斗，两只巨嘴鸟会先用喙啄对方，然后用喙勾住彼此。接着会互相推搡，直到一方几乎要从栖木上掉落才停止。

信息卡

科：鵎鵼科
栖息地：热带雨林
分布：墨西哥、中南美洲
食物：主要是果实，也包括种子、昆虫、小鸟、爬行动物以及它们的蛋和幼崽
巢：树洞，以木屑和种子做衬里
卵：24 枚，白色
尺寸：33~66 厘米，包括喙在内

咬住食物以后，巨嘴鸟会仰起头晃动来吞咽食物

鸟喙里的牙齿可以更好地咬住食物

锋利的锯齿边缘能够切穿果实

脚趾的摆放（啄木鸟也是这样）有利于紧紧地抓住栖木

完美的工具

像果园里所用的长柄修剪工具一样，巨嘴鸟巨大的鸟喙也能够完美地用于采集那些很难够到的果实。巨嘴鸟可以用它的喙拽下最外层树枝上的果实（或种子），而通常情况下，这些枝条因为太细而无法承担鸟儿的重量。

比例

相关链接

鸟类 115
热带雨林 62

脊椎动物（Vertebrates）

有脊椎骨的动物被称为脊椎动物。柱形的脊椎骨不仅支撑了身体，也保护了里面的脊髓神经。脊椎是由很多节独立的骨头组成的，称为椎骨，这也是脊椎这个名字的由来。脊椎是内部骨骼的一部分。大部分脊椎动物都有四肢。鱼的肢体是以鱼鳍的形式出现的，而其他的脊椎动物有手和脚，或者是鳍状肢和翅膀。一些脊椎动物，比如蛇，没有外部的四肢。除了蛇，脊椎动物还包括鱼、蛙、鸟、狗以及人类这些非常熟悉的动物。

非洲白背秃鹫

长羽毛的鸟

化石显示，鸟类曾经是不会飞翔的爬行动物，可能是恐龙。像爬行动物一样，鸟类也有鳞片，但是除了腿和脚，其他部位的鳞片已经进化成了羽毛。其他动物都没有这样轻质的结构。羽毛帮助鸟类成为最棒的飞行专家。虽然有一些鸟，比如鸵鸟和企鹅，已经丧失了飞行的能力，但它们同样适应得很好。跟哺乳动物一样，鸟类也是温血动物。

人类的骨架

有脊椎的动物

所有的脊椎动物都有骨架——通常是身体内部一个由骨骼组成的框架。骨头由柔韧灵活的软骨联结在一起，上面依附着肌肉，可以运动。骨骼主要由 3 部分构成：头盖骨、脊柱和四肢。大部分脊椎动物的脊柱一直延伸到尾部。随着动物的生长，骨架也在生长。这与昆虫的外骨骼不同。

由椎骨构成的脊椎为骨架提供了最主要的支撑

人类和其他的猿类没有尾巴

大部分哺乳动物靠直立的腿行走

灵活的内部骨骼支撑了身体，并塑造了体形

信息卡

纲：包括软骨鱼（软骨鱼纲），比如鲨；硬骨鱼（硬骨鱼纲），比如鲑；两栖动物（两栖纲），比如蟾蜍、蛙类和蝾螈；爬行动物（爬行纲），包括鳄类、蜥蜴和龟类；鸟（鸟纲），比如企鹅和雕；哺乳动物（哺乳纲），包括人类、啮齿动物、猫、鲸和海豹

栖息地：从地下河到山巅，从沙漠到海洋深处

分布：世界范围

食物：从植物到动物，范围很广，也包括其他的脊椎动物

狮子

身体上覆盖了皮毛

哺乳动物

哺乳动物有 3 个共同特点：雌性用乳腺分泌出乳汁来喂养下一代；它们都是温血动物，自身能够产生热量；几乎所有的哺乳动物都有毛发（皮毛），能够保持身体的温暖或者是作为防水的"外套"。

爬行动物

爬行动物是冷血动物，它们的体温随着外部环境的变化而变化。这也是为什么它们在温暖的地方更常见的原因，在温暖的地方，它们可以借助太阳的热量来温暖自己。爬行动物比两栖动物更成功地征服了陆地，因为它们的蛋有防水的外壳，它们不再需要到水中去产卵了。

干燥的鳞片能够防止水分流失

长长的后腿移动得非常快，使这种蜥蜴能够直立跨越水面

蛇怪蜥蜴

灵活的骨架可以四处游动

头后面是裂缝，而不像一般鱼类那样是鱼鳃

爬行动物的身体贴着地面，腿向两边伸开

斑点鳐

神仙鱼

硬骨鱼

硬骨鱼种类的数量几乎与其他脊椎动物种类总量相同，大部分硬骨鱼都有着流线型的肌肉发达的身体。它们体内的骨架非常灵活，使它们可以四处游动。硬骨鱼的体外覆盖着鳞片，借助鱼鳃，它们可以在水下呼吸。

软骨鱼

有一小部分鱼类的骨架不是由硬骨组成，而是灵活的软骨。最广为人知的软骨鱼是鲨鱼和鳐鱼。它们粗糙的像砂纸一样的皮肤上覆盖着细小的牙齿一样的鳞片。

柔韧的软骨骨骼，而非硬骨

两栖动物

两栖动物，比如蛙类、蟾蜍、鲵和蝾螈，是最早的一批离开水到陆地上发展的脊椎动物。经过了几百万年，它们从鱼类祖先成对的鱼鳍上长出了用于爬行的四肢。现在，大部分两栖动物在陆地上生活，但会回到水中进行繁殖。

松弛潮湿的皮肤能够吸收氧气，辅助呼吸

相关链接
两栖动物 92
鸟类 115
鱼类 174
青蛙和蟾蜍 181
蜥蜴类 234
哺乳动物 239
爬行动物 297

绿蟾蜍

普通蟾蜍

秃鹫 (Vultures)

为了搜寻地面上动物的尸体，秃鹫扇动着它们长而宽大的翅膀，在空中盘桓数小时。秃鹫属于猛禽，但又比较与众不同，因为它们基本上只吃尸体——那些已经死去的动物的肉。一般来说，猛禽都是手段高超的捕猎者，用脚来抓住活生生的猎物。但秃鹫并没有具备捕猎所需的强壮的脚和锋利的爪子。然而，它们会借助暖气流滑翔或是栖息在树上观望和寻找下面的动物尸体。有些秃鹫会依靠它们敏锐的嗅觉来寻找那些死去或即将死去的动物。

宽大、近似方形的翅膀

非洲白背秃鹫

以死尸为食

秃鹫强壮的钩状喙有着锋利的边缘，非常适合用来撕开动物尸体坚实的外皮或是把肉撕成碎片。同时，这种猛禽的舌头也非常粗糙，能够将肉从骨头上刮下。非洲白背秃鹫把它的脑袋和脖子伸进死尸的里面，狼吞虎咽地吃掉所有东西。

红头美洲鹫

宽广的翼展适于滑翔

光秃秃的脑袋可以避免进食的时候血把头上的羽毛粘在一起

信息卡

科：新大陆秃鹫：美洲鹫科，包括秃鹫；旧大陆秃鹫：鹰科
栖息地：草原、农场、沙漠、山地、森林
分布：世界范围内气候温暖的地区，澳大利亚除外
食物：主要是死去的动物
巢：岩架、洞穴、树
产卵量：1~3 枚，大多是白色、淡绿色或淡褐色
尺寸：56~150 厘米

鹫群大聚餐

秃鹫常常会挤在一起，围在同一具尸体周围，吵吵闹闹地争夺残余物。体型小、鸟喙力量弱的秃鹫必须要等到体型大的秃鹫到来，用强壮的喙撕开死尸的皮，这样它们才能吃到里面的肉。不同种类的秃鹫喜欢吃的尸体部位也不同。因此，一大群秃鹫会将一只大象或一匹马的整个身体上的肉撕碎，在非常短的时间内吃干抹净。

爪子并不如其他猛禽那般锋利

强壮的钩形喙

使用工具

白秃鹰是少数几种懂得使用工具的动物之一。它们会把石块衔在口中，然后扔在鸵鸟蛋上，打破蛋壳，吃里面的食物。

白兀鹫

比例

嘴巴可以牢固地抓起石块，帮助秃鹰击破蛋壳

相关链接
鸟类 115
雕 167

等待温暖

　　秃鹫需要清静的峭壁或树梢来做窝和抚育后代。它们晚上也会花费大量的时间栖息在岩石上或树枝上。这样，清早的时候，它们就能在那等待着太阳升起，温暖大地。一旦条件合适，它们会借助从温暖的地面上升起的暖流腾飞而起去寻找食物。秃鹫的食物是死掉的动物的肉。

涉禽（Wading Birds）

有些来自不同科属的鸟类适应于在浅水或岸边栖息生活。它们涉水寻找丰富的食物供应，其中包括大量的小动物，比如蜗牛、蠕虫和虾。所有的涉禽都长着细长的腿，能够踏入水中，长脖子也能弯下进食，此外，长长的鸟喙可以用来捕食猎物。真正的涉禽（在北美洲被称为滨鸟），包括鹬，主要靠喙在泥土中探寻和拽出猎物。

丹顶鹤求偶的舞蹈

反嘴鹬

向上弯曲的喙

反嘴鹬是一种优雅的涉禽，长着独特的向上弯曲的喙。它会用这个精密的工具在浅泥水中扫来扫去。反嘴鹬会用喙中复杂的牙齿系统从水中过滤出食物，比如小虾和昆虫的幼虫。

起舞的鹤

长脖子长腿的鹤会在求偶仪式上表演惊人的舞蹈来吸引交配对象，同时也用舞蹈进行彼此的沟通。它们会跳向空中，通过展示翅膀来吸引异性。雄性和雌性的鹤有着相似的羽毛，伴侣会终生相守。

致死的追猎者

鹭，包括白鹭，主要是独自捕食。这种鸟会在水中一动不动地站着，或是非常缓慢地在浅水中穿行，直到它发现一条鱼或是一只蛙的踪影。接下来它就会突然甩出它的脑袋，在这个过程中，脖子会从平时的"S"形直直地伸开来，像一个强劲的弹簧。鹭是用它长长的匕首状的鸟喙来捕捉猎物的。

信息卡

科：鹭：鹭科；鹤：鹤科；反嘴鹬和长脚鹬：反嘴鹬科；鹬和沙锥：鹬科

栖息地：淡水和海水的水滨和浅水滩

分布：世界范围

食物：蜗牛、昆虫、鱼、蛙、甲壳动物、小型哺乳动物

尺寸：最高达 176 厘米（赤颈鹤、高鸣鹤）

相关链接

相关链接	
鸟类	115
淡水	70
海洋	74
沼泽	72

大白鹭

海象 (Walruses)

皱巴巴的皮肤，下垂的胡须，还有大大的象牙，这些特征使人很难认错一只海象。作为海狮的近亲，海象已经很好地适应了北部海域极度寒冷的生活。海象在游泳和潜水方面都极为出色，它们能够下沉到80米深的海中，当它们在海床上寻找食物的时候，能在水下待10多分钟。它们会用坚实灵活的吻在泥土或沙砾中寻找食物，就像一头巨大的猪一样。海象每两年或三年才繁殖一次。独生的海象宝宝出生在光秃秃的冰层上，它们会由妈妈保护并用母乳喂养长达两年的时间。

信息卡

科：海象科
栖息地：海洋和冰面上；在海岸和多岩石的岛屿上也有
分布：贯穿了遥远北部的海岸
食物：贝壳、蟹、海胆，一餐能吃下上千只蛤
寿命：超过40年
尺寸：2.7~3.6米

海象的牙能长到1米，甚至更长，重量能达到5千克

海象的牙

海象的两颗长牙用于在海象群中彰显地位，同时也用来驱赶竞争对手。海象会用长牙挂在浮冰上，帮助它将沉重的身体拖出水面，或是当它在水中睡觉时当作锚来用。它的牙有时还能像鹤嘴锄一样在冰上砍出一条道路。

象牙脱落的成年海象

皮下厚厚的脂肪层帮海象在冰冷的水中保持温暖

比例

后腿向右弯折来支撑在陆地上的海象

坚实的皱巴巴的褶皱皮肤

敏感的大个头

海象是头先入水，然后沿着海底寻找食物。它的450根敏感的胡须像传感器一样在黑暗、混浊的水中工作。它会用它的吻推压沙地，从嘴中射出一股水柱来打开蛤蚌或是其他贝类的壳。接着它们会用强壮的上下颌中坚硬的臼齿来研磨这些难咬的食物。

强有力的鳍状肢

海象有两对鳍状肢代替了胳膊和腿。它们用后面的一对鳍状肢推动身体在水中前行，而前面的一对鳍状肢则用来控制方向。年幼的海象会待在妈妈前面的两只鳍状肢之间或是当妈妈潜水的时候，攀附在它的脖子上。在陆地上，海象会拖着四条鳍状肢笨拙地前行。

鳍状肢的下面粗糙且长有很多小疙瘩，帮助它们抓住滑溜溜的冰层

相关链接

北极 54

哺乳动物 239

海豹和海狮 312

胡蜂（Wasps）

很多人都把胡蜂视作最可怕的动物，因为它们的螫针可以刺痛人，但并不是所有的胡蜂都会蜇人。胡蜂是昆虫中很大的一科，与蜜蜂和蚂蚁有近缘关系。世界范围内已经发现了 100 000 多种胡蜂。大部分胡蜂都是独居，以含糖的液体为食，比如果实、植物体液或花蜜。有些种类的胡蜂，比如常见的胡蜂和大胡蜂，成群生活在一起，称为集群。每一个胡蜂巢都有一个蜂后负责产卵，卵发育成的没有生殖能力的雌性胡蜂称为工蜂。工蜂负责守卫蜂巢和喂养幼虫。晚夏时节，新一代的蜂后会孵化出来，它与雄蜂交配，然后飞走，开始建造一个新的蜂巢。

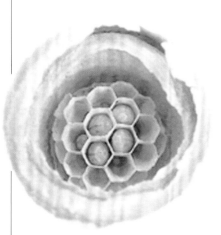

生活舒适的幼虫

刚孵化出的胡蜂幼虫没有翅膀，它们在蜂巢六边形的蜂室中舒适地成长。它们会先成蛹，再变为成虫。胡蜂的幼虫是食肉动物，以成虫带进来的昆虫和蜘蛛为食。

信息卡

科：膜翅目下的四个大科，包括了蚂蚁和蜜蜂
栖息地：雨林到沙漠
分布：世界范围的陆地，南极和北极除外
尺寸：种类不同，大小也不同，0.2~6 厘米
寿命：包括四个阶段：卵、幼虫、蛹、成虫

比例

常见胡蜂

长在头顶上的触须（触角）是最主要的感觉器官

大大的复眼对运动的物体非常敏感

中间部分（胸）

细细的腰

相关链接

蚂蚁 96
蜂 111
昆虫 212

后部（腹部）

腹部尖端有尖刺，由毒腺供养

金小蜂

金小蜂的名字源于它们明亮闪烁的颜色。它们是独居的动物，每只雌性的金小蜂会挖一个小小的地洞，然后去捕猎。它们会用螫针刺入昆虫体内，使它们无法动弹，之后把它们拖入地洞中，在它们体内产卵，当幼虫孵化出来，就以昆虫的肉为食。

金小蜂

多彩的昆虫

常见的胡蜂有一个非常好辨认的黑黄色相间的身体。其他的动物，包括人类，都把这种标记当作一种警告，表示这种胡蜂武装了会令人刺痛的螫针。其他的胡蜂在颜色和大小上各不相同。有些种类是红色和黑色，而另一些则有着闪亮的蓝色、绿色或黑色。

胡蜂的巢

在全世界都能看到，胡蜂把它们的巢建在茂密的雨林中、炽热的沙漠中、园林中，甚至是人类的家中。很多种类的胡蜂都是独居，但是常见的胡蜂成群地生活在由咀嚼过的木质纤维搭成的纸质蜂巢中。蜂巢挂在树枝上，蜂后最先建筑蜂巢，之后由工蜂慢慢地扩大。幼虫就在蜂巢小小的房间内长大。

鲸〔Whales〕

鲸是哺乳动物，而非鱼类——它们是温血动物，用肺呼吸，用乳汁养育后代。它们的尾巴呈水平状态，而非鱼类那样是垂直的，并且有一个凹口分为两个尾叶。尾巴上下摆动为鲸在水中前行提供了动力。有时候，鲸也会加足马力"破浪而出"（跃出水面），而这可能是对其他鲸发出的信号。鲸的身体上几乎没有毛发，皮肤之下有厚厚的鲸脂（脂肪或油脂）保持温暖。它们比陆地上的哺乳动物要大得多，因为水能够承载它们身体的重量。鲸的寿命也很长，有些能超过 100 年。

逆戟鲸（虎鲸）
鲸群

巨大的背鳍可
高达 1.8 米

逆戟鲸
（虎鲸）

喷气

鲸必须时不时地游到水面上呼吸空气。它们只能通过喷气孔（鼻孔）进行呼吸，而不是嘴巴。换气时，鲸要先把肺中大量的废气排出，气流冲出鼻孔时，会把水汽带到空中。须鲸有两个喷气孔，而齿鲸、海豚和鼠海豚只有一个喷气孔。

成群地捕猎

像其他的鲸一样，逆戟鲸（虎鲸）也是成群地生活，称为鲸群。鲸群的成员关系很亲密，大多数时候会一起捕猎。逆戟鲸、抹香鲸，以及其他的齿鲸会用它们锋利的锥形牙齿咬住鱿鱼这样的猎物。

一角鲸

螺旋形的长牙
能够长到 3 米

比例

游泳健将

虎鲸的游泳速度极快，最高速度可达每小时 50 千米，比快艇的速度还要快。武装了 40~56 根锋利牙齿的虎鲸捕猎的范围很广，包括各种鱼类、鱿鱼、海龟、企鹅、海豹，以及其他的海豚和鲸。虎鲸也被称为杀人鲸，但实际上还没有一头野生的虎鲸对人类造成伤害或是死亡。

用"剑"搏斗

雄性一角鲸长着一根长长的螺旋状扭曲的牙齿，而这也是独角兽传说的由来。雄性一角鲸用这根牙齿与对手进行竞争，就像击剑运动员一样，刺向对方。差不多每 3 个一角鲸就有一个的"角"是折损的，因为它们的牙是中空的，击打后很容易破碎。

身长最长
达 9.8 米

信息卡
科：须鲸（没有牙齿）包括蓝鲸和座头鲸；齿鲸包括海豚、虎鲸、巨头鲸、鼠海豚，以及抹香鲸
种类：77 种
栖息地：海洋
分布：世界范围
食物：从像虾一样的磷虾到鱼、鱿鱼，以及海豹
尺寸：1.2~33 米长

相关链接
保护 82
海豚和鼠海豚 160
哺乳动物 239
海洋 74

海洋中漫游

一头座头鲸在阿拉斯加附近的海域游弋。像其他大型鲸类一样，它在北极或南极短短的夏季，食物充足的时候进行捕食。之后它将会迁徙到温暖的热带水域进行繁殖。鲸会漫游很长的距离，穿梭于世界各大洋，搜寻当季的浮游生物和鱼类为食。有些鲸类一年能游弋 20 000 千米。

角马 〔Wildebeest〕

角马也称牛羚，它们体大、笨拙、又十分吵闹，是一种以大群的形式生活在非洲草原上的羚羊。在非洲的语言中，"gnu"这个词被用来描述它们发出的很大的叫声。角马的主要食物是草，它们也会吃草本植物叶状的中间部分。如果有水源，角马每天都会饮水，但它们也能在不喝水的情况下存活5天。为了寻找充足的食物和水，它们会在草原上四处漫游，有时候一年能走过几千公里，这种长距离的漫行被称为迁徙，也包括跨越危险的、快速流动的河流。

狮子的美食

角马是狮子的食物来源之一，它们会一口咬住角马的喉咙或是吻部。一只成年的角马可以为整个狮群提供美餐。猎豹和鬣狗会攻击年幼的角马。

信息卡
科：牛科
栖息地：开阔的草原和热带草原
分布：非洲，从肯尼亚南部到南非北部
食物：草
孕期：9 个月
寿命：25~30 年
尺寸：100~130 厘米

比例

角马妈妈会把新生的宝宝舔舐干净

生为奔跑

雌性的角马是站立着生下宝宝的。新生的小角马在出生后 3~5 分钟就能站立起来，然后被它们的妈妈舔舐干净。半个小时之后，它们就能跟上整个角马群一起奔跑了。当整个群停下来的时候，雌性的角马和幼年的角马会聚集在一起，数量能达到 10~1 000 只。

多毛的长尾巴

宽大的肩膀

相关链接
鹿与羚羊 154
瞪羚 183
草原 64
迁徙 78
食草动物 30

脖子上的鬃毛

大块头

不管雄性还是雌性，角马都生有犄角，此外，它们的脑袋也很大，肩颈很宽。它们的脖子上长着鬃毛（一簇毛发），它们的喉咙下也长着胡须。长而多毛的尾巴几乎要垂到地面上。

狼（Wolves）

狼是野生犬科动物中体型最大的，同时，它们也是人类驯养犬或宠物犬的祖先。狼是非常聪明的动物，它们以群体的形式生活在一起，每个狼群由8~20个家庭成员组成。每只狼都知道自己在狼群中的地位，首领一般由最年长的雄性和雌性来担当。通过集体捕猎，它们能够杀死大型的动物，比如鹿或者驼鹿，这些动物的体重常常是狼的10倍。狼群会在固定的领地巡视，主要杀死那些病、伤、年老或者年幼的猎物。

可怕的号叫声

狼嚎叫是为了跟同伴交流或是警告其他狼群的成员不要靠近它们的领地。如果狼群中的一只狼号叫，其他的狼也会加入进来。它们常常和谐地号叫，使集体的叫声尽量大而且猛烈。单只的狼很少发出号叫声。

狼群中的幼崽

在狼群中，处于统治地位的雄性和雌性才可以交配产下后代。狼妈妈会在小狼崽出生后的10周内为它哺乳。之后，狼妈妈和年轻的狼会把部分消化过的肉呕吐出来喂给小狼崽，这样一直持续到狼崽长大，可以跟随狼群去捕猎。

即使是小狼崽也有满口锋利的牙齿

狼具有超强的嗅觉和听觉，但视力很差

小狼崽

每窝能产下4~7只小狼崽

狼能够做出多达17种不同的面部表情

长腿使狼可以快速地奔跑

前脚上有5个爪子，后脚上有4个爪子

捕捉猎物

狼的腿很长，靠着脚趾行走或奔跑。这使得它们比单纯地用与人类一样平底的脚移动地更快速。它们长而敏感的鼻子和耳朵能够搜集其他动物的气味和声音，这样就可以更容易地追踪猎物。它们的吻部较长，有力的上下颌里有42颗锋利的牙齿可以用于咬死猎物，咀嚼肉和骨头，同时也可用于打斗。

灰狼

比例

收拾好过冬

　　狼生活在欧洲、亚洲和北美洲偏远寒冷的北方地区。它们栖息在广阔的杉树、松树和落叶松林地中。为了在寒冷的北方陆地上生存，狼的身体上覆有厚厚的皮毛，下层是柔软浓密的绒毛，上面则是一层较长的毛发。它们大大的脚和爪子能够紧紧抓住岩石、冰层以及其他光滑的物体表面。狼的身体强壮，它们长而有力的腿能够奔跑很长的距离追捕猎物。

耳朵上的毛可以防止热量散失，保持体温

北极狼

耳朵竖立起来，聆听猎物和危险信号

鬃狼

鬃狼得名于它们背部深色的鬃毛。鬃狼的腿很长，这使它们在深草丛中也能观察四周。鬃狼主要在夜间捕食小型的哺乳动物和鸟类，它们像狐狸一样猛扑向猎物。

北极狼

生活在冰天雪地的北极陆地的狼，它们有一身白色的皮毛，能够在冬天伪装自己。这样即使它们非常靠近猎物也很难被发现。夏天的时候，它们的皮毛会变成灰色、褐色或是黑色。生活在北极南部森林中的狼的皮毛是灰色或黑色的。

信息卡
科：犬科
栖息地：森林、北极苔原、沙漠、平原、山地
分布：北美洲、南美洲、欧洲、亚洲、中东
食物：哺乳动物、腐肉、植物体
产崽量：4~7 只
尺寸：头和身体 101~152 厘米；雄性比雌性略大

鬃狼

肢体语言

狼通过保持某种身体姿势或动作来表明它在狼群中的重要地位。领头的狼会高高地站立，耳朵和尾巴向上指，并露出牙齿。地位较低的狼，以比较顺从的姿态蹲伏下来，把头埋在腿之间，耳朵垂下来。它们不是发出咆哮声，而是呜呜的声音。

这只狼把头低下，呈现出顺从或是防卫的姿势

灰狼

相关链接
北极　54
防御　34
犬及其近缘动物　157
狐狸　179
哺乳动物　239
食肉动物　32

啄木鸟（**Woodpeckers**）

世界上一共有 200 多种不同种类的啄木鸟。大部分啄木鸟生活在树林间；也有一部分，比如美国的扑动䴕，生活在树木稀少的地区，在平地上取食和筑巢。啄木鸟能够非常快速灵活地在树干和树枝间跳跃，它们能够用有力的脚抓住树木的垂直面，通常情况下是两个脚趾向前，两个脚趾向后，用脚趾上锋利的爪子紧紧抓住树皮。有些体型较小的种类只有 3 个脚趾。它们的鸟喙能像钻孔机一样钻入树木。

大斑啄木鸟

内置的"减震器"能够防止啄木鸟在凿木时筋疲力尽

羽毛上有深色和浅色的斑点，能够在树林中伪装起来

喙的尖端像凿子一样，能够伸进树木里面

翅膀的构造

啄木鸟的翅膀宽而短，非常适合快速跳动着从一棵树到另一棵树。啄木鸟不是候鸟。

敲打动作

人们在看到啄木鸟之前常常先听到它的声音。当它们用喙快速地猛击树干和树枝时，会发出一种急速的敲击声。它们这样做是为了啄出和吃掉隐藏在树皮之下的昆虫幼虫。此外，这些敲击的动作也可能是为了雕凿巢穴或是吸引异性。

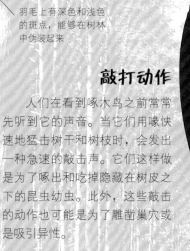

啄木鸟的舌头很长，顶端有黏性的小钩，适于捕捉昆虫

欧洲绿啄木鸟

比例

脚趾分开，可以牢牢地抓住树皮

信息卡

科：啄木鸟科
栖息地：树林、林地，也有一些在开阔的郊区，也包括沙漠
分布：世界范围，澳大利亚、新西兰和南极除外
食物：主要是昆虫，特别是树木中的昆虫幼虫，蚂蚁和白蚁；也包括坚果、种子、果实和树的汁液
巢：树洞或地洞
产卵量：3~12 枚，白色
尺寸：7.5~52 厘米

僵硬的尾羽能够按压在树皮上，提供更多的支撑

长舌头

啄木鸟的舌头非常长，必须向上卷起置于头颅里。强有力的肌肉能够把舌头弹进弹出，并以闪电般的速度捉住昆虫。

相关链接

鸟类　115
林地　60

蠕虫（Worms）

蠕虫是不同种类体形较长、无足的动物的通称。在陆地和水中，有几百万种不同种类的蠕虫，但是它们主要分为四大门类。纽形动物主要生活在海里；线形动物有着细长的线形身体，它们生活在各个地方，甚至是动物和植物体内，线形动物的数量可能超过了其他任何一种动物的数量；扁形动物包括绦虫，生活在猪、狗和其他动物的内脏里；而蚯蚓、水蛭等环节动物，主要生活在潮湿的泥土和水中。

水蛭

吸血的水蛭

水蛭生活在湖泊、溪流和潮湿的地方。它们以其他动物，包括人类的鲜血为食。水蛭扁平身体的两端都有吸盘，吸盘能够紧紧地吸附在猎物的肉上，使水蛭可以吸食猎物的血液。

吸盘能够紧紧地吸附在猎物的肉上

细小的刚毛帮助蚯蚓在挖洞的时候抓住泥土

蚯蚓

蚯蚓一共有 3 000 多种不同的种类，全世界大多数地方的地下都有它们的身影。和其他环节动物一样，蚯蚓的身体也分成了很多节（环）。它以腐烂的植物为食，常常被放养到泥土中去消化掉那些植物的碎片。

羊皮纸虫

环形的身体分节

比例

信息卡

门：超过 20 000 种的蠕虫主要分为四大门类：扁形动物门、环节动物门、纽形动物门和线形动物门
栖息地：海水和淡水中、陆地的泥土中，或是动植物的体内
分布：世界范围，南极除外
食物：植物和动物体
产卵量：从数十到数千
尺寸：从很微小到 12 米

羊皮纸虫

羊皮纸虫是生活在薄而坚实的管子中的环节动物，这层管子是它们用来在泥土中保护自己的，管子的一端从海滨的泥土中伸出。羊皮纸虫以从海水中过滤出来的微小生物为食。

蚯蚓

海边的沙蚕

沙蚕生活在泥质海滨的"U"形土洞中。它们吞食泥土，吸收掉里面微小的动物和植物。废弃的泥土被堆到表面形成斜面。渔夫看到这些倾斜面后就可以挖出沙蚕作为鱼饵。

相关链接

动物的家 46
求偶与交配 38
防御 34

沙蚕

斑马（Zebras）

斑马是生活在非洲野外身上满是条纹的马科动物，它们活跃又吵闹。每只斑马都有自己独特的条纹，就像每个人的指纹都不相同。斑马是群居动物，每群的数量在 4~20 只，它们是通过独特的条纹来辨认彼此的。斑马花费大量时间来彼此摩擦鼻子交流，以及用门齿为同伴梳理皮毛。群居生活为斑马带来一种安全感，因为数量众多的斑马可以一起对抗狮子、猎豹和鬣狗这样的捕食者。遇到危险的时候斑马会奔跑逃脱，但同时它们也会用锋利的牙齿咬击或者用蹄子踢打捕食者。

斑马幼崽

鬃毛沿着额头一直长到尾部

窄窄的蹄子可以提高奔跑的速度

斑马的腿

剖面显示出蹄子是如何紧紧地包裹着脚趾骨

快速奔跑者

长长的腿，配上又小又窄的蹄子使得斑马可以奔跑得非常快。同马一样，斑马属于奇蹄动物，并且奔跑的时候蹄的一端着地。它们的脚趾骨被坚实的角质蹄包裹着。

发育完全的小斑马

斑马幼崽出生的时候就已经发育完全了，在出生后一小时它们就能站立起来，当遇到危险的时候就可以奔跑。它们从额头到尾巴都长着鬃毛，还有一簇毛长在肚皮的中间。斑马幼崽大概会吸吮 6 个月的母乳，并且和母亲待在一起长达 3 年的时间。

细纹斑马

短而坚硬的鬃毛直立向上

肩高可达 160 厘米

斑纹分布均匀，并且间距窄小

胃消化（磨碎）草，以便从食物中获取最多的营养

比例

摄取营养

斑马每天 60%~80% 的时间都在用它们锋利的门齿啃食粗糙坚实的草。植物并不像肉那样有营养，因此这些食草动物几乎要花上全天的时间进食以获得足够的养分。斑马长长的吻部可以使它们用沿着脸颊生长的粗糙的磨齿磨碎食物。而长脖子可以帮助斑马更容易俯下身来啃食地面上的草。

在草原上飞奔

斑马奔驰穿梭在平坦的非洲草原和平原上，依靠它们的速度来躲避猫科动物和犬科动物的围追堵截。群体生活也为它们提供了保护，因为斑马群内的成员会互相警告危险的来临，而且捕食者也很难从一群中挑选出单个的猎物。在干旱的季节，斑马可能会跋涉很远的距离去寻找新鲜的草和还没有干涸的水源。

条纹的类型

斑马主要有三种——细纹斑马、山斑马和普通斑马（也叫平原斑马）。细纹斑马和山斑马比普通斑马的条纹要窄而多。科学家还没有研究出为什么斑马会长出条纹。他们曾经以为条纹可以帮助斑马迷惑捕食者，或是作为一种伪装。但现在，科学家认为条纹是用来在斑马群中辨认彼此的，保证它们在一起时的安全。

大而圆的耳朵是辨别这种斑马的标志

细纹斑马的肚皮是白色的

细纹斑马

短而丰满的脑袋和脖子下面的垂肉

每种斑马都有独特的尾部斑纹，帮助它们在成群地漫游时，辨别和跟上首领

山斑马

为异性而搏斗

在交配季节，处于竞争状态的雄性斑马会为了雌性斑马进行激烈的争斗。它们靠后腿站立，然后踢咬对方。雄性的普通斑马和山斑马会和一群雌性斑马一直待在一起。

为了雌性而打斗的雄性斑马

补充水分

普通斑马每天都要饮水，也从来不会漫行很远去寻找水源。细纹斑马和山斑马喝水并不那么有规律，它们可以好几天都不喝水。这是因为相比于普通斑马，它们生活的地方更为干旱。山斑马会在干涸的河床上挖洞来汲取地下水。

普通斑马

相关链接

驴和野驴 163
草原 64
马及其近缘动物 204
犀牛 300
貘 336

术语表

B

变态（metamorphosis）：生命周期中，动物身体发生的主要变化。在变态过程中，毛毛虫会发育成蝴蝶或蛾类。

哺乳（suckling）：哺乳动物的母亲用乳汁哺育后代的行为。

哺乳动物(mammal)：脊椎动物的一类，体表覆盖毛发，以母乳喂养后代。

捕食者（predator）：捕杀和吃掉其他动物的动物。

C

触角（antennae）：昆虫和甲壳动物头部生长的长长的感觉器官（触须），能够帮助动物探知振动、气味和味道。

触手（tentacles）：海葵和水母身体上由刺细胞形成的像胳膊一样灵活的结构，也可指乌贼和章鱼身上长而有弹性的附件，用来抓取猎物。

D

地洞(burrow)：动物挖掘的位于地下的通道，动物生活在其中，甚至在里面抚育后代。

蝶蛹(chrysalis)：蝴蝶从幼虫变为成虫的过程中，包

裹在体外的保护性的硬壳。

冬眠（hibernation）：某些动物长期休眠或身体机能长期停歇的能力，这是动物对冬季食物匮乏、寒冷等不良环境条件的一种适应。

F

繁殖（breeding）：动物通过交配产出后代的过程。在哺乳动物和鸟类中，繁殖也包括了抚育幼儿。

放生（feral）：驯养的动物放回到野外生活。

浮游生物（plankton）：漂浮在海洋或湖泊表层的微小的植物或动物。

腐肉（carrion）：腐烂的动物尸体，会被食腐动物作为食物吃掉。

腹部（abdomen）：动物身体的"肚子"部分，内有消化器官和生殖器官。昆虫的腹部一般是身体三节中的最后一节。

G

公(bull)：一些种类动物的雄性被称为"公"，例如鲸、海豹和牛。

H

环境(environment)：动物和植物生长的外部条件。

回声定位（echolocation）：海豚和蝙蝠用于辨别方向的方法。这个过程包括发出声波信号，接收前方障碍物反弹回的回声。

J

棘皮动物（echinoderm）：海生无脊椎动物的一种。外皮一般具有石灰质的刺状突起，身体分为 5 部分。

脊椎动物（vertebrate）：体内有脊柱的动物。

寄生（parasite）：一种动物生活在其他物种的身体上或体内，所寄生的物种被称为宿主。

甲壳动物(crustacean)：有坚硬的外骨骼和节状肢，主要生活在水中的无脊椎动物。部分甲壳动物，如土鳖，已经适应了陆地生活。

茧（cocoon）：由丝织成的囊状物，蛾类由幼虫变为成虫时可以起保护作用。

交配(mating)：雄性动物与雌性动物相结合，使卵细胞受精的繁育行为。

节肢动物（arthropod）：外壳分节的无脊椎动物，比如昆虫或蜘蛛。

鲸脂(blubber)：生活在寒冷地区的动物皮肤下的一层脂肪，能够帮助动物保暖，

同时也是食物储备。

K

蝌蚪(tadpole)：青蛙和蟾蜍未发育完成的幼体形态。

对握（opposable）：灵长类动物，包括人类的拇指能够和其他的指头相对而握，从而牢牢地抓取物体。

昆虫（insects）：体外有硬壳包裹，身体分节的一种动物，体躯分为 3 部分，有 3 对足。

L

两栖动物(amphibian)：脊椎动物的一种，在不同的阶段可以生活在水中和陆地上。繁殖后代的时候，需要回到水中。

猎物（prey）：被捕食者捕食的动物。

鳞片（scales）：鱼类或爬行动物体外覆盖的薄而坚硬的片状物，保护皮肤。

领地（territory）：同种的动物彼此捍卫的生存空间。

M

毛毛虫（caterpillar）：蝴蝶和蛾类的幼虫，没有翅膀，形态像蠕虫。毛毛虫有腿和强有力的颚。

门齿（incisors）：哺乳动物位于前面的牙齿，用于啃咬。

N

拟态(mimicry)：一种动物模拟另一种生物或环境中的其他物体的行为，这可以让它们比实际看起来更凶猛或像是有毒，或帮助它们与环境融为一体。

P

爬行动物(reptile)：脊椎动物的一种，体外覆盖硬质干燥的鳞片，通过四肢的缓慢爬行移动。

胚胎(embryo)：动物出生或孵化前正在发育的状态。

Q

栖息地(habitat)：动物的自然家园。

迁徙(migration)：某些动物在固定的时间往返于固定的地点，以获取季节性的食物供应。

求偶(courtship)：动物中，雄性和雌性在交配前建立关系的一种行为。

犬齿(canines)：哺乳动物长而尖的牙齿，犬科动物和猫科动物的犬齿特别发达，用于杀死猎物。一些雄性动物会通过展示锋利的犬齿来吓走对手。

群体(colony)：一大群同种的动物在一起生活或繁殖。

R

热带(tropical)：南北回归线之间，赤道两侧炎热的区域。

绒毛(down)：幼鸟身上用于保暖的蓬松柔软的羽毛。

软骨(cartilage)：坚韧灵活的组织，也被称为脆骨，位于脊椎动物的骨骼上。鲨和鳐的骨骼基本上全部由软骨构成。

若虫(nymph)：无脊椎动物未成熟的状态，比如蜻蜓和蝶螈，在若虫阶段要经过不完全变态发育。

S

鳃(gills)：鱼或某些两栖动物身体上的器官，使它们可以在水下呼吸。

生命周期(life circle)：动物从出生到死亡的过程，动物的后代会不断重复这个过程。

声呐(sonar)：蝙蝠和海豚用于发出高频率声波的系统，然后通过回声定位确定周围环境中的物体所在。

食腐动物(scavenger)：以动植物腐烂的尸体为食的动物，比如秃鹫。

食肉动物(carnivore)：牙齿特别锋利，主要以肉为食的一种哺乳动物，也可指任何吃肉的捕食者。

食物链(food chain)：一连串的食与被食的关系——通常是从小动物到大动物。例如，浮游生物被虾吃掉，虾被小鱼吃掉，而小鱼被大鱼吃掉。

受精(fertilize)：雄性生殖细胞与雌性生殖细胞结合产生新一代动物的过程。

T

头足纲动物(cephalopod)：软体动物的一类，头部较大，同时具有环状的肢体，如章鱼和鱿鱼。

蜕皮/脱毛(moult)：甲壳动物、昆虫、蜘蛛和其他节肢动物成长过程中褪掉外骨骼的行为。同样也用来指哺乳动物、爬行动物和鸟类脱落毛发、皮肤和羽毛，或是鸟类换羽的过程。

W

外骨骼(exoskeleton)：动物体外包围的硬质骨骼，可以支撑、保护动物的身体。

伪装(camouflage)：动物通过融入周围的环境来逃避敌害的行为。

吻部(snout)：动物头部突出的部分，包括鼻子和嘴巴。

无脊椎动物(invertebrate)：没有脊柱的动物。

X

胸腔(thorax)：昆虫身体的中段，长有腿和翅膀，以及控制它们运动的肌肉。

须肢(pedipalp)：蛛形纲动物头部的一对附肢，它们可以用于防御、挖掘、触碰或是传递食物到嘴中。蝎子的须肢以大螯的形态出现。

驯养(domestic)：动物被驯服和繁育为农耕动物，例如牛。也指那些养在家中的动物，比如狗和猫。

Y

夜行性(nocturnal)：夜间活跃，白天怠惰的状态。

营养物(nutrients)：生物摄取的用于维持生命的物质。

蛹(pupa)：某些昆虫生命周期中从幼虫变为成虫不进食只休息的一段时期。在这段时期，蛹发生了很多内部变化。

有袋类动物(marsupial)：哺乳动物的一类，幼崽出生后会在妈妈腹部的育儿袋里完成发育。

幼虫(larvae)：一些动物幼年未成熟的状态，比如昆虫和两栖类动物。昆虫的幼虫一般是生命周期中进食和生长的阶段。

Z

藻类(algae)：简单的，长相类似于植物，能够自己生产食物的有机体。颜色有多种，如绿色、褐色、红色、蓝绿色。

种(species)：动植物的分类，同种的生物能够繁育后代。

爪(talons)：猛禽的脚。

索引

369

图片出处说明

本书出版商由衷地感谢以下名单中的人员提供照片使用权：

t=顶端，a=上方，b=下方，l=左侧，r=右侧，c=中间，f=底图

Alamy Images: Juniors Bildarchiv GmbH 56-57

Aquila Photographics: Mick Durham 112.

Ardea London Ltd: Adrian Warren 140, 193; Clem Haagner 262; Eric Dragesco 158cl; Graham Robertson 277t; Jean-Paul Ferrero 186.

Barleylands Farm Museum: L. E. Bigley 138c, 138br.

BBC Natural History Unit: Anup Shah 188; G & H Denzau 340; Jurgen Freund 148.

Biofotos: Heather Angel 93, 171, 228, 271; Jason Venus 268.

Birmingham Museum and Art Gallery: 275bl.

Bruce Coleman Ltd: 233tr; Alain Compost 240cl; Allan G. Potts 286, 295tl; Bob & Clara Calhoun 333br; C. C. Lockwood 244bl; CB & DW Frith 263tr; Dr Eckart Pott 131ca; Erwin & Peggy Bauer 302cl; Francisco J. Erize 91b; Fred Bruemmer 312tl; George McCarthy 352; Gerald S. Cubitt 142b; Gordan Langsbury 349cl; Gunter Ziesler 236tr, 236; Hans Reinhard 280b; HPH Photography 132tr, 231cr; J. P. Zwaenepoel 341cr; Jane Burton 59tl, 59tr, 311; Jeff Foott 266c, 320br; Jen & Des Bartlett 251br; Joe McDonald 290bl; John Cancalosi 244tl, 289tr; John Markham 291b; John Shaw 357; Johnny Johnson 283cr, 296; Jorg & Petra Wegner 341b; Kim Taylor 337b; Konrad Wothe 230cl; Luiz Claudio Marigo 290tl; M. P. L. Fogden 285tr; Mark N. Boulton 187cfrb; Michael Fogden 82tl; Pacific Stock 220; Paul Van Gaalen 136cl; Rod Williams 90t, 141b, 302t; Tero Niemi 289b; Wayne Lankinen 356tl.

Colorific!: Ferorelli 41tl.

Julian Cotton Photo Library: 116.

Philip Dowell: 3 (pig and zebra), 15 (zebra), 128br, 217tr, 217bc, 227bc.

Greenpeace Inc: Rowlands 83tc.

Images Colour Library: 91cr, 129, 158, 192tr, 213; Joe Cornish 205; National Geographic 167.

Katz Pictures: David Gordon 18clb, 18bl.

FLPA - Images of nature: David Hosking 253; E & D Hosking 26b; M. B. Withers 100cra; Mark Newman 98tr; Silvestris 322.

Ingrid Mason Pictures: William Mason 359.

The Natural History Museum, London: 19tl, 30tr, 33tc, 46l, 56cl, 79tr, 86cla, 86-87, 87tr, 87cr, 91cl, 113bl, 115crb, 120tr, 123cla, 153, 160cla, 169clb, 176cr, 196tl, 209b, 341t, 353clb; Colin Keates 99cl.

Natural Science Photos: C. Dani and I. Jeske, Milano 218; C. Jones 202; Carol Farneti Foster 217cl.

N.H.P.A.: A. N. T. 190cl, 282b; Alan Williams 265; Andy Rouse 227tl, 349tr; Anthony Bannister 337tl; B & C Alexander 276; B. Jones & M. Shimlock 146; Daniel Heuclin 142c, 238tr; Dave Watts 282cl, 282cr; E. Hanumantha Rao 238bl; Gerard Lacz 320tr, 321c; Jany Sauvanet 94tr; John Shaw 338; Laurie Campbell 295tr, 295b; Lutra 308tr; Martin Harvey 183c, 223c; Michael Leach 258cr; Nigel J. Dennis 137; Norbert Wu 222; Stephen Dalton 103b, 121cb, 288, 319c, 327tl, 328, 333tl; T. Kitchin & V. Hurst 107, 151, 314tl.

Norfolk Rural Life Museum: 191c.

Oxford Scientific Films: 41tr, 90bl, 111b, 127tl, 213tl, 309br; Alastair Shay 104; Anthony Bannister 101; Babs & Bert Wells 245cr; Ben Osborne 11br, 277br; Daniel J. Cox 109b, 283bl; David B. Fleetham 175, 256, 294; David W. Breed 201c; Dr E. R. Degginger 251tr; Fredrik Ehrenstrom 216b; G. I. Bernard 324; Hans & Judy Beste 223br; Hans Reinhard/Okapia 284; Karen Greer, Partridge Films 165; Konrad Wothe 244br; Mark Hamblin 187cr, 287tl; Matthews & Purdy 355tl; Max Gibbs 37br; Michael Leach 335; Micheal Fogden 332tl; Mike Hill 238br, 258l, 259, 260bl, 260r; Niall Benvie 241b; Partridge Productions Ltd 321cla; Rafi Ben-Shahar 211, 355cr; Stan Osolinski 83br, 178c, 185cr, 355cr; Steve Turner 136cra, 239cl, 245cl; Tim Jackson 251l; Tobian Bernhard 316; Victoria McCormack 110; Wendy Shattil & Bob Rozinski 191b; Zig Leszczynski 70tl, 75bl, 172tl, 306.

Oxford University Museum: 143cr.

Planet Earth Pictures: 240b, 241tr, 321tr; Adam Jones 303b; Alain Dragesco 261tl, 304c; Alex Kerstitch 43tr, 43cra, 43cr; Andre Bartschi 266b; Angela Scott 38-39; Anup Shah 258br,

339tl; Beth Davidow 290cr; Brian Kenney 26t, 286c; David Kjaer 247, 278tr; Denise Tackett 332c; Doug Perrine 161, 242; Ed Darack 349b; Ford Kristo 243cl; Gary Bell 243tl, 263br, 329b; Georgette Douwma 203b; Jan Tove Johansson 348; John Downer 241cl, 261bl; John R. Bracegirdle 155; John Waters 304b; Jonathan Scott 233b; K & K Ammann 203tl; Ken Lucas 69tl, 197tl, 279tl, 303tl; Kurt Amsler 242l, 242t; M & C Denis-Huot 229tr, 302b; Pete Oxford 236tl; Peter Scoones 73tl; Robert Canis 286tl; Scott McKinley 264tr; Terry Mayes 300cr; Tom Brakefield 95b, 266t.

Ian Redmond: 172bl.

South of England Rare Breeds Centre: 24c, 138tr, 138cla, 166c, 184b.

Still Pictures: Alain Guillemont 312cr; Bergerot Robert 230tl; David Cavagnaro 289tl; Dominique Halleux 189tr; Fritz Polking 183b, 231tl; Kevin Schafer 270l; M & C Denis-Huot/Bios 210b; Michael Gunther 139b; Norbert Wu 232; Philippe Henry 283tl; Roland Seitre 254tr, 270cr, 272tl, 314tr; W. Moller 125.

The Stock Market: 191.

Tony Stone Images: 229bl, 301, 363b; Art Wolfe 187cfr, 230br, 254b, 358b; Byron Jorjorian 272r; Chris Harvey 362; Chris Johns 363cr; Christer Fredriksson 300tr; Daniel J. Cox 308, 320l; David E. Myers 122tr; Hans Strand 97; Jake Rags 118; James P. Rowan 203tr; Kevin Schafer 312b; Manoj Shah 141cr, 201tr, 339bl; Renee Lynn 313; Rosemary Calvert 229cr; Stuart Westmorland 314b, 354; Terry Donnelly 123; Theo Allofs 300l; Tim Davis 97cr, 272bl;

Tom Bean 318b.

University Museum of Zoology, Cambridge: 55l.

Weymouth Sealife Centre: 310tr, 310ca.

Barry Watts: 246tl.

Woodfall Wild Images: John Robinson 181.

Jerry Young: 2 (porcupine), 15 (terrapin, alligator, and wolf), 52tl, 54–55, 67tr, 92crb, 99tr, 103tr, 105bl, 113tl, 113bc (Malayan frog beetle), 113bfl, 116bl, 123tr, 135tl, 149tr, 150tr, 157tr, 157bl, 158tl, 158cr, 179bc, 180cr, 180bl, 182tl, 185cl, 185bc, 210bl, 213tr, 231bl, 235c, 235bl, 239tr, 252bc, 254tl, 278bc, 297tl, 297bc, 305bc, 342cr, 343cl, 351c, 356cr, 356bc, 358tl, 358tr.

Jacket: Jerry Young: inside front crb, b; front tfrc, c; back tlc.

The photography in this book would not have been possible without the help of the following people and places:

Peter Anderson, Craig Austin, Jon Bouchier, Paul Bricknell, Geoff Brightling, Jane Burton, Martin Camm, Peter Chadwick, Gordon Clayton, Bruce Coleman, Andy Crawford, Geoff Dann, Richard Davies, Philip Dowell, Mike Dunning, Andreas von Einsiedel, Ken Findlay, Neil Fletcher, Max Gibbs, Will Giles, Steve Gorton, Frank Greenaway, Marc Henrie, Gary Higgins, Kit Houghton, Ray Hutchins, Colin Keates, Dave King, Bob Langrish, Cyril Laubscher, Bill Ling, Mike Linley, Jane Miller, Tracy Morgan, Nik Parfitt, Rob Reichenfeld, Tim Ridley, Karl Shone, Steve Shott, Michael Spencer, Harry Taylor, Kim Taylor, David Ward, Matthew Ward, Barry Watts, David Web, Dan Wright, Jerry Young

Winners and runners-up of the 1998 and 1999 DK Eyewitness/RSPCA Young Photographer Awards: Jonathan Ashcroft, Anna Brownlee, Katie Budd, Josephine Green, James Lewis, Montana Miles-Lowery, Jenny Moffat, Rebecca Noble, Celine Philibert, Keshini Ranasinghe, Raphaella Ricciardi, Kathleen Swalwell, and Oliver Thwaites

Allendale Vampire (Haven Stud, Hereford), Haras Nationale De Compeign, and Odds Farm Park

致谢

本书出版商由衷地感谢：Chris Packham,

TV presenter and wildlife photographer, for writing the

Foreword; and Ambreen Nawaz, Publications Assistant, Royal

Society for the Prevention of Cruelty to Animals (RSPCA)

Editorial assistance: Selina Wood

Design co-ordination: Alexandra Brown

Design assistance: Janet Allis, Polly Appleton, Lester

Cheeseman, Sheila Collins, Joanne Connor, Carol Oliver, Laura

Roberts

Jacket design: Karen Shooter

DTP assistance: Janice Williams

Production assistance: Silvia La Greca

Index: Lynn Bresler

International sales support: Simone Osborn

Illustrators: Martin Camm, Luciano Corbella, Kenneth Lilly,

Mick Loates,

Mallory McGregor, Richard Orr

Model maker: Staab Studios